젠더혁신
건축과 도시의 포용적 미래

젠더혁신

건축과 도시의 포용적 미래

기획 한국과학기술젠더혁신센터

편집 이혜숙 이선영

도서출판대가

기획 한국과학기술젠더혁신센터
편집 이혜숙(한국과학기술젠더혁신센터 소장), 이선영(서울시립대 교수)
필자 이선영 황세원 김휴진 최정선 진현영 육동형 장지인 정건희 류전희 김성아

젠더혁신
건축과 도시의 포용적 미래

초판 1쇄 발행 2024년 12월 20일

—

기   획 한국과학기술젠더혁신센터
펴낸이 김호석
편집부 이면희
디자인 전영진
마케팅 오중환
경영관리 박미경
영업관리 김경혜

—

펴낸곳 도서출판 대가
주소 경기도 고양시 일산동구 무궁화로 20-18 하임빌로데오 502호
전화 02-305-0210
팩스 031-905-0221
전자우편 dga1023@hanmail.net
홈페이지 www.bookdaega.com

—

ISBN 978-89-6285-019-2 93530

왜 건축 도시공간에서 젠더혁신인가?

우리가 살아가는 물리적 환경은 개인의 삶에 큰 영향을 미치고 있다. 시공간을 가로지르는 일상의 움직임에서 다양한 사람들의 적응 양상을 살피고 더 나은 환경을 조성하려는 공간복지는 도시와 건축 분야의 현안이 되고 있으며 이는 포용도시의 기치 아래 전 지구적인 아젠다로 진화 중이다.

건축과 도시공간에서 젠더 이슈는 1970년대 서구를 중심으로 도시와 건축이 건강한 남성을 기준으로 설계되어 여성의 경험과 요구를 수용하지 못했다는 인식에서 시작되었다. 전통적으로 남성은 생계부양자, 여성은 가정과 돌봄이라는 이분법적인 전통적 젠더 역할이 도시, 건축, 공간 디자인에 그대로 반영된 것이다.

이에 대한 반성으로 1980년대부터 1990년대에 걸쳐 전문가들은 "양성평등도시"와 같은 개념을 연구했지만, 성별 특성을 고려한 공간설계 전략의 필요성이 대두되면서 자연스럽게 젠더혁신이 등장하게 되었다.

건축 도시공간과 젠더혁신

젠더혁신은 연구개발의 전 과정에 성별 특성과 연계된 분석을 반영하여 연구의 수월성을 높이고, 새로운 가치를 창출하며, 더 나아가 그 결과를 활용함으로써 새로운 기술 개발과 상품 및 서비스를 생산하여 경제·사회 전반에 지속가능한 포용적 가치를 창출하는 혁신전략이다. 다시 말해 젠더혁신이란 남성과 여성의 차이를 고려하여 편향성을 극복하고, 이를 바탕으로 더욱 정확한 지식을 창출하여 사회 전체를 이롭게 하는 혁신전략이다. 여기서 성별은 생물학적 성과 사회적 성을 일컫는 젠더를 모두 포함하거나 둘 중 하나를 의미한다.

2000년에 제인 렌델 등(Jane Rendell et al.)이 편집한 학술서『젠더, 공간, 건축: 학제적 접근(Gender Space Architecture: An Interdisciplinary Introduction)』은 건축학 분야에서 젠더 문제를 다루는 중요한 출판물로 건축학, 젠더 연구, 유니버설 디자인 등 다양한 분야를 아우르는 학제간 접근을 취하면서 페미니즘, 여성학, 젠더 스터디 등 다양한 관점에서 건축과 공간에 대한 논의를 제공했다.

도시, 건축과 공간 분야에 젠더 관점의 도입은 다음과 같은 몇 가지 중요한 변화를 촉발시켰다.

첫째, 정책 변화를 주도하였다. 성평등 정책은 1995년부터 전 세계적으로 도입되어 많은 국가에서 성별 영향 평가 시스템, 성 인지 예산 책정 및 성별 통계로 이어졌다. 이는 정책 과정의 모든 단계에 성별 관점이 통합된다는 의미의 젠더(성) 주류화 정책으로 확대되었다.

둘째, 젠더가 도시, 건축, 공간 분야에 연구 영역으로 등장했다. 연구자들은 성별 특성이 도시의 공간 구조에 어떻게 반영되고 영향을 받는지 조사하기 시작했으며 이는 건축 및 도시계획 분야 전문교육 커리큘럼의 일부로 도입되기도 했다.

셋째, 현재에 이르러서는 성별과 함께 연령, 인종, 교육 및 사회경제적 다양성을 반영한 교차성과 지속가능성을 고려한 포용적인 도시 환경 조성으로 논의가 확대되고 있다.

그러나 이러한 발전에도 불구하고 많은 도시공간과 건축물들은 젠더 특성을 적절히 고려하지 않고 설계되고 있다. 한 예를 들어보면 여성과 남성은 서로 다른 이동 패턴에도 불구하고 관련 데이터가 미흡할 수 있는바, 유럽연합(EU) 조사 발표에 의하면 아래와 같이 그 차이점이 정리될 수 있다.[1]

- 여성은 남성보다 이동하는 거리가 짧다.
- 여성이 대중교통을 이용할 가능성이 더 높다.
- 여성은 남성보다 더 빈번한 통행사슬(trip-chain)경향을 보인다.
- 여성은 일반적으로 남성보다 안전하게 운전한다.
- 여성은 어린이, 노인 등 다른 사람들과 함께 다니는 경향이 있다.
- 여성은 퇴근 시간을 피해 이동을 더 많이 하며, 업무와 관련 없는 이동을 한다.

이러한 차이는 조사가 이루어진 유럽만의 특성은 아니다. 여성이 대중교통을 더 많이 이용함에도 불구하고 대중교통 시스템은 이러한 젠더 차이를 고려하지 않는 것이 전 세계적인 현실이다. 세계에서 가장 우수한 성평등 국가로 평가되고 있는 스웨덴도 예외는 아니다.

이러한 젠더 관련 분석적 시각이 어떠한 변화를 끌어낼 수 있을지 스웨덴의 경우를 보자.

크리스티나 린드크비스트(Christina Lindkvist)는 「성별 모빌리티 전략과 지속가능한 이동에 대한 과제 - 여성의 일상 이동을 통제하는 가부장적 규범」이라는 논문[2]에서 여성이 부양가족을 돌보면서 동시에 쇼핑 등 여러 볼일을 보는 "통행사슬"로 이동 패턴이 복잡함에도 불구하고 군건한 가부장적 규범이 여성의 이동성에 지속적으로 영향을 미치는 방식을 비판하고, 스웨덴이 완벽한 성평등 사회라는 일반적 평가에 도전했다. 이 주제에는 먼저 불평등의 교차성 문제가 존재한다. 즉 여성의 이동패턴이 소득, 장애, 연령과 같은 교차 불평등에 의해 더욱 제한되며 특히 저소득층 여성은 교통 수요와 함께 가사 책임으로 인한 부담이 더 크다. 그 다음 문제는 성별에 따른 안전 인식의 차이다. 조사에 따르면 여성은 대중교통을 이용할 때 남성보다 덜 안전하다고 느끼고 이러한 두려움과 성적 괴롭힘에 대한 경험은 공공장소 이동을 스스로 제한하는 결과를 낳는다. 이러한 분석의 정책적 함의는 성평등 정책의 발전에도 불구하고, 대중교통 시스템에서 여성의 안전을 보장하고, 공공장소에 대한 공평한 접근을 촉진하기 위해 차별화된 성별 이동성 전략이 필요하다는 사실이다. 젠더혁신의 프레임에서 볼 때 이러한 분석과 개선 전략을 모색하는 것은 그 자체가 포용사회로 한단계 더 나아가는 중요한 프로세스인 것이다.

다양한 사람들의 특성과 요구 사항을 고려함으로써 자원의 효율적 활용을 통한 지속가능 도시로 전환할 수 있기에 성별 특성을 고려한 젠더혁신은 사람이 활동하는 도시, 건축, 공간 등에 적용될 때 남녀노소 모두가 더 살기 좋은 환경을 조성할 수 있는 열쇠가 된다. 위에서 언급한 교통 관련 성별 차이의 맥락에서 볼 때 도시환경 설계는 다음과 같은 중요한 측면들을 고려해야 한다.

첫째, 남성과 여성의 이동 패턴이 다르다는 점을 인식하고 이를 도시계획에 반영해야 한다. 여성은 남성보다 돌봄을 위한 이동이 많고 자가용보다 대중교통 이용률이 높다. 따라서 성별에 따른 이동 패턴 데이터를 수집하고 분석하여 도시 교통 및 이동 수단 설계에 활용해야 한다.

둘째, 안전한 환경을 조성하기 위해 보안을 개선하는 것이 필요하다. 어린이와 여성, 노인들의 안전을 고려한 공공장소 설계를 위해 젠더 주류화 관점에서 밝은 조명과 가시성이 향상된 더 안전한 공간을 만들어야 한다.

셋째, 다양한 교차적 요구를 해결해야 한다. 나이, 인종, 경제적 지위 등의 다양한 요소와 성별이 상호 작용하는 요인을 고려하여 공공 공간의 접근성을 높여야 한다. 특히 전통적으로 배제되어 온 사회적 약자 그룹의 요구 사항을 고려해야 한다.

넷째, 변화하는 사회·경제·문화 환경을 반영해야 한다. 인구 고령화, 핵가족화, 1인 가구 증가 등 변화하는 인구 구조를 고려해야 한다. 또한 직업 패턴의 변화를 반영하여 자원을 효율적으로 사용하고 지속가능한 도시 개발을 추구해야 한다.

이제 빈(Wien)의 구체적 사례를 통해서 포용적이고 지속가능한 도시 공간을 위한 젠더혁신의 기여를 살펴보자[3]. 빈의 젠더 주류화 작업은 젠더 관점뿐만 아니라 모든 시민의 요구와 수요를 더 잘 충족시키고, 이를 통해 공공 서비스의 질을 개선한다는 목표로 2000년부터 시작되었다. 빈은 모든 영역에서 젠더 주류화 구현을 위한 일반 지침을 제공하기 위해 개념과 방법을 개발, 테스트 후 2006년부터 예산에 성별 예산을 통합하여 모든 부분을 젠더 관점에서 검토하고 예산의 각 항목에서 누가 혜택을 받게 되는지 제시했다. 인식 제고, 지식 전달, 평가 및 보고 방법 개발 등 시스템에 집중함으로써 젠더 주류화의 구조적·체계적 구현에 집중하면서 특히 성평등을 담당하는 시 공무원을 임명하고 사회·인종·건강 등 다양성 관점에서 모든 공공 서비스 이용자를 고려하여 다음과 같은 변화를 끌어내었다.

첫째, 공공장소의 조명과 안전의 개선이다. 여성과 보행자, 자전거 이용자의 안전을 강화하기 위해 도로, 보도와 공원 등에 적절한 조명을 강화했다. 특히 빈 소재 200개 공원을 특별히 강조하였는데 공원과 공공 공간의 조명 개선에 초점을 맞춘 캠페인을 시작으로 지하 주차장의 안전을 개선하기 위한 조치도 단행되었다. 조명을 밝게 하고, 출입구와 감시 카메라가 보이도록 하고, 보안 인력을 고용하고, 출구와 엘리베이터에 가까이 여성 전용 주차 공간을 마련하는 등 젠더 관점을 반영하여 여성의 안전과 편의를 증진시켰다.

둘째, 묘지의 환경 개선이다. 조사 결과 묘지 방문객 대부분이 노인 여성이라는 사실이 밝혀지자 시는 시설 접근성을 용이하게 하고, 표지판을 명확하게 보이게 하였으며, 안전한 화장실을 제공하였다.

마지막으로 어린이집에서의 성평등 인식 교육으로 공간 개선을 넘어 전통적인 성별 고정 관념을 깨고 성평등적인 교육 환경을 조성하였는데 성평등적인 놀이공간의 제공뿐만 아니라 전통적 성역할의 인식 변화를 위하여 자료를 수정하고 노래를 교체하는 등 다양한 노력이 이루어졌다.

빈의 젠더 주류화 프로젝트에서 특히 주목할 것은 교육프로그램을 통한 젠더 주류화의 중요성 제고와 공무원 대상 인식 개선 캠페인인데 아기 기저귀를 갈아주는 남성이나 건설 현장에서 작업 중인 여성을 표지판에 반영하는 등 젠더 주류화 모범도시로서 성공적인 포용 정책 구현으로 공공 서비스의 질을 향상시켜 시민들의 삶의 질을 높였다고 평가된다. 이러한 도시 차원에서의 젠더혁신은 국제적으로 빈의 위상을 강화시킨 결과를 낳았다.

빈의 젠더 주류화 사례의 주요 시사점은 몇 가지로 정리될 수 있는데 첫째는 젠더 관점의 전면적 통합이다. 즉 모든 정책 결정 과정에 젠더 관점이 반영되어야 하고, 도시계획, 예산, 교육 등 다양한 분야에서 통합적 접근을 추진해야 한다는 것이다. 둘째는 포괄적인 젠더 주류화 정책 추진이다. 이를 위해서는 성별 특성에 대한 이해 증진, 필요한 데이터의 체계적 수집 및 분석, 시민 참여의 활성화, 지속적인 모니터링 실시가 필수적이다. 마지막으로 포용적 도시 공간 조성에 대한 이해관계자들의 인식과 공감대 형성이 필요하다.

빈의 사례에서 보듯이 젠더혁신의 교차 분석적인 접근은 지속가능한 도시, 건축, 공간 조성을 위한 지속적인 노력이 필요한 과제이다.

우리나라의 젠더혁신 현황과 의의

우리나라에서 젠더혁신이 논의되기 시작한 것은 한국여성과학기술인지원센터(WISET)가 기획한 2014 「과학과 엔지니어링에서 젠더를 반영한 연구개발 혁신방향」[4] 과 유럽연합에서 나온 젠더혁신 보고서 번역서[5] 출판을 통해서이다. 이어 2015년에 젠더혁신을 주제로 서울에서 개최된 젠더서밋-아시아 태평양(Gender Summit Asia Pacific) 행사로부터 본격화되었다. 이 행사에서는

2015년에 발표된 유엔의 지속가능한 발전 목표(UNSDGs) 달성을 위해서 젠더 이슈가 목표 5번 젠더 평등에 국한되어서는 안 되며 젠더혁신이 17개 목표에 모두 적용되어야 함을 서울선언을 통해 천명하였다.[6] 이어서 출판된 보고서 「유엔 지속가능한 발전 목표 달성을 위한 젠더 기반 혁신의 역할」[7]에서 예시를 통해 젠더혁신의 필요성을 글로벌 차원에서 대외적으로 설파하였다.

특히 연구개발에서 산업에 이르기까지 혁신의 전 과정에 성별 특성을 체계적으로 반영하여 사회적 가치를 증진하기 위해 2021년에 「과학기술기본법」 개정[8]을 통해 성별 등 특성 반영이 명시되었다(제7조 제3항 제15호의4). 이 법에서 기술영향평가에서도 성별 등 특성을 반영해야 한다(제14조 제3항)는 조항이 신설되었고 관련 지표의 개발 관련 조항이 추가되어 보다 포용적인 기술개발을 위한 근거를 마련하였다.

이러한 우리나라의 젠더혁신이 가져온 변화와 의의는 다음과 같다.

첫째, 해당 분야의 신뢰성과 수월성 향상이다. 한 예로 성별에 따라서 약의 부작용이 다르다는 것이 알려지면서 건강 형평성 차원에서 젠더혁신은 주목을 받게 되었다. 약의 부작용 관련 성별 차이는 개발 과정에서 수컷 위주의 동물실험과 남성 위주의 임상실험 단계를 통해 약이 개발되었기 때문이라는 사실이 밝혀졌다. 이처럼 연구개발의 수월성 향상을 위해 성별 특성 반영이 필수적인 것이 되었다.

둘째, 관련 분야의 연구 성과에 대한 보편적 향유이다. 사람이 활동하는 모든 공간과 환경은 남녀노소 모두의 형평성 측면에서 전 분야를 통해 남녀의 특성을 반영하여 연구되고 조성되어야 한다는 것이 국제적 트렌드가 된 것도 젠더혁신이 가져온 또 하나의 성과이다.

셋째, 새로운 시장 창출이다. 인간에게 적용되는 거의 모든 분야에서 남성을 기준으로 수행된 연구개발 결과 나온 제품과 서비스가 남녀에 미치는 영향이 다르고 성별 형평성이 부족하다는 과학적 증거가 속속 나오면서 젠더혁신은 새로운 가치 창출의 가능성을 높이고 있다.

이 책은 한국과학기술젠더혁신센터가 지원한 '건축도시분야 젠더혁신 연구회'의 전문가 열 사람이 함께 집필하였다. 다양성이 더욱 심화되는 사회를 맞이하여, 젠더혁신이라는 촉매를 통해 더욱 포용적이고 지속가능한 미래로 나아가기 위한 노력의 결과물이라 하겠다. 이 책은 고령사회의 커뮤니티, 생업과 일상을 위한 이동성의 문제, 건강지원, 돌봄 및 양육, 세대교류, 재난재해, 스마트시티와 기본적인 생리현상을 해결하는 화장실을 넘어 사이버 공간을 가로지르는 다양한 주제에 대해 젠더 관점에서 다양한 데이터와 문헌, 현장조사 결과 들을 흥미롭게 풀어 놓았다.

책의 구성

1장에서 이선영은 고령사회 노인들의 에이징 인 플레이스의 성패가 사회적 지속가능성을 위한 커뮤니티공간의 제공과 긴밀히 연결됨을 논하며 고령사회 여초현상이 가져오는 젠더갈등을 양의 문제와 질의 문제 공히 해결되어야 할 문제로 삼는다. 수도권의 공공임대 주거단지와 신도시에서의 커뮤니티 공간 조성 방식을 현장연구를 통해 면밀히 비교 분석하면서 지배적인 여성노인의 숫자로 남성노인의 공간이 전유되는 현상과 젠더별 차별화된 요구를 반영한 다양한 커뮤니티공간이 조성되어야 할 필요성을 다루고 있다. 이와 함께 신도시 커뮤니티공간에서의 배타적 젠더 관련 공간 조성이 가져오는 세대갈등 또한 젠더혁신의 과제임을 밝힌다.

2장에서 황세원과 김효진은 리모델링된 근린공원의 공간계획과 프로그램에 따라 변화된 다양한 연령별 젠더별 이용 행태의 관찰을 통해 건강한 일상을 위한 동네 차원의 공공 공간에 대한 젠더 포용성을 실질적으로 살펴본다. 남성노인을 중심으로 하는 세대간의 분리 현상이 녹지의 재설계를 통해 세대교류현상으로 진화하는 양상을 서울 목동의 5대 공원 케이스 스터디를 통하여 전달한다. 이를 통해 물리적 환경설계가 사회현상의 유지와 해체에 어떠한 역할을 할 수 있을지 근린에서 실천 가능한 세대교류를 위한 젠더포용의 가능성을 보여주고 있다.

3장에서 최정선이 다루는 양육환경에서는 아동과 양육자를 충분히 고려하지 않는 도시의 근린환경을 중점적으로 조명한다. 여성의 영역에 머물고 있던 근린의 양육환경이 돌봄의 대상이 되는 영유아, 아동의 시각에서 어떻게 분류되고 변화될 수 있을지 면밀하게 살피며 점점 늘어가는 조부모와 남성양육자를 수용하는 근린양육환경의 진화 방향을 다양한 국내외 사례 분석을 통하여 제시한다. 이와 함께 남녀 공히 사용 가능한 돌봄 시설, 보행친화적 근린환경, 도시계획상 생활반경 내 형평성 있는 양육 관련 시설 배치 등을 중심으로 근린환경이 재편되어야 할 당위성을 논하고 있다.

4장에서 진현영은 보편적 가치로서의 건강도시가 누구에게나 접근 가능한 도시 인프라 조성을 통해 가능하다는 사실을 강조한다. 건강과 관련된 도시의 일상 인프라에서 성별에 따른 차이를 인식하고, 무엇이 다른지, 왜 다른지를 알아가는 접근이 포용사회로 가는 지름길임을 밝히고 있다. 도시공간에서 건강행위 성차, 건강관련 시설에의 접근성 등을 고려한 젠더 기반 분석과 젠더 참여적 계획 과정의 중요성을 강조하며 양으로 평가되지 않는 질로 평가되는 젠더 포용적 건강도시가 진정한 지속가능성의 시작이며 젠더혁신에서 비로소 가능함을 다양한 문헌과 실질적 데이터를 통해 제시한다.

5장에서 육동형이 다루는 젠더 포용적 모빌리티는 여성과 남성의 차별화된 이동성과 교통수단에 대한 접근을 거론하며 성별 요구에 부응하는 교통 정책의 수립과 체계적인 접근을 강조하고 있다. 국가별 모빌리티 관련 젠더 이슈들을 살피며 모빌리티가 사회문화적 속성으로부터 자유롭지 못함을 밝히는 동시에 성별 접근성의 불균형이 가져오는 여성의 기회 접근에 대한 제한의 관점에서 교통 수요 예측이 젠더 이슈를 반영해야 하는 당위성의 맥락에서 통행발생, 분포과정, 수단선택, 통행배정이라는 일련의 과정상 단계별 개선 사항을 제시하고 있다.

6장에서 장지인이 다루는 스마트시티는 현대도시의 해결사로 치부되는 디지털 만능주의와 데이터의 누락이 가져올 불평등을 짚고 있다. 기술 중심적 접근이 특정 성별에게 불평등한 결과를 초래할 수 있다는 사실에 주목하며 사회적, 문화적 측면을 통합한 접근을 강조한다. 알고리즘의 권력이 지배하는 스마트시티 체제에서 해당 생태세의 주도권이 누구에게 가 있는가에 따라 달라지는 한정된 자원의 제로섬 게임의 희생양이 되는 방식이 아닌 윈윈의 가능성을 모색하며 필요와 상황에 따라 조율하고 수정할 수 있는 기회와 권한을 부여하는 온오프 라인의 믹스를 제안한다.

7장에서 정건희는 젠더 포용적 기후변화정책 설계를 제안하며, 기후 위기의 현장에서 나타나는 젠더 차이에 주목하고 있다. 특히 폭염과 홍수 상황에서 사적 영역에 머물고 있는 여성노인들이 더 큰 희생을 겪을 가능성이 높다는 점을 강조하며, 이러한 상황이 데이터의 사각지대로 남아 있음을 지적한다. 또한 재난 관리의 예방, 대비, 대응, 복구의 각 단계에서 재난 피해자의 삶의 질을 향상시키는 데이터 발굴이 중요하며, 이를 통해 여성·아동·노인·장애인을 포함한 사회적 약자의 재난 및 재해 관련 구조적 문제를 해결하는 첫걸음을 내딛을 수 있다고 주장한다.

8장에서 류전희는 인류 역사와 함께한 화장실의 틀에서 젠더 구분의 와해와 새로운 가능성을 보여준다. 동서양 문화에 따라 극명하게 달리 인식되던 생리적 현상 해결의 기본 공간이 시대별, 지역별 위생 수준의 발달과 더불어 역사에서 진화하는 양상을 소개한다. 19세기 이후 공중화장실이 보편화되면서 젠더 분류에 따라 구분된 남녀화장실의 경계가 최근 이러한 분류 체계에 속하지 못한 사회적 약자들을 포용하는 젠더리스 화장실이나 모두의 화장실로 변화하는 사례를 통해 우리 사회의 대응은 어떤 양상인지 살펴본다.

9장에서 김성아는 건축가와 건축 모두 사이보그화되는 현실에서 창조 행위의 본질조차 모호해지는 사이버공간의 가능성으로서의 젠더리스를 다루며 진정한 젠더혁신의 장은 현실이 아닌 버추얼 세계에서 시작됨을 알리고 있다. 사이버스페이스 관련 연구개발에 여성이 누락되는 기제를 살피며 다양한 영화들의 예를 통해 젠더 역할의 유동성과 성별 경계 파괴를 언급, 물리적 공간과 구분이 모호해지는 사이버스페이스에서의 기술과 인간 사이의 경계 소멸이 전통적인 성별 구분의 이원적 사고와 연계된 타자의 개념 또한 약화시킬

수 있음을 밝히고 있다. 알고리즘을 좌우할 데이터의 젠더 중립성을 전제로
젠더혁신이 인류역사에서 항시 진행되었던 변증법의 역사와 궤를 함께한다
는 점을 다루고 있다.

　개인의 문제가 사회의 문제가 되고 있는 현 시대에 건축과 도시 분야 전문
가들의 젠더혁신을 바라보는 시선에 동참하여 더 나은 삶을 견인하는 포용사
회의 일원이 되기를 원한다면 이들의 작업 하나하나를 개인적으로, 독서토론
에서, 구조화된 교육과정의 단계에서 다양하게 살펴보기를 권한다.

이혜숙, 이선영

주
------

1. How has the EU considered gender in their mobility policies? https://urbancyclinginstitute.org/how-has-the-eu-considered-gender-in-their-mobility-policies

2. Gendered mobility strategies and challenges to sustainable travel-patriarchal norms controlling women's everyday transportation, Christina Lindkvist, Frontiers sustainable Cities https://www.frontiersin.org/journals/sustainable-cities/articles/10.3389/frsc.2024.1367238/full

3. 빈 - 성평등 주류화 모범 도시 https://charter-equality.eu/exemple-de-bonnes-pratiques/a-model-city-for-gender-mainstreaming.html

4. 과학과 엔지니어링에서의 젠더를 반영한 연구개발혁신 방안 연구, WISET, 2014.

5. 과학기술 젠더혁신: 젠더분석이 연구에 어떻게 기여하는가? WISET, 2014

6. The Seoul Gender Summit Declaration and Call for Actions to Advance Gendered Research, Innovation and Socio-economic Development adapted at the Gender Summit 6-Asia Pacific https://gender-summit.com/archive/images/GS6Docs/Seoul.Declaration.Actions.Full.pdf

7. The Role of Gender-based Innovations for the UN Sustainable Development Goals, WISET, Portia, 2016

8. 과학기술기본법 개정, https://www.youtube.com/watch?v=qnQQhOz5pDo

차례

1

고령사회 커뮤니티 공간의 젠더혁신

고령사회 커뮤니티 공간의 젠더혁신

▌왜 고령사회를 위한 젠더혁신인가

전 세계적 고령화와 함께 주요 현안으로 떠오른 에이징 인 플레이스(Aging in Place, AIP, 지역사회 지속거주)는 노인이 자신의 집에서 공동체에 의지하여 지원 서비스와 사회적 연결망을 기반으로 지역사회에서 여생을 보낸다는 개념을 뜻한다(UN HABITAT, 1993). 노인들이 그들에게 친숙한 주거지와 지역사회에서 독립적인 주체로서 나이 들어가며 공동체를 유지하는 이 개념은 노인을 주류 인구에 포함시키기 위한 해결책으로 고려되고 있는바, 사회적 지속가능성의 측면에서도 긍정적인 방향이다. 지역사회 내 노인 1인가구의 증가와 함께 노인의 고립 문제가 심각해지고 있지만 시설에 의존하는 기존의 방식으로는 노인 개개인의 삶의 질을 향상시키기 어렵기 때문에 이러한 고령사회를 지원할 수 있는 근린환경과 사회서비스 구축이 필수적이다. 경제협력개발기구(OECD)는 국내총생산(GDP)으로 대변되는 해당 국가의 발전이 자연, 경제, 사

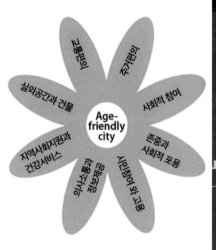

그림 1. WHO 고령친화도시의 키워드　　　　그림 2. WHO 고령친화도시 가이드

회적 자산을 아우르는 시스템상의 취약성 때문에 삶의 질과 직접 연계되지 못하고 있음을 밝히고 있다. OECD의 조사보고서 'How's Life? 2020'은 평균이라는 함정을 넘어 젠더, 연령, 교육 정도에 따라 삶의 질에 엄청난 격차를 보이고 있음을 보여주는데 이 보고서에서는 전반적인 수명의 연장에도 불구하고 어려움이 있을 때 도움을 요청할 수 있는 사회적 연결망에서 기본적으로 퇴보하고 있음을 지적하며 면밀한 모니터링을 통해 사회경제적 배경에서 상대적으로 자유로운 형평성 있는 삶의 질을 보장할 것을 촉구하고 있다.

　세계보건기구(WHO)는 능동적 노화를 노화 과정 중 삶의 질을 높일 수 있는 건강, 참여 및 활동을 최적화하는 것으로 정의하면서 물리적 환경을 능동적 노화를 좌우할 결정 요인으로 강조한다. 능동적 노화의 전제 조건은 노인들의 자율성과 독립성을 유지할 수 있는 지원적 커뮤니티라 할 수 있는데 노인들

1. 실외공간과 건물(안전/고령친화)

2. 교통편의

3. 주거편의

4. 사회적 참여(지역사회 활동)

5. 존중과 사회적 포용

6. 시민참여와 고용

7. 의사소통과 정보 제공

8. 지역사회 지원과 건강서비스

그림 3. WHO 능동적 노화의 조건

에게는 지역사회의 지원이 필수적이므로 능동적 노화의 가장 중요한 결정 요인인 거주환경은 물리적 환경뿐만 아니라 사회적 환경 또한 포함하게 된다.

WHO는 이러한 능동적 노화를 뒷받침할 고령친화 도시의 조성에 이동성과 사회적 상호 작용을 촉진하는 건조환경이 큰 영향을 주게 된다는 사실을 환기시키며 에이징 인 플레이스의 전제가 될 능동적인 노화 과정의 구현 전략으로 몇 가지 조건을 내세우고 있다. (Global Age-Friendly Cities: A Guide, WHO, 2007)

이러한 조건을 거론하며 WHO가 능동적 노화를 지배하는 두 가지 배경에 문화와 젠더를 명시하고 있다는 사실에 우리는 주목할 필요가 있다. 고령사회의 일상을 지배할 건조환경의 형평성 문제에 집중해 볼 때 실질적인 일상의 환경에서 문화와 젠더에 대한 시각이 고령사회의 능동적 노화 과정의 큰 틀을 좌우한다는 사실은 시사하는 바가 적지 않다. 인류공동의 지속가능한 발전을 달성하기 위해 2015년 제정된 UN SDGs(Sustainable Development Goals,

지속가능개발목표)에서도 이러한 기조를 살펴볼 수 있다. 총 17개 항목 중 건강과 웰빙(Good Health & Wellbeing), 젠더 평등(Gender Equality), 불평등의 완화(Reduced Inequality), 지속가능한 도시와 커뮤니티(Sustainable Cities and Community) 등 지속가능한 도시와 공동체를 위한 목표로 설정한 4개 항에서 이러한 고령사회의 지속가능한 근린환경의 조성과 지원이 포용적인 환경과 연계하여 일관성 있게 언급되고 있는 것이다.

하지만 우리는 고령사회의 커뮤니티 환경이 젠더 중립적이지 않다는 공공연한 사실에 직면해 있다. WHO의 2024년 보고서에서는 건강에 필수적이라고 할 수 있는 신체활동에서 WHO의 권장량에 비하여 전 세계적으로 여성의 신체활동량이 남성에 비하여 5% 부족하다는 사실을 알리고 있다. 국가에 따라서는 이러한 차이가 10% 이상 벌어진다는 사실과 60세가 넘는 노인의 경

그림 4. UN SDGs 17개 항목

우 여성노인과 남성노인 공히 신체 활동량 자체가 부족하다는 사실 또한 드러났다. 특히 전반적으로 국민총생산량 중하위층 국가에서 이러한 신체 활동량 부족이 두드러졌다는 사실에 주목하며 노인과 여성 인구의 적정 신체 활동량 유지에 장벽이 된 인프라 스트럭처의 불평등을 해결하기 위하여 지역의 시설과 기회에 대한 접근성 문제가 해결되어야 할 필연성을 강조하고 있다.(WHO, Global levels of physical inactivity in adults: Off track for 2030, 2024)

이러한 공적 기반시설의 형평성 있는 접근성 문제에서 OECD 국가 중 예상 수명에서 수위를 다투는 우리나라도 자유롭지 못하다는 것은 주지의 사실이다. 급격한 고령 인구 증가로 초고령사회로 들어서는 우리나라에서 6년까지 차이가 벌어지는 여성노인의 남성노인 대비 길어진 수명은 노인빈곤율에서 특히 두드러진 우리나라 여성노인에게 삶의 연장이 단순히 축복일 수만은 없다는 현실에서 바라보아야 한다. 걸어서 갈 수 있는 지역사회 시설과의 근접성과 지역지원 네트워크가 일상생활에서의 개인적 요인이나 소득과 무관하게 우울증 증상과 관련된다는 사실과(Chen, Wong, Lum, Lou, Ho, Luo, & Tong, 2016) 치매와 기타 질병, 자살 등 노인의 사망원인이 우울증과 긴밀하게 연계된 맥락에서(Fiske, Wetherell, & Gatz, 2009), 고령사회 삶의 질에 커뮤니티 환경이 미치는 영향과 이와 관련한 젠더 문제는 특별히 주목할 만하다.

일상의 공간에서 돌봄과 생업이라는 넓은 스펙트럼을 경험하며 다양한 시공간을 가로지르는 여성의 경험이 더 나은 환경을 조성하고자 하는 전문가들에게 전하는 정보가 많은 만큼 노인의 경우도 제한된 활동 반경과 이동성에서 커뮤니티의 거점들이 젠더문제와 연계하여 어떻게 변화해야 되는지 많은 정보를 제공하고 있다. 한국의 7대 도시 베이비부머의 에이징 인 플레이스와 관련한 최근의 연구에 의하면 조사 대상이 된 베이비부머 65.5%가 지역사회 지속 거주를 희망하고 있으며 그 동네의 범위가 도보로 20.7분 소요된다는 사실은 인구 절벽과 고령사회 축소 도시로 가는 도시정책의 기조 변화에서 노인의 사회적 교류와 신체 활동을 장려하는 근린환경 조성에 선택과 집중이 불가피하다는 사실을 일깨운다. (건축공간연구소, 베이비부머의 지역사회 지속거주 인식과 주거수요- 7대광역시를 대상으로, 2024)

이 글은 고령사회 커뮤니티에서 일상을 지원하는 공공인프라의 설계가 재구조화되어야 하는 당위성과 방향에 주목한다. 특별히 노인 인구가 집중되어 있는 공공임대아파트 단지와 신도시의 노인 커뮤니티 공간에 주목하여 남성 노인과 여성노인의 차별화된 요구가 어떠한 양상으로 전개되는지 살펴본다. 이를 통하여 당사자인 노인뿐만 아니라 세대 교류를 통하여 지속가능한 공동체를 유지시킬 커뮤니티의 구성원들이 모두 고려해야 할 방향을 논하게 될 것이다.

▌ 고령사회 에이징 인 플레이스와 커뮤니티 공간의 의미

고령사회의 능동적 노화와 지배적인 트렌드로서의 에이징 인 플레이스는 시설이 아닌 해당 지역의 정주를 전제로 하고 있다. 도시의 공동주택에 거주하는 노인들의 커뮤니티 공간 이용에 대한 관찰과 조사는 대부분의 일상 시간을 담는 공동체의 주요 거점공간이 노인의 일상을 어떻게 제어하여 이들의 삶의 질에 영향을 미치는지 많은 정보를 제공한다. 말년의 시간을 폐쇄된 시설에 의존하던 기존 방식은 사회적 비용 측면에서도 노인 개개인이 원하는 라이프스타일로도 더 이상 유효하지 않다는 입장에서 에이징 인 플레이스는 모든 고령화를 겪고 있는 나라의 현안이 되고 있으며 커뮤니티 내 노인들을 고립시키지 않는 방식의 어울려 살기에 대한 다양한 모색이 전 지구적 차원에서 광범위하게 공유되고 있다.

고령친화도시와 관련된 가이드라인들은 모두 현재 거주하는 커뮤니티에서 노인들이 역량을 강화하여 자율적인 사회의 구성원으로 역할을 유지한다는 전제에 기반하고 있으며 이러한 공동체 내에서 커뮤니티 지원과 커뮤니케이션 및 정보 취득, 존중과 사회적 포용성을 바탕으로 지역사회 노인들이 다양한 활동에 참여해야 한다는 사실을 강조한다. 즉 노인에게 친화적인 이동 수단과 옥외 공간, 그리고 감당할 만한 주거라는 에이징 인 플레이스의 전제 조건하에서 지속 거주가 가능한 커뮤니티는 하드웨어와 소프트웨어 모두 포용적인 방식으로 마련되어야 함을 확인시켜 준다.

지속가능한 고령사회가 포용적이며 공동체 의식을 진작하는 장소에 기반해야 한다는 점에서 그리고 우리 주변의 건조 환경이 사회적 지속가능성을 가능하게 하는 중요한 변수라는 현실에서 사회적 약자로 대변되는 여성, 아동, 노인, 장애인에 대한 자원의 공정한 분배와 기반시설의 형평성이 재조명되고 있는 것이다.

고령사회의 공동체 유지를 위한 주체로서의 사회적 약자들이 누구보다도 일상의 환경에 큰 영향을 받고 있다는 맥락에서 공공 기반시설에 대한 형평성 있는 접근이 궁극적으로 이들의 삶의 질과 직결된다는 논의는 지속가능한 공동체를 위한 섬세한 커뮤니티 환경 조성의 중요성을 부각시킨다. 삶의 질이 더 좋은 곳으로의 이주 가능성과 선택지가 확연히 줄어드는 노년의 삶에서 공공인프라를 근간으로 하는 근린 환경의 영향은 절대적인바, 공공영역의 정책 결정에서 핵심 의제로 떠오르고 있는 것이다.

사회관계와 경제적 조건, 육체적 능력이 저하되면서 사회적 소외감을 느끼게 되는 노인에게 지역주민 간 네트워크와 공동체 의식은 이들의 요구를 사전에 고려한 도시환경의 조성과 밀접한 관련이 있다. 보행 친화적인 도시환경은 안전성과 거주성, 대중교통 수단 이용 등 모든 측면에서 주민들의 자발적 상호 작용에 영향을 미치므로 노인인구를 포함한 커뮤니티 구성원들에게 친밀감과 공동체 의식을 느끼게 해주는 핵심요소로 작용한다. 즉 65세 이상의 노인이 보행친화적인 도시환경에서 산다는 것은 더 많은 활동에 참여하고 매일 더 많은 사람과 교류한다는 것을 의미할 수 있다.

신체적 건강뿐만 아니라 정신적 건강을 위하여 지역 노인들의 참여를 이끌어 낼 공동체 활동의 확산에 이러한 활동을 노출시킬 공간의 가시성이나 일상적 만남의 개연성, 세대간 자연스러운 교류는 모두 커뮤니티 공간이 어떻게 설계되고 제공되느냐의 문제가 긴밀히 연관되어 있으며 이는 젠더별 선호 공간과 사용 방식에 대한 세심한 연구가 필요한 사항이다.

■ 공공임대 아파트의 커뮤니티 공간과 젠더

초고령사회에 접어들면서 한국의 공공 임대아파트는 노인들이 주민의 대다수를 차지하게 되었다. 하루의 상당 부분을 경로당에서 보내는 노인들은 공동의 식사를 통해 건강을 유지하고 커뮤니티의 주요 공간을 오가는 신체 움직임을 통해 근력이 유지되며 본인의 해당 공간 내 출현을 통해 건재함을 알리는 일상을 구가하고 있다. 이러한 현실에서 특정 젠더의 가시성이 두드러진다는 것은 다른 젠더의 상대적인 공간적 결핍을 의미할 수 있다. 예상 수명에서 남녀 노인의 극명한 차이도 있거니와 젠더별로 차별화된 교류 방식에 대한 인식과 이에 대한 지원이 여성노인이나 남성노인의 삶의 질에 영향을 미친다는 사실은 단순한 공간의 배분이나 접근거리로는 설명이 안 되는 질적 연구를 요구하고 있다.

현재 한국에서 대부분의 공공임대주택은 여성노인의 게토와 다를 바 없으며 이러한 다수의 논리에 지배된 주거 커뮤니티는 남성노인들의 소외라는 또 다른 사회문제를 부각시킨다. 누구보다 많은 시간을 커뮤니티 일상의 공간에 머물게 될 이들 노인의 젠더별 차별화된 요구가 충족되지 않을 때 고령사회 공동체의 핵심이 될 남녀 노인의 잠재적 활동 가능성은 급격히 줄어들게 될 것이 우려된다. 초고령사회의 노인들은 어떠한 공동체를 꿈꾸며 어떠한 일상의 공간이 제공되어야 하는가 하는 질문에 대한 진지한 고민이 필요한 이유이다.

여기에서 다루는 사례 연구는 수도권인 수서, 산본, 송파, 우면, 세곡, 위례에 위치한 6개 단지를 대상으로 식당, 노인 센터, 개별 주호의 내외부 및 커뮤니티 시설 내외 등 다양한 장소에서 자발적으로 진행되었으며 총 175명의 참여자 중 28명이 심층 인터뷰에 참여하였다. 보행에 어려움이 있는 노인들의 경우는 훈련받은 연구원들이 간병인의 도움을 받아 조사 대상자의 집을 방문하여 답변을 얻었는데 반 구조화된 인터뷰와 노인들과의 자유로운 대화는 녹

표 1. 공공임대아파트 노인들의 일상 관련 인터뷰 내용

-거주 중인 단지 내 커뮤니티 시설의 종류

-희망하는 커뮤니티 공간의 규모

-희망하는 커뮤니티 시설의 위치

-희망하는 공용 라운지의 위치

-시니어 라운지(경로당)의 사용에 대한 개인적인 의견

취되었다. 질문지와 심층 인터뷰에서는 커뮤니티 관련 내용이 〈표 1〉과 같이 다루어졌다.

한국의 공동주택 관련 커뮤니티 시설 설치 기준은 1976년 주택공사가 자체 기준으로 주민공동 시설에 대한 설치기준을 정하면서 도입되었고 1979년 법제화된 이후 지속적으로 개정되었다. 2000년 초 정부의 주택정책이 커뮤니티 활성화에 주목하면서 주민공동시설, 도서관, 보육시설 등과 같은 복지시설 유형의 커뮤니티 시설이 나타나기 시작하였고, 2005년부터 주민공동시설을 용적률 산정에서 제외하게 되면서 다양한 커뮤니티 시설이 계획되었다. 그에 더하여 2013년 주민공동시설 총량제가 신설되면서 거주민들의 수요를 반영한 계획과 설치가 가능하게 되었다. 하지만 대부분의 커뮤니티 시설들은 분양 중심의 단지 계획에 의해 주된 수요층인 중산층을 위한 시설들로 구성되었고, 노인들을 위한 커뮤니티 시설은 법적 규제에 의해 경로당만 설치하게 되었다.

한국 공공임대주택에 설치되는 경로당은 아파트 단지의 세대수에 비례하여 주어지는 면적을 여성노인방, 남성노인방, 공동의 거실로 구성하여 공간만 제공하기 때문에 운영 방법이나 기준은 각 단지별로 다르고 특별한 규정이 없어 특정 집단에 의해 좌우된다. 그러한 이유로 경로당에 가지 않거나 경로당 자체를 기피하는 노인들이 많고 그들에게는 더 이상 단지 내에 갈 수 있는 공간이 없다. 실질적으로 주거단지 내 유일한 커뮤니티 시설이라고 할 수 있는 경로당에 대한 이러한 부정적 인식은 노인들과의 인터뷰에 잘 드러나 있다.

"늙어서 가는 곳이고 싸우는 곳이지요."

"회장이 부려먹고 먹을 것 가져야 해요"

"텃세를 부려요"

"회비를 내야 하는 곳이예요"

조사 대상이 된 주거단지 내 커뮤니티 시설은 이러한 경로당 외에 노인들을 대상으로 지어진 노인 특화 단지 내 시설, 노인들이 대다수인 공공임대아파트 단지 내 복지관, 새롭게 시도된 대안적 커뮤니티 공간 등 광범위하게 분포되어 있어 심층인터뷰를 통해 이러한 커뮤니티 시설을 일상에서 사용 중인 노인들의 생생한 목소리를 들을 수 있었다. 이러한 커뮤니티 시설에 대한 인식은 단지별로 큰 차이가 있어 부정적인 의견에는 다양한 이유가 있었다.

"몰라. 있어봐야 우리에게는 무용지물이야." (여성, 73세)

"젊은 사람들이랑 섞여 있으면 대접해줘요? 우습게 여기죠." (여성, 80세)

이러한 반응은 공간 프로그램에 대한 불만, 공간 크기 관련 젠더 형평성 문제, 그리고 시설의 배치상 선호도 차이로 요약될 수 있는데 더 섬세한 원인 규명이 필요하다. 인터뷰와 설문을 통해 드러난 사실은 다음과 같이 크게 세 가지 유형으로 드러난다.

커뮤니티 공간 제공 희망 프로그램의 불일치

1991년 공공주택 및 분양주택 모두 아파트 단지의 가구수를 기준으로 정부에 의해 커뮤니티 시설이 규제되기 시작한 이후 2000년대 초반부터 복지를 강조하는 정부 정책을 반영하기 위해 다양한 커뮤니티 시설이 공동주택 프로젝트에 도입된 것은 앞서 밝힌 바와 같다. 최소 500가구 이상의 단지의 경우 기본 시설(근린생활시설 및 경로당, 어린이집, 도서관, 놀이터, 야외 운동 시설)이 필요하며 가구 증가에 비례하여 공간 크기가 증가해야 한다는 사실이 주목할 만한데 2005년은 커뮤니티 시설의 다양성 측면에서 전환점이었다. 용적률 계산에서 벗어난 이러한 커뮤니티 공간은 분양주택의 커뮤니티 시설에 바로 반영되었으며, 예산 문제가 이러한 결정에 자유롭지 않을지라도 공공임대주택 프로그램에도 간접적인 영향을 미치게 된다.

이 연구의 사례조사 대상인 여섯 프로젝트는 완공 연도를 기준으로 다양한 시기를 다루므로 이러한 변화가 불가피하게 반영되었다. 이 프로젝트들은 100호 이상의 영구 임대 아파트인 경우 필수 시설인 복지관을 포함하여 다양한 커뮤니티 시설을 가지고 있으나 그중 일부는 매우 활발하게 사용되는 반면 설치 당시 고령화된 주민들의 연령이 사전에 고려되지 않았기 때문에 특정 공간은 사용 빈도가 낮았다.

가장 심각한 불일치는 사회적 혼합 단지인 송파동과 우면동 주거단지의 경우이다. 복지관은 사회적 혼합단지에서 면제되는 100개 이상의 영구 임대 유닛에 대한 요구 사항일 뿐이기 때문에 프로젝트의 필수 시설은 아니다. 복지관이 설치되지 않은 주거 단지에서 정기적으로 만나는 사람 수에 관한 질문에서 이러한 사실은 민감하게 드러난다. 복지관이 없는 단지의 경우 익숙한 이웃이 훨씬 적다는 사실이 주목할 만한데 식당이 공동체 의식 형성에서 주요 공간이기 때문에 식당이 기본적으로 포함되는 복지관이 있는 단지에서는 사회적 활동이 더 활발한 커뮤니티가 형성된다는 이전의 연구가 재확인된다.

양적인 측면에서의 젠더 편향성

노인 라운지(경로당)는 특정 프로그램이 없는 경우 단지 내 노인들만이 전용으로 사용하는 분리된 공간으로 젠더 측면에서 매우 민감한 공간이다. 이 공간은 노인들이 하루를 온전히 보낼 수 있는 공간이므로 해당 공간에 머무르는 이상 관심이 없는 불필요한 활동에도 원하지 않게 관여될 여지가 있다. 이러한 공간에 대한 젠더 이슈는 매우 가시적인바, 우세한 성별이 여성인 경우 남성 노인들은 의도하지 않게 자신들에게 배정된 공간을 양보하고 원래는 라운지로 작동하지 않는 다른 곳을 대안적으로 점유하게 되는 양상을 보였다. 이러한 상황은 슬라이딩 도어나 이동식 벽과 같은 가변적 공간이 제공된 경우에 흔히 생기는데 쉽게 확장 가능하기 때문에 여성노인들은 남성노인의 공간을 그만큼 쉽게 차지할 수 있고 이러한 행동은 남성노인들을 해당 공간에서 배제할 수 있게 되는 것이다.

이러한 사실은 또 하나 주목할 만한 젠더별 차별화된 공간 요구와 관련된다. 남성노인들은 과거 사회적 지위, 정치적 성향, 교육수준 등 다양한 이유

그림 5. 경로당 내 할아버지방을 사용 중인 할머니 그림 6. 경로당 전체 공간을 차지한 할머니들(세곡)
들(세곡)

로 인해 작은 그룹으로 나뉘는 경향이 있으며 이러한 동질적인 그룹이 공유할 수 있는 소규모 공간을 선호하나 여성노인들은 더 큰 그룹과 공유하는 것을 신경쓰지 않으며, 그룹 활동에 참여할 때 적극적인 행동을 보여준다. 다시 말해 할머니들은 더 큰 그룹을 형성하여 함께 이야기를 나누고 TV를 시청하는 경향이 있다.

주거 단지에 경로당을 설치하는 오랜 전통은 이러한 종류의 성별 권력 현상과 관련 있는데 고령사회에서 노인들의 평균 연령이 높아지고, 경로당은 노인들의 격리된 구역으로 여겨지며, 잠재적인 노령의 권력은 그러한 공간의 분위기를 결정하는 경향이 있다. 한 남성 응답자는 노인 라운지에 가지 않는 이유에 대해 부정적으로 답한다.

"거기는 온통 할머니뿐이예요. 할아버지들은 찾아볼 수 없어요.... 혼자서 할머니들과 어울리기는 불편하지요"

이 결과는 리비(Leavy)의 여성 노인들의 정신건강과 커뮤니티의 사회적 지

표 2. 조사 대상 단지별 커뮤니티 시설의 종류

	수서	산본	송파	세곡	우면	위례
경로당	○	○	○	○	○	○
놀이터	○	○	○	○	○	○
어린이집		○	○	○	○	○
야외 스포츠 시설	○	○	○	○	○	○
도서관	○		○	○	○	○
교육공간						○
라운지						○
독서실	○					
주민회의실	○		○		○	
식당(카페테리아)	○	○		○		
복지관	○	○				○
피트니스 센터				○		○
다목적실				○		○
기타 시설				게스트룸		주민카페

원관련 연구 결과(Leavy 1983)와 안토누치(Antonucci) 등의 여성 노인들의 네트워크 규모에 관한 연구결과(Antonucci and Akiyama 1987)와 부합되는 양상이기도 하다.

노인의 젠더별 선호하는 커뮤니티 시설의 위치

아파트 단지 내 커뮤니티 시설의 배치와 연계한 공동체 의식 관련 연구는 꾸준히 있었으며 노인 커뮤니티로 구체화된 이 연구에 앞서 어느 정도의 정보를 제공하고 있다. '공동주택 단지 내 선호하는 커뮤니티 공유공간 배치특성에 관한 연구'(2010)는 수도권 아파트 커뮤니티 공간의 배치 특성에 대한 선호도 분석을 통하여 분리된 별동의 중앙집중식 배치가 가장 선호되는 유형임을 보여주었다. 또한 그 건물 내 가장 선호되는 공용 공간은 단지 내 주민만 배타적으로 사용하는 1층이라는 것을 보고한바, 해당 커뮤니티 시설에 대하여 만족하는 가장 중요한 이유는 접근성임을 밝히고 있다.

'공동주택단지 근린시설 배치유형별 커뮤니티 의식 분석에 관한 연구'(2005)는 한국의 아파트 단지 내 커뮤니티 시설의 위치 측면에서 6개 사례를 통해 공동체 의식을 연구하였는데 상업시설, 놀이터 및 커뮤니티 라운지에 집중한 결과 경계에 있는 상업시설은 이웃 간 상호 작용에 긍정적이지만 공동체 의식에는 부정적인 결과를 보였다는 것을 보고하였다. 반면 중앙에 위치한 놀이터는 분산된 유형에 비해 공동체 소속감이 높은 수준을 보여 시설별 전략적 위치가 공동체 의식에 영향을 줄 수 있다는 사실을 밝혔다. 한편 커뮤니티 라운지의 경우는 중앙에 배치된 유형이 모두에 대해 높은 수준의 소속감과 상호 작용을 드러내었음을 보고하였다.

노인들이 집중된 커뮤니티 시설에서는 이러한 양상이 어떻게 달라지며 젠더별 선호도 차이는 어떠할까? 일반 아파트 단지에 관한 일반적인 연구는 노인들을 대상으로 한 공공임대주택의 차별화된 측면을 보여주지 않으며, 젠더 문제에 대해서도 언급하지 않고 있다. 그러나 대부분의 일상을 커뮤니티 공간에 의존하는 노인들에게 이러한 공간적 지원은 바람직한 삶의 질을 위해 필수적이며, 커뮤니티 시설 자체가 일상의 활동 범주로 제한될 수 있기 때문에 이러한 공간의 배치는 더욱 민감한 문제이다.

노인 175명을 대상으로 한 이 연구의 설문에서 드러난 여성노인과 남성노인의 배치상 선호도 차이는 유의미하다. 여성노인(53.2%)의 경우 남성노인(30.8%)보다 단지 내 중심 위치 및 시설 단독 이용을 선호한다는 사실이 밝혀진 것이다. 흥미로운 사실은 이러한 커뮤니티 시설의 종류와 크기가 제한되고 밀도가 높을수록 이러한 선호도 차이는 두드러졌으며 인근에 편의시설이 많은 경우(우면과 위례)는 커뮤니티 시설 공유에 관대한 양상을 보였다.

양재천이라는 대규모 녹지에 면한 우면동 주거단지의 경우나, 녹지와 휴게시설이 풍부한 위례 주거단지 경우처럼 충분한 프로그램과 공간으로 잘 계획된 경우, 경계에 위치한 커뮤니티 시설은 오히려 단지 내 노인들에게 긍정적인 영향을 준다는 사실이 밝혀졌으며 이러한 의견에 주목하여 외부와의 소통을 유지하고자 하는 노인의 선택을 존중해야 한다는 사실이 드러났다.

공용라운지의 경우 노인들의 이동상 편의와 접근성을 고려하여 단지 내 독립된 라운지 외에 동별 라운지의 선호 위치를 조사한바, 여성, 남성 공히 건물 내 라운지에 대한 호감과 1층 출입구 주변을 선호하는 경향을 확인했다. 이와 더불어 본인의 주거로부터 어느 정도 거리를 두고 있기를 희망한다는 사실과 입구부터 분리되어 원할 때 합류하거나 원하지 않을 때 지나갈 수 있는 공간 구성이 중요하다는 사실 또한 밝혀졌다.

그림 7. 커뮤니티 시설 내 공동식당(위례)   그림 8. 비어 있는 지하주차장(세곡)

세 가지 중요한 현안 외에 드러난 다양한 사실 중 주목할 만한 것은 공동체 의식을 위한 가장 중요한 시설인 식당에 대한 것이다. 단지 내 식당은 거주자들이 자연스럽게 섞이는 유일한 장소로 일부 노인들은 해당 공간의 존재가 집 밖으로 나가는 유일한 이유임이 드러났고 실제로 대부분의 거주자는 식사 후에 사회적 교류를 위해 복도에 머무른다는 사실이 드러났다. 그 외에 희망하는 커뮤니티 시설로 자주 언급되는 커뮤니티 공간은 공동목욕탕으로 노인들의 경우 몸을 씻는 것 외에 신체적으로 휴식하고 대화를 나누는 공간으로 목욕탕을 이용한다는 사실 또한 밝혀졌다.

이러한 희망 시설 설치와 관련하여 가능성 있는 유휴공간으로 언급된 것은 현재 모든 공동주택에 필수 공간으로 들어와 있는 지하주차장이다. 노인 거주자들은 지하주차장을 대표적인 공간 낭비 사례로 보고 있었는데 이는 거주자의 대다수가 여성노인인 점을 고려할 때 주목할 만한 문제이다. 대부분의 노인들이 차를 살 여유가 없거나 고령의 신체적 한계로 운전을 중단하였을 뿐만 아니라 여성노인의 경우 운전면허를 취득한 적도, 차를 소유한 적도 없었다는 사실을 고려할 때 대대적 전환이 필요한 문제로 파악되었다. 이러한 맥락에서 희망 커뮤니티 시설 설치를 위해 노인이라는 특수한 그룹의 라이프스타일과 무관한 공공주택의 관련 법령 개정이 시급하다.

■ 신도시 뉴타운의 커뮤니티 공간들과 젠더

신도시나 뉴타운의 노인커뮤니티 공간의 사용 양상은 이미 공동체가 구축된 기존 도시 맥락에서의 커뮤니티 시설과 접근 방식에서 차이가 있을 수밖에 없다. 이 글에서 다룰 세종시 행정중심복합도시의 개별 생활권 계획은 새로운 가치를 담는 방향으로 적극 조성되어 생활권 설계마다 다양한 주제하에 적극적인 시도가 이루어졌는데 그중 복합커뮤니티센터는 세종시에서만 볼 수 있는 독특한 프로그램을 가지고 있다. 이러한 노력으로 다른 지역에서는 시도하지 못한 새로운 공간이 하나의 유형으로 굳어진바, 프로그램 중 하나인 노인문화센터는 복합커뮤니티센터 내에 노인들을 위한 커뮤니티 시설을 별도로 넣는 방식으로 액티브 시니어를 중심으로 적극적인 사용이 가시적인 곳이다.

이 글에서는 주거 단지 내 경로당과 새로운 유형인 복합커뮤니티센터 내 노인문화센터의 사용 양상을 설문과 심층 인터뷰를 통해 집중 분석한 내용을 중심으로 노인들의 일상적인 공동체 공간에서의 젠더 문제를 드러내고자 한다.

세종시에 설치된 복합커뮤니티센터는 기본적으로 주민센터, 보육시설, 지역아동센터, 노인복지시설, 도서관, 문화의 집, 체육관이 함께 조성된 복합시설로 노인뿐만 아니라 모든 연령대가 교류할 수 있는 공간이다. (행정중심 복합도시건설청, 2016)

노인들은 노인문화센터와 더불어 도서관, 체육관, 문화의 집 등 다양한 시설 사용이 가능하나 노인문화센터가 가장 적극적으로 사용되는 시설로 보고되고 있다. 노인문화센터 내 구체적 프로그램은 당구·탁구·바둑 등을 지원하는 여가활용실과 헬스·노래·요가·미술·안마기실 등이 들어가는 프로그램실, 그리고 교양교실, 시청각실, 사무실, 휴게실 등으로 구성되어 있다. 실태조사에서 밝혀진바, 노인문화센터는 복합커뮤니티센터 내에서 가장 작은 규모의 공간이며 운영시간이 길지 않아 상대적으로 낮은 활용성에도 불구하고 만족도가 높은 커뮤니티 시설로 꼽힌다.

이는 생활권 단지 내 필수 시설인 경로당에 대한 낮은 만족도와 큰 차이를 보여주는데 이러한 차이는 특정 계층이 점유하는 배타적 공간으로 인식된 경로당이 지닌 자체 문제와 무관하지 않다. 세종시의 경우 노인인구가 9%대에 불과하여 경로당에 따라서는 공간이 사용되지 않고 비어 있는 경우도 있으며 전반적인 비효율적 공간 운영으로 노인의 커뮤니티 공간으로 작동하는 데에 한계가 있다. 이 글에서 살펴본 경로당과 노인문화센터 이용 노인의 생생한 목소리는 신도시, 뉴타운의 노인 커뮤니티 공간의 조성 방향에 대하여 주의를 환기시킨다.

"내 생각에 노인문화센터는 50대, 60대가 당구하고 춤추고 탁구도 하고 그래요. 거기 가 봤

자 내가 탁구, 당구, 할 줄도 모르고 또 나이도 그렇고 하니까 어울릴 수가 없지" (남성, 88세)

"여기 노인센터가 사람들 만나는 데 어려움은 없지만 친목을 다질 만한 곳은 아니예요.예전

(살던 곳의)친구들은 같이 운동도 하고 같이 밥 먹으러 가는데 여기는 그런 분위기 아니예요."

(여성, 73세)

세종시 복합커뮤니티센터 내 도서관에서 만난 남성노인은 은퇴하여 새 단지에 입주한 3년간 친구를 한 사람도 못 만든 상황을 토로하였다.

"격렬한 운동을 하기엔 애매한 나이이고 경로당은 가기 싫고 하루 종일 도서관에 앉아 있는

데 와이프 부담되지 않게 편하게 식사를 해결할 곳이 있으면 좋겠어요." (남성, 60대)

남녀 노인 공히 노인커뮤니티 시설 중 공동 식당과 목욕탕을 노인 돌봄의 핵심 시설로 인식하고 있는 상황에서 함께 늙어가는 동년배로서 공감대를 형성할 수 있어 가장 많이 이용하는 시설로 목욕탕을 꼽는다는 사실(Yang, 2003)을 상기할 때 신도시 역시 어울릴 수 있는 공간에 대한 요구에서 일관성 있는 결과가 드러난 것이다.

세종시 복합커뮤니티센터 내 노인문화센터와 단지 내 경로당은 서로 다른 계층의 커뮤니티 공간으로 인식되면서 시설 간 교류가 없다는 취약성을 드러냈다. 노인문화센터의 이용자들이 상대적으로 더 젊고 건강한 액티브 시니어이고 80대 노인은 15%대에 불과한 반면 경로당은 절반 정도가 80대 이상 노인이라는 사실은 두 시설 간 교류가 없는 이유를 그대로 보여준다. 이러한 주된 사용자 연령의 격차 및 정적·동적 공간으로 나뉘어진 성격이 두 커뮤니티 시설 간 교류가 단절되는 큰 요인으로 보이는데 두 공간을 동시에 이용하는 노인은 거의 없었다.

경로당 이용자는 노인문화센터도 이용하고 싶으나 방해가 될 것 같다는 이유로 스스로 이용을 포기하기도 한다. 이러한 분리현상은 스포츠 위주의 노인문화센터 프로그램이 주된 요인으로 보이는바, 늙고 힘없는 노인이 가는 곳으로 인식하고 있는 경로당에 대한 시각은 인터뷰에서 여실히 드러난다.

"경로당은 아직 나이가 맞지 않고 도서관은 학생들이나 주로 가는 곳으로 알고 있지요" (여성, 70대)

"아직 나는 갈 나이 아니잖아. 아직 안 가고 싶어."(여성, 70대)

"노인정은 80은 돼야 가는곳 같아서…"(여성, 72세)

"경로당은 취미없어. 약간 고리타분해."(여성, 86세)

무엇보다 젠더문제가 이용에 걸림돌이 되고 있다는 정황도 인터뷰에서 드러났다.

"가 봤자 나 같은 늙은이들이랑 같이 있어야 하는데 할머니들만 있으니까 가 봐야 뭐 그렇지…난 아직 3년밖에 안 되니까 아는 사람이 없지요."(남성, 88세)

정적인 활동 위주의 경로당의 경우 여성노인의 압도적 숫자로 인해 남성노인의 사각지대가 되고 있다는 사실은 앞서 소개한 임대아파트와 유사한 상황이며 상대적으로 젊은 노인들이 모이는 복합커뮤니티센터도 상황이 다르지 않다. 복합커뮤니티센터 이용자 대부분이 여성노인으로 남성노인들은 커뮤니티 형성에서 소외되는 경향을 보이며 일부 특정 활동 공간에만 모여 있거나 만날 친구가 없는 고립된 일상을 토로하였다. 이는 세대 교류를 목표로 조성된 복합커뮤니티센터의 약점 또한 내포하고 있는바, 복합커뮤니티센터에 대한 인식은 지역노인과의 인터뷰에서 그대로 전달된다.

"노인들은 살기가 안 좋지. 젊은 사람들은 애들 키우고 살기 좋은데… 나는 여기 심심해… 여기는 젊은 사람들이 애 키우느라고 그런 게 없는 것 같아. 그러니까 나이먹은 사람들은 뒷방 늙은이…"(여성, 76세)

젊은 여성 위주의 커뮤니티 시설의 활성화가 여성노인들을 상대적을 밀어

그림 9. 세종시 생활권의 젊은 엄마 중심 돌봄공간

그림 10. 세종시 복합커뮤니티센터 내 돌봄공간

내고 있는 정황도 가시적이다.

> "키즈 카페에도 가 봤는데 주로 젊은 사람들이 많이 오니까 애엄마를 보냈죠."(여성, 66세)

짧은 운영시간도 다양한 커뮤니티시설 이용에 걸림돌이 되고 있었는데 자식들의 퇴근 후 육아에서 자유로워진 노인들이 방문할 시간이면 대부분의 커뮤니티 공간들은 문을 닫는다.

"야간에 최소한 10시까지는 오픈이 되어 있어야 한다고 생각해요"(남성, 70대)

조사 대상이 된 세종시 생활권의 노인들은 비록 상대적으로 소수이긴 해도 다른 지역에 비하여 특별히 비가시적이었는데 이들이 보이지 않게 된 배후에는 이렇듯 부적절한 노인 관련 커뮤니티 시설의 조성과 이들의 라이프스타일을 고려하지 않은 시설 운영방식이 있었다는 사실이 드러난 것이다.

■ 젠더혁신을 통한 고령사회 커뮤니티 공간의 전환

지금까지 살펴본 수도권 공공임대아파트와 신도시 뉴타운 생활권의 경우 모두 에이징 인 플레이스가 지배적인 고령사회의 커뮤니티 공간에서 젠더 문제는 일상을 좌지우지하는 중요한 현안임이 드러났다. 이는 초고령사회로 가는 길목에서 형평성 있는 공간복지의 차원에서 재고되어야 하는 민감한 문제이기도 하다. 여성노인이 대부분인 공공임대아파트의 경우 상대적으로 밀려나는 남성노인의 문제는 신도시 젊은 여성 위주의 시설 편성이 밀어내는 여성노인의 문제와 큰 틀에서 보면 공통점이 있다. 특히 이 글에서 집중 조사된 세종시 내의 생활권은 여성특별설계구역으로 조성된 특이점이 있어 타 생활권에 비하여 돌봄과 양육이라는 아젠다가 물리적 환경으로 극대화된 케이스인 까닭에 이러한 조사 결과는 더욱 흥미롭다. 중립적인 공간의 명칭 대신 '맘스클럽', '맘앤 키즈 존' 등으로 구체화한 특별한 공간들이 육아를 담당하는 여성노인들을 소외시키는 상황을 초래한 것이다.

이러한 젠더 간의 갈등이나 나이에 대한 갈등은 세대교류라는 큰 틀에서 접근할 때 해결 가능한 사안이다. 노인인구는 여성, 남성으로 이원화될 수 없는 다양한 라이프스타일로 이해되어야 하며 액티브 시니어들의 다양한 라이프스타일이 부각되고 있는 상황에서 기존의 경로당 중심 커뮤니티 노인 공간에 대한 적극적인 전환을 함께 고민해야 한다. 고령사회의 커뮤니티 공간들이 젠더 간 세대 간 분리현상을 타개하는 포용적 공간 복지를 통하여 세대를 아우르는 공간으로 거듭나야 하는 이유가 여기에 있다.

현재 서울의 서초구를 중심으로 하는 경로당의 재구조화 시도는 이러한 측면에서 주목할 만하다. 넘치는 여성노인을 수용할 공간의 확장을 거의 쓰지 않는 남성노인의 공간을 활용하여 단순 해결하는 방식으로는 이러한 민감한 젠더 문제를 해결할 수 없다. 육아를 위한 코너가 있는 시니어 카페 등으로의 전환에 육아를 담당하는 여성노인들이 관심을 가지는 이유도 같은 고민의 연장선상에 있는 것이다.

이 글에서 밝혀진바, 한국사회의 급격한 고령화 현상이 드러낸 커뮤니티 공간은 여성노인의 숫자가 지배적인 상황에서 남성노인의 공간에 대한 고민과 여성노인과 남성노인의 차별화된 요구뿐만 아니라 젠더 내 세대 간의 갈등도 아우르는 공간으로의 전환 등 지속가능한 공동체를 유지시킬 방향을 커뮤니티의 구성원들이 함께 고민해야 하는 진정한 젠더혁신의 살아 있는 현장이 되고 있다.

참고
문헌

1. WHO, Global Age-Friendly Cities: A Guide, 2007

2. WHO, Global levels of physical inactivity in adults: Off track for 2030, 2024

3. Chen, Y. Y., Wong, G. H. Y., Lum, T. Y., Lou, V. W. Q., Ho, A. H. Y., Luo, H., & Tong, T. L. W. (2016). Neighborhood support network, perceived proximity to community facilities and depressive symptoms among low socioeconomic status Chinese elders. *Aging & Mental Health*, 20(4), 423-431

4. Fiske, A., Wetherell, J.L. and Gatz, M. (2009) Depression in older adults, *Annual Review of Clinical Psychology*, 5, 363-389

5. Toni Antonucci, Hiroko Akiyama (1987) Social Networks in Adult Life and a Preliminary Examination of the Convoy Model, *Journal of Gerontology*, 42(5) 519-27

6. Leavy, R. L. (1983). Social support and psychological disorder: A review. *Journal of Community Psychology*, 11(1), 3-21

7. OECD (2020), "How's Life? in OECD countries", in *How's Life? 2020: Measuring Well-being*, OECD Publishing, Paris.

DOI: https://doi.org/10.1787/c5504f62-en

8. 행정중심 복합도시건설청, 2016

9. 이지연, 이연숙, 윤혜경, 공동주택 단지내 선호하는 커뮤니티 공유공간 배치특성에 관한 연구, 한국주거학회 학술발표 대회논문집 2010년 11월

10. 김대욱, 정응호, 류지원, 공동주택단지 근린시설 배치유형별 커뮤니티의식분석에 관한 연구, 한국주거학회논문집 2005년 12월

2

건강한 일상을 위한
젠더 포용적 근린공원

건강한 일상을 위한
젠더 포용적 근린공원

▪ 개요

도시 내의 녹지 공간, 나아가 수준 높은 공공의 오픈스페이스 개념은 특히 19세기부터 시작한 산업화와 도시화로 인해 인구가 폭증하면서 열악한 도시 주거환경이 형성되었던 영국과 미국에서부터 시작되었다. 현대사회에서도 도시의 녹지 공간과 공공의 오픈스페이스는 생태계를 보존하면서 바람길 형성, 열섬 현상 완화의 지속성 차원에서도 중요하지만, 도시민의 일상에서 다양한 신체 활동, 건강, 여가와 문화, 그리고 사회적 교류의 기회를 제공하는 중요한 역할을 한다.

제인 제이콥스[1]는 단순한 오픈스페이스가 양적으로 확산하는 것은 의미가 없지만 공원을 이용하는 다양한 사람과 그들의 활동을 집약했을 때 매력적으로 활성화된다고 했다(Jacobs, 1961). 제이콥스는 특히 성공적인 근린공원은 복합적이고 흥미로운 요소들이 얽혀 있고, 길 찾기가 쉽도록 중심공간과 공간의 위계가 계획되고, 햇빛을 받을 수 있는 곳과 그늘이 지는 곳이 적절하게 배치되며 주변 건물들이 공원의 개방감 있는 공간을 잘 에워쌀 수 있는 특성이 있다고 보았다(Jacobs, 1961).

윌리엄 와이트[2]도 제이콥스와 마찬가지로 좋은 공공 공간 설계를 위한 고민을 하면서 도시설계에서 남성 중심의 시각에서 여성에 대한 배려가 간과된 점을 인지하면서 공원에 여성의 비율이 높아지면 공간이 더 잘 관리될 것이라고 보았다(Whyte, 1988). 클레어 쿠퍼 마커스[3]는 특히 여성, 어린이, 노인을 배려하면서 다양성을 포용할 수 있는 공공 공간의 이용에 대하여 고민하였다. 더 많은 공원이 있을수록 영유아, 어린이, 청소년, 노인, 장애인, 다문화 등의 다양한 사람들의 더 높은 신체 활동을 기대할 수 있다. 복합적 공공 공간으로서의 공원은 이용자의 신체와 정신건강 증진, 커뮤니티 강화, 환경문제 완화 그리고 일자리 창출 등 다방면의 가치를 지닌다(CABE, 2009).

최근에는 공원 리모델링을 통해서 생활체육시설, 스케이트장, 식물원, 친수공간 등을 계절별·사용자별로 유연하게 도입하면서 특히 어린이들의 활동을 장려하고 있다(Active Living Research, 2010). 근린공원이 필수적인 혹은 상징적인 기능을 넘어서 관찰과 인터뷰를 통해 실질적으로 계획된 공간이 어떻게 이용되는지, 성별이나 여러 연령대의 사람들의 방문 목적과 다양한 행태는 어떻게 함께 이루어지는지 나아가 이용자들의 근린공원에 대한 인식을 조사해 봄으로써 포용적 도시를 위한 근린공원의 방향성에 대해 살펴보고자 한다.

▌ 도시주거지 내 근린공원, 동네공원의 장소성

2023년 9월 기준 도시지역 인구비율은 92.1%로 2005년 90.1%보다 2.0% 증가된 수치로 지속적으로 도시의 밀도는 높아지고 있음을 확인할 수 있다 (국토교통부, 2024). 고밀화되는 도시 속 삶은 2019년 11월 최초 보고 이후 전 세계가 경험한 코로나19 바이러스(SAR-CoV-2) 감염에 의한 급성호흡기질환을 경험하게 되면서 많은 사람들의 생활 양식에 변화를 가져왔다. 일상에서 사람들과의 거리가 중요하게 인식되면서 정신적·신체적 안정감을 줄 수 있는 주거지 인근의 도시공원의 중요성이 더욱 부각되는 계기가 되었다.

도시공원은 개인들의 일상에서 사회적 거리를 유지하고 심리적 안정을 위한 공간으로 그 가치가 재조명되고 있으나, 한편에서는 2020년 7월부터 도시공원 일몰제 시행으로 서울시내 116개 도시공원 총 95.6㎢가 일제히 도시계획시설 실효를 앞두고 있으며 이는 서울시 도시공원의 83%, 여의도 면적 33배 크기이다(내 손안에 서울 2018.4.5). 이에 도시공원의 추가 지정과 확대를 위한 지속적인 노력이 필요하다고 생각되는 시점이기도 하다

도시 주거지는 시민들이 하루 중 많은 시간을 보내는 장소이기도 하고 삶을 위한 에너지를 재충전하는 곳이다. 신조어 '숲세권'은 녹지 공간과 역세권이라는 단어의 합성어로 주거지 인근의 숲이나 공원의 여부가 일상 생활 만족도에 큰 영향을 주고 있음을 알 수 있다. 또한 65세 이상 노인이 20%가 되면 초고령사회로 분류되는 2024년 현재 대한민국은 19%로 2025년에는 초고령사회로 진입을 예상하고 있다.

'도시공원 및 녹지 등에 관한 법률'의 도시공원은 생활권 공원과 주제공원으

로 크게 나뉘며 생활권 공원에서 근린공원은 유치 거리와 규모에 따라 근린생활권, 도보권, 도시지역권, 광역권공원으로 나뉜다. 도시공원 중 생활권 공원은 소공원, 어린이공원, 근린공원으로 분류되고 그중 근린공원은 근린거주자 또는 근린생활권으로 구성된 지역생활권 거주자의 보건·휴양 및 정서생활의 향상을 위해 조성된 공원이다.

표 1. 도시공원의 종류

	구분		정의
도시공원	국가도시공원		도시공원 및 녹지 등에 관한 법률 제19조 도시공원의 설치 및 관리에 의해 설치·관리하는 도시공원 중 국가가 지정하는 공원
	생활권 공원	소공원	소규모 토지를 이용하여 도시민의 휴식 및 정서 함양을 도모하기 위하여 설치하는 공원
		어린이공원	어린이의 보건 및 정서생활의 향상에 이바지하기 위하여 설치하는 공원
		근린공원	근린거주자 또는 근린생활권으로 지역생활권 거주자의 보건·휴양 및 정서생활의 향상에 이바지하기 위하여 설치하는 공원
	주제공원		역사공원, 문화공원, 수변공원, 묘지공원, 체육공원, 도시농업공원, 방재공원, 그밖에 조례로 정하는 공원
공원시설			도로 또는 광장/ 화단, 분수, 조각 등 조경시설/ 그네, 미끄럼틀 등 유희시설/ 테니스장, 수영장, 궁도장 등 운동시설/ 식물원, 동물원, 수족관, 박물관, 야외음악당 등 교양시설/ 주차장, 매점, 화장실 등 편익시설/ 관리사무소, 출입문, 울타리, 담장 등 공원관리시설/ 실습장, 체험장, 학습장 등 도시농업을 위한 시설/ 재난관리시설/ 그 외 도시공원의 효용을 위해 국토교통부령으로 정한 시설

(출처: 도시공원 및 녹지 등에 관한 법률 중 공원 분류 및 공원 시설)

이러한 도시 주거지의 근린공원은 다양한 연령층의 지역주민에게 사회적 교류공간이자 휴식처로서 일상생활에서 소중한 공간이다. 서울의 주거지와 함께 계획되었던 공원들이 시간이 지남에 따라 시설의 노후화와 함께 다양한 이용자들이 상호 연계되는 활동들을 수용하기에 한계가 있는 공간계획으로 이루어져 전반적인 이용률이 떨어지는 모습을 살펴볼 수 있다.

1983년에 시작된 목동 신시가지 개발은 선형의 도시 축을 조성하고 이곳에 상업, 업무, 공원 들을 녹도와 배치하고 양측에 아파트 단지를 조성하면서 중심시설에 대한 균등한 접근 기회를 가지고 단지 내부의 생활공간을 도시 공공 공간의 차원으로 이끌어내고자 하였다. 당시 목동 신시가지 택지개발 마스터플랜에 따라 목마공원, 파리공원, 오목공원, 양천공원, 신트리공원 등 5개의 근린공원이 중심축을 따라 분포해 있으며 조성된 지 30여 년이 경과하여 노후화로 인하여 서울시와 양천구에서는 지역 특색과 연계한 맞춤형 공원으로 재조성하여 공원 이용 만족도를 향상하고자 2018년부터 맞춤형 리모델링 사업을 실시하고 있다.

최근 리모델링을 통해 시민들의 일상 공간으로 돌아온 근린공원들의 공간계획과 프로그램의 구성을 살펴보고, 다양한 연령별 젠더에 따른 공원 이용 행태를 관찰하고 기록하며 각각의 독립적이거나 중첩되는 공간들의 특성을 파악함으로써 앞으로의 공원계획이 좀더 젠더 포용적 공공 공간으로서의 역할을 강화할 수 있는 공간계획의 방향성에 대해 고찰하고자 한다.

■ 공원에서 관찰되는 성별 행동 및 연령대별 이용 양상

다양한 사람들의 신체 활동에 대해 공원이나 녹지 공간의 영향이 충돌하는 연구 결과들이 있다는 것은 젠더에 따른, 즉 성별 차이 고려를 미처 반영하지 않은 요인에서 찾기도 한다(Marquet et al., 2019). 공원을 포함한 공공 공간에 대한 계획 차원에서 건축이나 도시설계, 건강과 관련한 보건학 등의 연구에서 나이와 성별을 포함한 설문을 진행하면서 지역을 막론하고 공통된 이용 양상을 살펴볼 수 있는 동시에 보다 적극적인 차이점에 대한 면밀한 파악이 필요해 보인다.

바르셀로나의 공원을 이용하는 도시민의 경우4 남성은 여성보다 더 높은 비율로 상시 방문하면서 주로 축구와 같은 구기운동을 하는 데 반해 여성은 자녀의 하교 이후 아이들과 함께 방문하며 자녀를 관찰할 수 있는 놀이터 근처에 주로 머무르면서 주로 앉거나 걷기, 보드게임 정도의 소극적 시설 이용 경향을 살폈다.

시카고 공원의 이용 행태도 크게 다르지 않는데, 여성들은 아이의 돌봄과 관련하여 가족의 일원으로 또는 사회집단의 구성원으로 정적인 활동 위주로 이루어지는 반면 남성들은 개별적으로 또는 친밀한 동료들과 스포츠, 산책 등의 동적인 활동이 대체로 포착되었다(Ho et al., 2005). 또한 남성과 남자 아이들이 여성과 여자 아이들보다 월등히 높은 비율로 공원의 공간을 점유하고 활동하는 양상도 확연했다(Cohen et al., 2012; Floyd et al., 2008).

미혼보다는 결혼한 커플이, 그리고 아이를 동반한 가족 단위는 더 자주 가까운 공원을 찾는다(Mak et al., 2019). 나이가 어릴수록 공원의 접근성과 이용률이 중요한데, 아이들도 영유아, 미취학, 초등학교 저학년과 고학년, 청소년으로 불리는 중고등 학생의 연령에 따라 신체 및 정서의 발달과 활동이 달라진다. 다수의 연구에서 12세 이하의 여자 아이들이 13~18세 여자 아이들보다 공원이나 놀이터에서 더 활발하게 관찰되었으며 남자 아이들과 비교하면 비율이 월등히 감소하였고 남자 아이들은 축구장, 야구장, 농구장 등의 명확한 신체 활동 목적성을 가지고 활발하게 공원을 이용하는 것으로 파악되었다(Sanders et al., 2015; Ries et al., 2009; Floyd et al., 2008). 그 이유를 추정하면 여자 아이들이 놀이터 외에 공원의 시설과 공간에 대해 크게 만족하거나 잘 이용하지 못할 수도 있고, 공원보다는 친구들과 무리 지어서 서로의 집에서 또는 길거리나 쇼핑을 선호하기도 한다. 또한 여자 아이들 스스로가 또는 부모들이 안전에 민감하여 남자 아이들을 혼자 공원에 내보내는 것과 다른 태도를 취할 수도 있다(Slater, Fitzgibbon & Floyd, 2013; Loukaitou-Sideris & Sideris, 2010). 남자 아이들은 공원에서 사회적 교류나 상호 작용보다는 운동에 심취하여 특수하면서 단편적인 목적성을 가지고 공원을 방문하는 경우가 대부분이다(Marquet et al., 2019).

전 세계적으로 고령화가 빠르게 진행되면서 공원에 은퇴한 사람들을 포함하는 고령층을 위한 건강 기구나 접근성 높은 여가 시설의 확충을 많은 도시에서 고려하고 적용하고 있다. 홍콩[5]에서는 65세 노인인구가 가장 자주 오랜 시간 동안 공원을 방문하고 체조, 리듬댄스, 수다, 신분 읽기 등 다양하게 이용하는 모습을 볼 수 있는데, 세대 간의 어울림보다는 노인들은 혼자서 방문하고 대체로 노인들끼리, 어린이들은 아이들끼리 교류하는 모습이 확연히 구분되었다(Mak et al., 2019).

유럽에서는 특히나 9세를 전후로 공원이나 광장에서 사라지는 소녀들에 대한 심각성을 인지하고 있는데, 빈의 경우는 일상 공간에 대해 젠더 포용적이며 여성친화적 공간계획 접근 나아가 소녀들이 안전하고 적극적으로 참여할 수 있는 고려를 정책에 반영하고 있다(Stadt Wien, 2024). 대표적으로 브루노 크라이스키 공원[6]은 1999년 리모델링을 통해서 철조망으로 둘러싸인 야구장을 철거하고 소녀들과 여성들도 함께 다양한 규모의 영역을 점유할 수 있는 개념으로 재해석되었다. 2001년에 준공된 이 공원은 작은 단위의 공간 구조물과 함께 150cm 정도의 높이 차를 두고 잔디초원에 관목을 재배치하여 동시에 다양한 그룹의 이용자들이 자유로운 활동들을 수용할 수 있도록 했다. 2018년에는 어린 아이들과 청소년들이 놀 수 있는 기어오를 수 있는 조경 공간이 추가로 조성했다.

다양한 연령층과 세대의 특징, 젠더를 포함하는 포용적인 공원 설계에 대한 세심한 고민을 우리도 적극적으로 고민할 필요가 있다. 지금까지 상대적으로 짧은 시간에 효율적인 공원 제공을 위해 위에 언급한 공원의 규모와 종류에 따라 다소 동질적이고 보편적인 공원 계획이 이루어져 왔다. 아직 인프라

그림 1. 연령별 젠더를 고려하여 리모델링한 빈의 브루노 크라이스키 공원
(출처: 빈 홈페이지 https://www.wien.gv.at)

가 취약한 저층주거지, 빈곤지역이나 소외된 지역에 대한 부족한 공원 계획이
나 노후 공원 관리 결핍 등 공급 차원에서 풀어나갈 현안도 많지만, 보다 높은
삶의 질적 제고를 위한 포용적인 공원 설계와 다양한 이용 주체들의 공원 만
족도를 높일 서비스와 정책의 개선도 함께 필요하다(김용국 외, 2019).

■ 목동 신시가지 개발과 공원의 조성

1980년대 초까지만 해도 목동 주변은 무허가 공장과 불량주택이 밀집해 있
고 상습 침수 등으로 낙후지역으로 인식되었다. 목동 신시가지 개발은 서울
시가 사업비 1.5조 원을 투입하여 대지 130만 평에 계획 인구 12만 명을 수용
하는 최초의 공영개발식 사업으로 15개 공구로 나뉘어 대단지 아파트가 건설
되었다. 인접한 신정동, 양평동, 문래동 일대에서도 교량 건설, 시민공원 조성
등으로 남서부 서울의 중심생활권으로 부상했다.

서울시는 607,000m²(183,600평)에 해당하는 목동 신시가지 중심상업지역을

<목동 신시가지 개발 전 모습>
(출처: 1983.6.24 서울역사박물관)

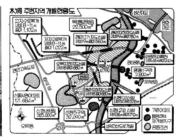

<목동 주변 주거단지로 탈바꿈>
(출처: 1985.4.1 경향신문)

그림 2. 목동 신시가지 개발과 주변의 변화

19개 블록, 143개 필지로 나누어 용도에 따라 16개 공공 필지 31,400m²(9,500평), 도서관, 청소년회관, 국제회의장, 문화회관 등 문화시설용지 6개 필지 58,000m²(17,500평), 일반상업용지로 121필지 313,600m²(95,000평) 등을 배치하는 토지이용계획을 수립하였다.

이렇게 도시설계구역으로 지정되면서 해당 용도 이외의 시설물은 들어설 수 없고 공지의 바닥면은 장식 포장을 해야 하고 6층 이상 건축물은 75% 이상 지상 조경을 적용하게 되며 담장은 설치할 경우 1m를 넘어서 안 되는 규정이 작동하였다(목동 신시가지 「도시설계 구역」 지정, 조선일보, 1990.5.24). 더불어 차량과 보행자 통행을 분리하여 각 블록 중심에는 폭 9~20m의 보행자 전용도로를 확보했고 완충녹지의 배치 그리고 아파트 진입로 등 모든 통로는 노약자와 장애인을 위한 경사로가 설치되었다.

서울시와 파리 시의회는 한불수교 100주년 기념사업으로 서울에는 목동

목동 신시가지 개발 설계안
(출처: 1983.7.9 서울역사박물관)
그림 3. 목동 신시가지 개발 계획

목동 신시가지 모형
(출처: 1983.7.9 서울역사박물관)

목동 신시가지 계획안
(출처: 1987.3.6 서울기록원)

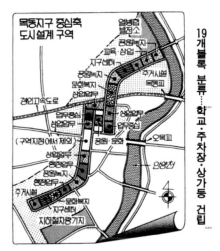

<목동상업지구도시설계>
(출처: 1985.8.1 매일경제)

<목동주변 개주거단지로 탈바꿈>
(출처: 1990.5.24 경향신문)

상업·업무시설	7, 11, 12, 13	145,000m²	• 영등포 부도심 보완 기능 • 필지별로 650~2,200평, 5~15층 고층 건물로 건립
업무중심시설	8, 10	50,000m²	• 일반 업무기능 • 필지별로 1,500~2,000평 규모, 12층 이상 대형고층
행정업무시설	14, 16	58,000m²	• 각종 관공서 입주 • 150~1,700평 필지규모, 5~10층 건물
문화복지시설	6	87,000m²	• 도서관, 청소년센터 • 180~2,800평 규모, 5~10층 건물
복합시설	2, 4, 17, 19	115,000m²	• 주거 및 근린생활 복합시설 • 5~20층 건물 저층부 싱가, 고층부 주거
지구센터	3, 18	50,000m²	• 소규모 상가건물, 공공시설 • 필지별로 200~1,200평, 3~5층 건물
공원녹지	1, 5, 9, 16	99,000m²	• 오픈스페이스 공원 조성

그림 4. 목동 신시가지 중심상업축의 시설과 공원 계획

파리공원 기공식(1987.3.6)

파리공원 준공식(1987.7.1)

그림 5. 목동 5대 공원 중 파리공원의 기공식과 준공식

(출처: 서울기록원)

신시가지 중심축에 위치한 목동2근린공원을 파리공원으로 개칭하고 그 안에 '파리광장'을, 프랑스에는 파리시 서남부 14구 코로니아파트단지에 1,000여 평 넓이의 '서울광장'을 건립하기로 하였다. (목동에 파리광장, 조선일보, 1986.5.27). 1987년 3월6일 염보현 서울시장, 장 버나드 오브루 프랑스 대사를 비롯한 300여 명의 관계 인사가 참석한 가운데 기공식이 열렸다. (목동파리공원 기공-한불수교 백년기념, 경향신문, 1982.3.7). 파리공원 준공식은 같은 해 7월 1일 서울시장, 프랑스 대사와 함께 방한 중이던 프랑스육군사관학교 교장 앙드레 라퐁과 사관생도들도 함께했다. (목동 파리공원 준공, 매일경제, 1987.7.1)

공 원 명	위 치	개장일	면 적	비고
서 울 대 공 원	과천시막계동	84·5·1	6,670,000	
대 학 로	동숭동	85·5·5	6,445	
종 묘	종로3, 4가동	85·11·1	42,045	
보 라 매 공 원	신대방동400	86·5·5	410,008	
경 희 궁 지	신문로2가	86·5·8	100,525	
올 림 픽 공 원	문흥동일대	86·5·28	1,674,380	
아 시 아 공 원	잠실본동85	86·5·″	303,763	
분 매 공 원	분매동3가150	86·6·12	23,608	
개포 시민의 숲	양재동260	86·9	259,267	
파 리 공 원	목동신시가지	86·12	29,714	
한 강 고 수 부 지	한강변11곳	86·9	6,930,000	
어 린 이 공 원	12개구형51곳	86·5·5	43,343	
용 마 공 원	망우동산69	86·12	5,137,374	
서울 드 림 랜 드	번동산28	86·9	1,438,074	
양 정 고 부 지	만리동2가	87년반기	29,975	예정
정 동 공 원	정동15	87상반기	8,230	″
우 장 공 원	등촌동산83	87하반기	358,568	″

시민공원 조성현황 (단위 : ㎡)

木洞파리공원 기공…韓·佛수교 百년기념

그림 6. 시민공원 조성현황(출처: 1986.7.1 경향신문) 목동파리공원 조성도(출처: 1987.3.7 경향신문)

88올림픽 유치가 결정된 이후 1980년대에 올림픽 관련 공원을 비롯해서 서울시가 의욕적으로 도시공원 조성 사업을 통해 10여 개 근린공원과 500여 개의 어린이공원이 개장하면서 1인당 공원면적이 5.1m²로 늘어났다(잇단공원 개장…도시민"휴식"만끽, 경향신문, 1986.7.1). 그중 하나가 1986년 12월에 준공된 파리공원(29,714m²). 이듬해에는 서울시가 총사업비 207억 원을 들여 어린이 공원 40곳을 비롯하여 71곳의 공원을 새로 만들고 11곳의 기존 공원을 정비 하는 공원조성및정비계획을 확정하게 된다(올해 공원 71곳 새로 조성, 경향신문, 1987.1.13).

◼ 목동 신시가지 5대 공원 리모델링

목동 신시가지 내 5개 공원은 위치와 주변 환경에 따라 조금씩 다른 장소성 을 가지고 있다. 목마공원은 공원 주위의 도로와 자동차의 소음 분진을 막기 위해 화단으로 둘러싸여서 주민 중에서도 아는 사람만 이용하는 공원이다. 교통섬처럼 고립되어 있는 형상이지만 최근에 만들어진 게이트볼장을 이용하는 특정 노인들(동호회)의 수가 많고 횡단보도와 육교를 통해 안양천과 이어진다. 파리공원은 가장 큰 규모로 1987년 근린공원으로 계획되었지만 프랑스 수교 100주년을 기념하기 위한 상징적 의미를 부여한 기념공원으로 조성되었다. 최근 리모델링을 통해 주민을 위한 근린공원의 기능이 많이 회복되었다. 오목공원은 5개의 공원 중 가장 중심의 일반상업지역 내에 위치한 공원으로 낮 동안 주변 업무 시설의 직장인들의 방문이 많은 공원이다. 최근 공원 리모델링과 함께 인접한 SBS 방송국의 저층부를 민간임대로 상업시설(스타벅스, 음식점, 편의점 등)로 채우면서 공원의 접근성과 편의성이 확연히 좋아졌다. 양천공원은 8,9,13,14단지로 둘러싸여 있고 주변에 양천도서관, 양천보건소, 양천구청 등 편의시설이 인접해 있다. 최근 리모델링을 통해 시설물이 개선되었고 다양한 행사가 열리고 있다. 마지막으로 신트리공원은 목동 신시가지 아파

그림 7. 목동 5대 공원의 위치(필자 작성)

트 영역의 끝자락에 신서중학교와 양명초등학교와 가까운 곳에 있다. 따라서 신트리공원은 목동 신시가지 아파트 주민뿐만 아니라 인접한 다양한 아파트 단지와 주변 저층주거지 주민들의 공원 이용이 많다는 특성이 있다.

서울시 양천구의 5개 근린공원은 민선 7기(2018-2022) 동안 리모델링을 추진하여 2023년 현재까지 진행 중이다. 공원 이용 행태 분석 및 지역의 특색과 연계한 공원, 기존의 나무와 주요 동선을 유지한 범위에서 정비를 목표로 하

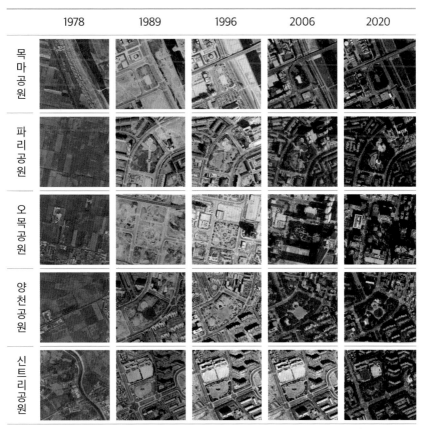

그림 8. 목동 5대 공원의 변천 과정

(출처: 스마트서울맵:지도 서비스 https://map.seoul.go.kr/smgis2/divisionMap)

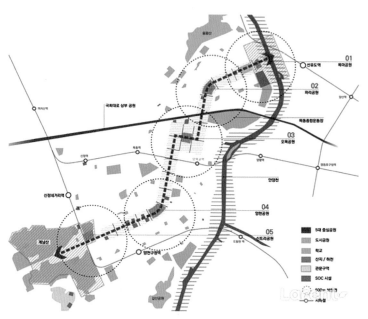

	목마공원	파리공원	오목공원	양천공원	신트리공원
리모델링 시기	2020~	2019~2022	2021~2023	2018~2020	2020~
조성 시기	1987년	1987년	1988년	1987년	1988년
면적	12,816.8㎡	29,613.3㎡	21,470.4㎡	33,797.9㎡	16,409.3㎡
리모델링 비용(안)	10억 원	20억 원	21억 원	20억 원	12억 원
리모델링 요소	• 커뮤니티 시설 • 건강지원센터 • 시니어놀이터 • 치유텃밭 • 재활정원 • 보행로 등	• 영지와 바닥분수 • 서울광장 • 잔디광장 • 2개 운동공간 • 어린이 놀이시설 • 커뮤니티 센터 등	• 중정 • 회랑형 라운지 • 운동시설 • 숲 놀이터 • 멀티코트 • 커뮤니티 센터 등	• 천연잔디중앙광장 • 책 쉼터 도서관 • 물순환시스템을 이용한 생태연못 • 외곽산책로 정비 • 놀이공간 등	• 조깅트랙 • 생활운동시설 • 공유센터 • 잔디마당 • Water Garden • 커뮤니티가든 등

그림 9. 목동 5대 공원 리모델링 계획

(양천구 제공, 출처: https://www.lafent.com/inews/news_view_print.html?news_id=129484)

*신트리공원에 2023년 조성 중인 실내 어린이 공간은 리모델링 공모전 당선작에는 포함되지 않은 프로그램

표 2. 목동 5대 공원 리모델링을 통한 스마트공원화

	현황	리모델링을 통한 스마트공원화
목마 공원	• 기존 게이트볼과 시니어놀이터 도입 • 이대병원(여성암 특화) 연계한 치유텃밭과 재활정원 조성 • 공원과 안양천 뚝방길 연결 • 실내 및 외부공간은 건강지원시설과 커뮤니티 공간 등 다목적 공간 조성	• '모두를 위한 녹색건강'과 '시니어'가 테마인 공원 • 시니어 놀이터 내 스마트 놀이기구(고령자 신체특성 반영) • 치매안심파크에서 다양한 체험서비스 • 사륜구동형식의 스마트 시니어 퍼스널 모빌리티 대여
파리 공원	• 바닥분수, 거울 연못 등 친수공간 조성 • 체육시설 확대와 커뮤니티 센터 건립 • 다양한 세대와 주민 간 교류를 위한 계절별 행사 프로그램 기획 • 여가 문화 체험할 수 있는 공간 제공	• 상징적 공간으로 [역사·문화공원] • VR·AR 활용한 공원 체험, 공공 WIFI, 스마트 조명 • 미세먼지 차단 및 공기정화 기능이 작동되는 스마트 파고라
양천 공원	• 중앙광장, 책 쉼터 도서관, 실개천, 숲 명상원, 운동 공간으로 나뉨 • 책 쉼터 도서관과 베이비존, 꿈마루 놀이터, 키지크(실내놀이터) 연계 • 농구장 및 배드민턴장 조성 • 생태탐험, 어린이 벼룩시장 프로그램 • 노약자, 장애인 등 보행약자도 이용 가능한 계단 없는 순환산책로 조성	• '오래된 숲, 새로운 봄' 테마로 [친환경공원]으로 리모델링 • 조도 자동조절, 태양광 스마트 벤치 • 어린이 안전 놀이터 서비스 정보 제공 • 스마트 문화 서비스와 연계하여 수요 분석 및 정보(일정, 장소) 제공
오목 공원	• 중앙부에 입체적 회랑으로 회랑 하부는 햇빛과 비를 피하는 휴식공간, 상부는 이동통로 및 전망공간으로 이용 • 다양한 활동을 위한 가설공간, 팝업스토어, 마을 장터 등의 행사장으로 이용 • 회랑 안쪽의 정원은 야외 객석, 전시 공간으로 조성	• '도시형 공공성원'이라는 테마는 [휴식공원] • 식생별 QR코드 통한 식물정보 제공 • 가설공간 활용한 오프라인 물품 나눔 • 시민참여형 스마트 박물관과 연계하여 여가활동 작품 공유 및 전시
신트 리공 원	• 다양한 커뮤니티가든 조성 • 음악회, 상터 등 가변직 행사들이 개최 가능한 잔디마당 조성 • 조깅 트랙, 장미정원, 다양한 휴게공간	• '다음 세대의 공동체 정원'을 표방한 [생활문화]공원 • 수요분석에 따른 여가 프로그램 제공 • 모바일로 스포츠 공간 예약 시스템 • 공원에서 IoT운동기구 대여하여 데이터는 디지털원과 연계 • VR기기를 활용한 스포츠 체험

(출처: 양천구 스마트도시 중장기 마스터플랜(2022-2026) 일부 편집)

였다. 또한 적극적인 주민의견 수렴 과정을 거치고자 하였다.

물리적 리모델링에서 나아가 제로 에너지를 구현하고자 진보하는 기술을 반영하는 스마트공원화는 다양한 사람들의 활동에 맞춰서 효율적으로 포용 가능한 공간, 시설과 서비스가 제공될 것이라는 기대와 함께 몇 가지 우려점 도 있다. 여전히 노인 남성이 즐기는 장기나 바둑 등과 같이 특정 연령대 젠더에 따른 세심한 반영 여부는 모호하다. 또한 QR코드로 사용 설명, 안내, 이용 방법 등 스마트 기술로 접근성의 한계도 여전히 고민해야 할 부분이다. 나아가 목마공원의 테마를 시니어로 설정하여 경로당이나 노인복지시설과 연계한 프로그램 운영, 치매안심파크를 통한 서비스 제공 등의 콘텐츠가 노인 전용화로 치우치지 않게, 할아버지·할머니 손을 잡고 오는 손주의 연령대도 포용적으로 제고해야 할 필요성이 있어 보인다.

■ 목동 공원의 공간 계획과 연령별 젠더에 따른 이용 행태

연령별, 성별에 따라, 목동의 공원들을 이용하는 다양한 행태와 활동을 관찰하며 기록했다. 2024년 5월 18일과 6월 9일, 6월 24일 오전, 오후 야간 시간대에 파리공원, 오목공원, 양천근린공원, 신트리공원 4개를 대상7으로 공원 이용자 관찰을 진행했으며 인터뷰는 2024년 7월 28일 오전 10시에서 6시 사이 4개 공원을 대상으로 가능한 연령별 젠더를 구분하여 이루어졌다.

대체로 미취학 어린이들은 부모 또는 조부모와 함께 공원에 와서 놀이공간, 분수공간 등 다양하게 이용하며 특히 퀵보드, 자전거, 배드민턴, 축구, 야구 등

1990년 서울 양천구 목동의 파리공원 전경

출처: 양천구 제공

리모델링 후 목동 파리공원 전경

출처: © VIRON+김영민 교수(시립대학교)

파리공원 조성 계획(1987.3.6)

출처: 서울기록원 디지털 아카이브

리모델링 후 파리공원 프로그램 및 시설 배치

출처: © VIRON+김영민 교수(시립대학교)

1987년 7월 파리공원

출처: 서울기록원

2024년 7월 파리공원

출처: 필자 촬영

그림 10. 리모델링 전후의 파리공원 계획과 이용

을 가족과 함께하는 경우가 많았다. 10대 남자 청소년~20대 초반 남자의 경우는 대부분 농구장 이용자가 가장 많고 늦은 밤에 달리기하는 사람의 수가 많았다. 또한 아주 늦은 밤에도 친구들과 벤치에 앉아서 이야기하거나 자전거를 타는 남학생들을 볼 수 있었다. 농구장 주변과 벤치 등에서 친구와 시간을 보내는 3~5명 그룹 이용도 많이 관찰했다. 10대 청소년 여성은 공원에서 거의 볼 수 없으며 관찰 기간 내에 간혹 친구와 벤치나 그늘에 앉아 있는 모습을 발견했다.

20대 남녀는 데이트처럼 두 명이 공원에 앉아 시간을 보내는 경우가 가장 많았다. 주 이용 시간은 주중 늦은 밤과 주말 하루 종일 커플들을 공원에서 볼 수 있었다. 30~40대 남성의 경우 어린아이를 동반하여 공원을 이용하는 경우를 가장 많이 관찰했다. 따라서 놀이터 근처에서 시간을 보내는 경우가 대부분이었다. 육아를 하는 30대 초·중반 여성들은 유모차 또는 아이의 퀵보드 자전거 등을 가지고 공원을 이용하는 경우가 많았고, 그늘진 평지로 돗자리를 가지고 나와서 여럿이 함께 공동육아를 하는 행태를 보였다.

중장년층인 50~60대 남성의 경우 주로 벤치에 앉아 휴대폰을 보거나 책을 읽는 모습을 자주 보았고, 늦은 밤에 공원 둘레를 따라 걷기를 하고 반려견이 있는 경우 낮 시간을 활용하여 공원을 산책하는 모습을 관찰할 수 있었다. 50~60대 여성, 70대 여성은 주로 두 명 또는 세 명 이상이 공원에서 시간을 같이 보내는 행태를 보였다. 산책로 걷기, 운동기구 이용 또는 벤치에 친구와 앉아 휴식하기 등을 즐기며 벤치의 위치와 형태에 매우 예민하게 반응했다. 특히 그늘에 앉아서 쉴 수 있길 바라고 더 다양한 운동기구를 비 오는 날에도 이용할 수 있는 캐노피 구조물을 선호하는 것을 알 수 있었다. 반려견 산책을 위해 하루 중 두세 번 정도 공원을 이용하는 사람 수가 많으며 매일 1시간 이상의 시간을 공원에서 보내는 것을 확인했다.

고령층인 70~80대 남성들은 직장에 더는 나가지 않기 때문에 거의 매일 아침부터 공원을 이용한다는 이야기를 들었고, 여러 명이 정해진 장소에서 모여 이야기하거나 바둑·장기 등을 하며 시간을 보냈고, 개별 이용자들이 운동기구를 이용하는 모습을 보았다. 신트리공원에서 할아버지가 그룹 지어 이용하는 장소가 생기면 담배를 피우는 등 여성이나 다른 연령대가 그 장소를 이용하기를 꺼려했다. 신트리공원은 규모에 비해 텃밭의 면적이 넓고 주로 이용하는 50~70대 남녀가 이용할 만한 공간이 너무 좁다고 했다. 현재 건설 중인 어린이 놀이공간에 대해서는 인터뷰한 모든 사람들이 반대하는 입장을 보였다.

목동신시가지 내 근린공원(파리공원, 오목공원, 양천공원, 신트리공원)의 이용 행태를 조사한 결과 남성은 여성에 비해 상대적으로 혼자 공원을 이용하는 경우가 많았고, 운동기구·바둑·장기 등 특정 목적 행위를 위해 공원을 방문하는 비율이 높았다. 60대 이상 남성의 경우 공원은 거의 매일 오전부터 찾아오는 공간이었고 여름에는 시원한 그늘이 있고 겨울에는 매서운 바람을 피할 수 있는 공원을 원했다. 이에 반해 여성은 육아를 위해 아이들을 데리고 공원을 방문하고, 여러 명이 모여서 공동육아 형식으로 다양한 활동(놀이, 휴식, 간식 먹기, 낮잠 자기 등)을 하는 경우가 많았다. 40대 이상의 여성은 그룹으로 규칙적으로 같은 시간대에 공원을 이용하는 패턴을 보였고, 공원에서 하는 무료 에어로빅 활동에 적극적으로 참여하는 모습을 보았다. 10대 남학생은 농구, 자전거 타기, 배드민턴 등 특정 운동을 위해 자주 공원을 찾았으나 여학생은 공원 이용은 현저히 낮은 것을 관찰했다.

파리공원 그물놀이   파리공원 바닥분수

양천공원(교육박람회 2024.5.18)   양천공원(교육박람회 2024.5.18)

파리공원(농부의 시장, 2024.5.18-19)   파리공원(농부의 시장, 2024.5.18-19)

그림 11. 공원의 다양한 행사와 활동

(출처: 필자 촬영)

미취학 어린이와 초등학생

미취학 아동은 부모와 함께 공원을 이용하며 공원의 다양한 시설과 전용 놀이공간에서 주로 시간을 보내는 것으로 관찰되었다. 파리공원은 기존의 분수 공간을 바닥분수로 바꾸고 하절기에 바닥분수를 운영하고 있다. 이로 인해 주변 거주자들의 아이들이 피크닉 오듯이 부모와 함께 공원을 찾아 오랜 시간 머무는 것을 확인했고, 여러 가족이 돗자리 등을 이용하여 함께 머무는 경우가 많았다. 오목공원은 주말에는 부모, 조부모와 함께 공원을 찾았고 퀵보드, 줄넘기, 자전거 등을 가지고 오는 경우가 많았다. 신트리공원은 주변 어린이집과 유치원 등에서 이용할 수 있는 텃밭이 조성되어 있었고, 현재 실내놀이 공간을 신축 중이다. 양천공원은 중앙 잔디밭과 놀이터에서 주로 야외활동을 하고 양천공원 책쉼터에서 부모와 함께 시간을 많이 보내는 것을 확인했다. 파리공원, 오목공원, 양천공원은 다양한 행사(문화 공연, 꼬마벼룩시장, 가족 농구잔치, 체험부스 등)가 열리는 경우 어린이뿐만 아니라 남녀노소 모두 공원 방문 빈도가 높아지는 것을 확인했다.

"아이가 좋아해서 자주 와요. 집에서 가까워서 좋아요." (파리공원)

"손주 봐줄 때 데리고 오면 놀이터에서 놀다가 가요. 모래도 있고 그물도 있고…." (파리공원)

"행사 있으면 지나가다가 보고 가지, 살 만한 게 있으면 사고…"(양천공원)

"학원 마치면 친구랑 놀다가 집에 가요."(파리공원)

"우리집 개 산책시켜야 해서 매일 와요."(파리공원)

"아빠랑 축구하러 오거나 배드민턴도 쳐요."(양천공원)

청소년

대부분의 경우 특정 목적을 가지고 공원을 이용하는 경우가 많았다. 예를 들어, 늦은 밤이나 주말에 농구를 하기 위해 친구들과 공원을 찾거나 운동기구를 이용하는 빈도가 높았으며, 친구와 벤치나 계단 등에 앉아서 대화를 나누는 경우가 대부분의 활동임을 관찰했다. 목동의 경우 자전거 이용률이 높아 남학생들은 자전거를 타고 공원을 가로지르거나 잠시 쉬어가는 모습을 많이 보았다.

목동 공원 중 관찰을 진행한 4개 공원의 공간 계획이 모두 상이한 결과 청소년(남자)의 공간도 각기 매우 다른 상황이었다. 신트리공원에는 청소년을 위한 공간이 아예 존재하지 않아 인터뷰를 진행한 3명의 남학생(중학생)이 불편을 이야기했다. 풋살장, 농구장 등이 있으며 매일 이용하고 싶다고 말하기도 하였다. 양천공원은 청소년이 주로 이용하는 농구장이 배드민턴장과 아무런 경계 없이 조성되어 있는데, 바닥을 모래로 조성한 배드민턴장에 바람이 불면 농구장으로 모래가 날려와 불편을 겪고 있음을 알 수 있었다. 오목공원은 상대적으로 공원의 입구 쪽에 다른 공간들과 분리되어 배치되어 있어서 청소년(남자)들이 이용하는 데 불편은 없다는 이야기를 들었다. 다만 농구장 그물경계부 안에 벤치가 많이 놓여 있어서 다른 공원 이용객들이 오히려 벤치를 이용할 수 없다는 불편을 들었다. 파리공원은 4개의 공원 가운데 규모가 가장 크고 농구장의 위치와 구성도 잘 되어 있었고, 많은 청소년들이 늦은 밤과 주말에 이용하는 모습을 관찰했다. 친구들과 농구장을 찾을 뿐만 아니라 혼자와서 다른 이용자들과 어울리며 경기하는 경우가 많다는 것을 들었다.

"축구장도 안 바래요. 작아도 공을 찰 수 있는 곳만 있으면 매일 올 것 같아요. 주말에도 학교가 무슨 시험이 있으면 못들어가게 해요."(신트리공원)

"농구하는 데 미끄러워요. 배드민턴장에서 계속 여기로 날아와요. 모래가…"(양천공원)

"공사하고 난 뒤에 농구하기 좋아요."(오목공원)

오목공원 농구장

오목공원 농구장

파리공원 농구장(낮)

파리공원 농구장(밤)

그림 12. 남자 청소년들의 체육활동
(출처: 필자 촬영)

공원 이용자를 관찰하는 동안 목동 신시가지 내 근린공원에서 여자 청소년은 찾아보기 힘들었다. 가방을 메고 지나가거나 친구와 앉아서 이야기하는 모습을 가끔 볼 수 있었다.

노인

노인들은 공원 이용 횟수와 이용 시간이 가장 많다는 것을 인터뷰를 통해 알 수 있었다. 70대 이상 남성들은 거의 매일 공원을 방문하여 시간을 보낸다고 했다. 목마공원은 특화된 게이트볼장 이용이 가장 많았고 파리공원은 커뮤니티 센터에 마련된 바둑을 두는 이용자가 관찰되었다. 또한 파리공원은 외부에 마련된 트랙을 걷거나 달리는 활동과 공원 내부에 나무 사이에 조성된 산책로를 이용하는 사람들이 많았다. 반려견을 동반한 경우에는 낮이나 늦은 오후 시간대 이용이 많았고 운동기구 이용은 이른 아침과 저녁에 집중되었다. 고령 여성의 경우 유모차를 가지고 육아를 위해 공원을 이용하는 모습을 볼 수 있었고 어린이집, 유치원 등 하교 시간 이후에는 어린 손주와 함께 공원의 놀이공간 이용에 집중된 모습이었다. 반려견 동반 시 오전과 늦은 오후에 주로 관찰되었고, 저녁에 무료로 진행되는 에어로빅 활동에도 이용자가 많음을 관찰했다. 여성들은 주로 2~3명이 이야기를 나누거나 걷기 등을 함께하는 모습을 보였으며 이는 홀로 이용하는 노인 남성이 많다는 점과 큰 차이이다.

인터뷰를 통해 노인들은 사계절 내내 이용 가능한 공원을 원한다는 것을 알게 되었다. 여름에는 너무 뜨거워서 앉을 수 없는 벤치와 그늘이 없는 곳에 배치된 운동기구를 아쉬워했다. 겨울에는 찬바람을 피해 시간을 보낼 공간이 필요하다고 이야기했다. 인터뷰에 참여한 노인들은 리모델링을 위한 설명회에

신트리공원

신트리공원

오목공원

파리공원

신트리공원

양천공원

그림 13. 노인들의 공원 이용 행태

(출처: 필자 촬영)

참석한 경우가 많았고 이용 시 불편한 점들을 구청에 이야기했는데 조치가 없는 점을 아쉬워한다는 것을 알게 되었다

"그늘에 앉아 있을 벤치가 많이 없어요. 등받이가 없는 데는 앉기 힘들어…"(신트리공원)

"바둑 두러 오지. 이야기도 하고."(신트리공원)

"이 휠체어 충전할 데가 없어. 생각보다 배터리가 금방 없어져."(신트리공원)

"저기 할아버지들만 있는 곳에 우리가 일부러 앉아 있었어요. 아무도 못 가니까."(신트리공원)

"공원이 작아. 근데 또 공사를 해."(신트리공원)

"공원에 그냥 나무만 많고 그늘에 벤치…나무로 된 거 등받이 있는 걸로만 좀 많이 만들어주면 좋겠어요. 그것만 보고 앉아 있어도 좋아."(신트리공원)

"매일 오지, 갈 데가 없잖아." (오목공원)

"지금은 괜찮은데 겨울 되고 바람 불면 어디 들어갈 데가 없어. 저기 안에는 우리는 안 들어가 눈치 보여서…근데 하루 종일 봐도 저기 몇 명도 안 들어가." (오목공원)

"저기 바둑판 우리가 가져다 둔 거야…"(오목공원)

"예쁘기는 한데 불편해 차갑고 뜨겁고 그래서 방석 들고 다녀."(오목공원)

"여기 우리가 만들 때부터 꼭 있어야 한다고 해서 만든 거야. 원래 우리가 맨날 쓰던 자리였다니까. 지금 좋지 시원하고…"(파리공원)

"개 산책시키러 매일 와요. 친구들도 만나고 …"(파리공원)

"운동하러 와. 매일…여기 기구가 새 거라서 좋아. 그리고 여기는 밤에도 훤해"(파리공원)

■ 공정한 도시 공유, 모두를 포용하는 근린공원을 위한 계획

목동 신시가지 5개 근린공원의 이용 행태를 살펴보면서 도시공원의 규모가 이용에 큰 영향을 주는 것을 확인했다. 상대적으로 큰 규모의 공원(양천공원, 파리공원)에 대한 이용자 만족도가 높았고, 실제로 신트리공원의 이용자들은 공원이 작다고 느끼고 좀 더 단순한 이용을 희망한다고 말했다. 파리공원은 비교적 다양한 장소들이 각각의 영역을 가지고 특정 활동을 더욱 자유롭게 하고 있는 모습을 관찰했다(활동의 예: 걷기, 앉기, 운동기구 이용하기, 반려견 산책시키기, 바둑 두기 등).

더불어 현재 공원 이용자들은 시간과 계절에 상관없이 지속적으로 이용할 수 있는 환경에 대한 요구가 강했다. 사계절의 특성이 뚜렷하므로 계획 시 고려해야 하는데 구체적으로는 벤치의 재료는 여름에 뜨겁고 겨울에 차가운 철재가 아닌 나무로 하고, 등받이가 있는 것을 선호했다. 벤치와 운동기구 등은 그늘과 눈비 등 날씨에 상관없이 사용할 수 있기를 희망하는 요구가 강했다. 공원의 자판기나 전동 휠체어 충전기에 대한 수요가 높아 다양한 이용자의 요구사항을 지속적으로 조사하여 반영할 필요가 있다. 공원에 만들어진 실내공간들의 프로그램이 대다수 공원 이용객이 아닌 특정 연령과 젠더에 더 호의적으로 작동하는 것을 확인했다. 예를 들어 오목공원의 숲 휴식공간, 도서관, 전시공간은 할아버지들에게는 들어갈 수 없는, 이용하기에는 부담스러운 공간으로 인식되고 있었다. 반면 파리공원의 커뮤니티 센터는 바둑을 두던 자리를 감안하고 주민들의 요구사항(기존 이용자)을 받아들여 바둑, 장기 + 클래스 룸(보드 게임 대여 가능하게 바꿈)으로 공원 내 유리 재질로 만든 공간이라서 여름에 시원하고 겨울에 따뜻해서 남녀노소 모든 세대가 다양하게 어우러져 사용하는 모습을 관찰했다.

목동중심축 5대 공원 맞춤형 리모델링 프로젝트를 직접 진행한 담당 공무원과의 인터뷰(2024.8.6)를 통해 공공에서도 근린공원이 특정 젠더나 연령에 의해 사유화되지 않고 모든 사람들이 편안하게 이용할 수 있도록 하기 위해 노력한 것을 확인했다. 준비 과정에서 신트리공원의 할아버지들이 점유하고 있는 일부 공간에 대해 알고 있었고 이에 대해서는 장기계획이 있다고 언급해주었다. 근린공원은 매일 이용하는 주민들이 많아서 공사하기가 쉽지 않은데, 파리공원 전면 폐쇄 후 리모델링 과정에서 수많은 민원 발생으로 이후 진행된 오목공원의 리모델링은 부분적으로 진행하느라 더욱 힘들었다고 했다. 오목공원의 경우 구에서 SBS 방송국 건물 저층부 활용에 대해 추가 논의가 있었던 것은 아니나, 민간 영역에서 오히려 공원 리모델링 사업을 확인하고 일정을 고려하여 저층부를 완전히 개방하고 다양한 음식점과 카페들이 들어서게 함으로써 근린공원의 편의성과 접근성을 향상시키는 결과를 낳았다는 것을 알 수 있었다.

오목공원은 4개 공원과는 달리 목동신시가지의 중심에 위치하여 업무시설과 상업시설로 둘러싸여 있는 점을 감안하여 평일 점심시간 직장인들에게도 친숙한 공원으로 자리 잡을 수 있도록 하기 위한 세심한 배려가 과정 전반에 있었음을 확인했다. 파리공원은 개방성이 강한 파빌리온을 중심공간에 배치함으로써 할아버지 공간이 소외되지 않고 자연스럽게 다른 이용자들과 섞일 수 있도록 공모 단계에서부터 고려했음을 확인하였다. 당선안 선정 이후에도 최대한 디자인이 원안대로 유지될 수 있도록 신경써서 진행한 과정이 있었다.

실제로 리모델링한 목동 공원들의 시공 완성도가 매우 높다.

"건강도시·여성친화도시·아동친화도시·고령친화도시·안전도시에 맞는 정비 방향 제시/인근
지역과의 소통을 위한 연계 방안으로 설문조사 인터뷰 등의 의견수렴 필요."(목동중심축 5대
공원 맞춤형 리모델링(양천 그린공원) 제안요청서에서 발췌)

"기념공원으로서의 상징성과 근린공원으로서의 일상성을 동시에 고려한 공원으로 계획/사
계절 이용 가능한 시설과 프로그램을 제안/건강도시·여성친화도시·아동친화도시·고령친화
도시·안전도시에 맞는 정비 방향 제시." (목동중심축 5대 공원 맞춤형 리모델링(파리공원) 제
안요청서에서 발췌)

"교육시설, 각종 업무용 시설, 아파트 등으로 둘러싸여 큰빌딩이 즐비한 도시 한복판의 오아
시스로 바쁜 도시 일상 속의 휴식처 역할을 함." (오목공원 맞춤형 리모델링 지명 설계공모 설
계지침서에서 발췌)

공원의 위로(배정환, 2023)에서 공원은 특정 개인의 소유가 아니지만 누구나
편안하고 안전하게 누릴 수 있는 공공 공간으로, 공원이 많은 도시가 건강하

그림 14. 세대 간 젠더 포용 가능한 공공 공간
(출처: 필자 촬영)

고 아름다운 도시라고 말하고 있다. 특히 공원은 일터와 집이 아닌 장소로, 일상에서 잠시 벗어나 자연에서 위로와 환대를 받을 수 있는 장소로 이야기하고 있다. 양천구 공원 리모델링 후 이용자들을 관찰하고 인터뷰 내용을 바탕으로, 보다 나은 포용적 공공 공간으로서의 근린공원이 되기 위한 몇 가지 제안은 다음과 같다.

1. 2022년 기준 1인당 도시공원 면적은 12.3㎡/인으로 '도시공원 및 녹지 등에 관한 법률 시행규칙' 제4조 '도시공원의 면적기준'의 도시지역 주민 1인당 6㎡라는 숫자를 훨씬 넘어선 면적을 확보하였다. 공원법 제정(1967) 이후 도시공원제도는 여전히 양적 지표(1인당 공원면적 지표, 공원녹지율, 녹피율 등)로 평가하고 있다. 2000년대 후반 이후 영국의 공원녹지 정책에서 포용성을 언급하고, CABE(2006: 2008)의 '녹지 공간 만들기 전략' 목표 중 하나는 포용성 향상이다. 우리나라의 공원도 양적 공급에서 나아가 포용적 도시를 위한 공원의 역할에 대한 고민이 필요한 시기이다. 보다 나은 도시를 위한 젠더 포용적 근린공원은 특정 젠더에 따라 영역을 따로 구분하지 않고 모두가 이용할 수 있는 공간을 조성하도록 계획하고 디자인되어야 한다.

2. 특정 도시나 지역이 아닌 국가 차원의 공원 녹지의 형평성과 포용성에 대한 평가 및 연구가 필요하다. 공원의 질적 성장을 위한 관련 제도와 계획체계 등의 정비가 필요한 시점이다. 양천구와 같이, 지자체가 공원 사업을 보다 효율적으로 추진할 수 있도록 하는 방안도 강구되어야 한다.

3. 현대사회의 변화를 수용할 수 있는 공원이 필요하다. 예를 들어 65세 이

상 인구의 비율이 20% 이상인 초고령화 사회 진입(통계청 기준 2025년 전반기로 예상)을 고려하여 매일같이 공원을 이용하는 고령자들의 공원 이용 행태를 면밀하게 파악한 근린공원 디자인과 프로그램 운영이 필요해 보인다.

4. 도시공원 실효제 시행(2020.7.1)에 따라 도시계획 결정 효력이 상실되는 지역에 대한 현황 파악과 대응이 필요해 보인다('도시공원 실효제'에 따른 서울시 도시계획시설(도시공원) 실효대상(2020.7.1) 중 근린공원은 77개소, 면적 23.263㎢이다.).

5. 우리나라의 기후를 고려하여 여름과 겨울을 포함한 사계절 내내 근린공원을 이용할 수 있도록 실내공간, 캐노피 설치, 벤치의 재료, 나무의 수종 등을 세심하게 디자인하는 것이 필요하다.

6. 근린공원의 크기를 고려하여 너무 다양한 공간을 만들려고 하기보다는 걷기, 앉기, 쉬기 등이 가능하도록 여유 있게 배치하는 것이 필요하다. 공원의 방향을 고려하여 그늘이 있는 곳에 등받이가 있는 벤치 설치가 필요하다.

7. 근린공원에 설치된 운동기구와 벤치, 파라솔 등은 남녀노소의 이용률이 높으므로 주기적으로 노후도를 확인하여 수리, 교체 등의 관리가 반드시 필요하다.

8. 공원 내에 실내공간 조성 시 보다 많은 사람들이 부담 없이 이용할 수 있는가에 대한 고민이 필요하다.(식물휴식공간, 전시공간 등은 근린공원의 주 이용객인 노인층, 특히 남성의 경우 이용을 부담스러워하는 것을 확인했다.)

9. 공원 조성 또는 리모델링 시 이전 공원 이용자들의 이용 행태 관찰 및 설

문을 통해 의견을 취합하여 계획에 반영되도록 하는 과정이 반드시 필요하다.

최근 노인을 위한 공원 조성을 위해 '도시공원법' 개정안 발의 움직임이나 지자체에서 고민하는 노인특화 공공 공간을 만들기 위해 기존 공원의 노인 전용화 전략[8]은 결국 특정 대상을 위해 조성한 특수 공간들이기 때문에 시간이 지날수록 다양한 관계 맺기와 우연한 만남의 기회를 제공하는 데 한계가 있다 (한국조경신문, 2023; 이투데이, 2023; Pérez-Tejera et al, 2018). 물론 노인친화공원 개념에 포함된 내용이 다양한 연령대와 함께 어우러질 수 있는 잠재성과 연계하는 고민이 필요할 것이다. 최근에는 공공 공간을 대상으로 기후위기에 대응하는 친환경계획과 자원순환의 개념을 접목하고 모든 연령층의 접근과 보행성을 촉진하며 정신적으로 신체적으로 건강한 삶을 영위할 수 있도록 복합적으로 접근하고 있다(Marcus, 2014). 결국, 좋은 공원 설계는 구분과 개별성보다는 공공 공간의 근간으로 돌아가 이용자들의 수요 파악, 이용에서 장애물 제거, 공동체에서 다양한 세대와 젠더를 포용할 수 있을 때 이루어진다고 본다(Dunnett et al., 2002).

부록 | 인터뷰 내용 (2024.7.28 오전 10시-오후 6시)

공원	연령대	성별	인터뷰 내용
파리공원	60대 후반 ~ 70대 초반 3명	남	- 살롱 드 파리 장소는 리모델링 전 장기 바둑 두던 장소로 리모델링 후에도 기존 이용자들이 사용할 수 있도록 해주겠다고 약속하고 만든 장소임
	30대 후반+60대 후반 +5살 여아 3명	여	- 보드게임 하고 시원해서 좋음 - 밖에도 나갔다가 여기도 들어왔다가 할 수 있어서 좋음
	여 30대 초반+남 30내 숭반+할머니+할아버지+손주 3살 5명	남/여	- 물놀이하고 니무그늘 밑에서 자리 펴고 있을 수 있어서 좋음 - 집에서 가까워서 좋음 - 먹을것 들고 나올 수 있음
	40대 후반	여	- 운동기구 다양해서 좋고 이용하는 사람이 많음 - 거의 매일 이용
	중2 4명	남	- 주말에 친구들 만나서 철봉도 하고 앉아서 이야기하다가 들어감
	중1 2명	여	- 친구랑 만나서 이야기함 - 일주일에 한번 정도 이용
	50대 후반 + 강아지	여	- 거의 매일 나와서 산책시킴
오목공원	중2 2명	남	- 일주일에 2-3번 - 주로 농구장 이용하거나 2층 공간에서 친구들과 쉬다가 감 - 리모델링 후 디자인도 좋고 전부 다 좋아짐
	30대후반 +아이 5살 2명	남	- 주말에 주로 이용 - 괜찮으나 리모델링 후 만족도가 크게 좋아지지는 않음, 공간 활용도가 조금 떨어진다고 생각됨
	70대 후반 ~ 80대 초반 2명	남	- 리모델링 후 그늘이 있어서 좋으나 겨울에는 바람 피할 곳도 없음 - 파리공원 시설과 상대적으로 좋지 않음 - 이용객은 더 많다고 생각됨 - 파빌리온 작은도서관 식물휴식공간 전시공간 이용자 거의 없음 - 오목공원 매일 이용 - 어린이 퀵보드 자전거 타는 경우도 많아서 위험해 보임 - 벤치의 재료는 나무로 등받이 꼭 필요 철제 벤치는 여름에 뜨겁고 겨울에 자서 앉을 수 없음 - 눈치 보여서 식물휴식공간 도서공간 못 들어감 - 겨울에 앉아 있을 곳이 없음

양천공원	17세 고1 2명	남	- 주로 주말 농구하러 옴 - 농구장에 배드민터장(모래) 옆에 있어서 모래가 날려와 농구장 바닥이 미끄러움 - 농구하다가 쉴 수 있는 그늘 부족
	60대	남	- 운동기구 장소 위 캐노피 재질이 반투명이라 여름에는 너무 뜨거움 - 운동 시 소지품, 옷 걸어둘 곳이 없고 몇 번 건의했으나 설치되지 않음 - 시계도 주민이 가져다 놓음
	75세	여	- 운동기구 하나만 실개천에 둠 비오면 쓸 수 없음 - 더 다양한 운동기구 있으면 좋겠음 - 황톳길도 만들면 좋겠음
	52세	남	- 중앙 잔디밭은 활용도가 아주 떨어짐 아무것도 할 수 없는 공간 - 운동할 수 있는 곳을 곳곳에 나누어 두면 좋을 듯 - 공원에 그늘이 없어서 오래 머물 수 없음
신트리 공원	78세	남	- 자주 이용하는데 공원이 작다고 생각됨 - 풍치는 좋은데 이용객 수준이 낮다고 생각됨 - 편의시설이 별로 없음
	60대	여	- 이른 새벽시간 걷기와 운동기구 이용 - 운동기구가 노후되어서 매번 고치고 있는 점이 가장 불편
	중1 3명	남	- 시설이 없음 - 풋살장이라도 있으면 좋겠음 - 학교 운동장 이용할 수 없음
	70세	남	- 전동휠체어 이용 - 전동 충전할 곳이 필요 - 거의 매일 이용 - 비를 피할 곳도 충분하지 않음 - 커피 음료 자판기 필요(사러가기 멀어서 힘듦)
	50대 후반 ~ 60대 3명	여	- 벤치 위치 재료 - 텃밭 면적이 점점 확대, 몰래 이용하는 사람들 때문에 구조물 추가되고 cctv 설치하고 난리인 상황임 - 원래 목적인 나무가 많은 공원이길 희망함 - 바닥재료 보도블록이 더 덥게 함 - 규모가 가장 작은 신트리공원에 실내 어린이 놀이공간 추가 건설은 이해가 안 됨 - 주 이용객 연령대에 맞는 조경이 필요하다는 생각함

참고
문헌

CABE Space. Open Space Strategies: Best Practice Guidance (2008), available at: www.london.gov.uk [accessed: 30, August 2024].

Cohen, Deborah A., Bing Han, Kathryn Pitkin Derose, Stephanie Williamson, Terry Marsh, Jodi Rudick, and Thomas L. McKenzie. "Neighborhood poverty, park use, and park-based physical activity in a Southern California city." *Social science & medicine* 75, no. 12 (2012): 2317-2325.

Dunnett, Nigel, Carys Swanwick, and Helen Woolley. *Improving urban parks, play areas and green spaces*. London: Department for transport, local government and the regions, 2002.

Ho, Ching-Hua, Vinod Sasidharan, William Elmendorf, Fern K. Willits, Alan Graefe, and Geoffrey Godbey. "Gender and ethnic variations in urban park preferences, visitation, and perceived benefits." *Journal of leisure research* 37, no. 3 (2005): 281-306.

Jane Jacobs, *The Death and Life of Great American Cities*, New York: Random House (1961).

Mak, Bonnie KL, and Chi Yung Jim. "Linking park users' socio-demographic characteristics and visit-related preferences to improve urban parks." *Cities* 92 (2019): 97-111.

Marcus, Clare Cooper, and Carolyn Francis, eds. *People places: design guidlines for urban open space*. John Wiley & Sons (1997).

Marcus, Clare Cooper. The salutogenic city. *WORLD HEALTH* 19 (2014).

Marquet, Oriol, J. Aaron Hipp, Claudia Alberico, Jing-Huei Huang, Elizabeth Mazak, Dustin Fry, Gina S. Lovasi, and Myron F. Floyd. "How does park use and physical activity differ between childhood and adolescence? A focus on gender and race-ethnicity." *Journal of urban health* 96 (2019): 692-702.

Pérez-Tejera, Félix, Sergi Valera, and M. Teresa Anguera. "Using systematic observation and polar coordinates analysis to assess gender-based differences in park use in Barcelona." *Frontiers in psychology* 9 (2018): 2299.

Ries, Amy V., Carolyn C. Voorhees, Kathleen M. Roche, Joel Gittelsohn, Alice F. Yan, and Nan M. Astone. "A quantitative examination of park characteristics related to park use and physical activity among urban youth." *Journal of Adolescent Health* 45, no. 3 (2009): S64-S70.

Sanders, Taren, Xiaoqi Feng, Paul P. Fahey, Chris Lonsdale, and Thomas Astell-Burt. "The influence of neighbourhood green space on children's physical activity and screen time: findings from the longitudinal study of Australian children." *International journal of behavioral nutrition and physical activity* 12 (2015): 1-9.

William, H Whyte. 1988, The Design of Spaces, from "City: Rediscovering the Center" R.T. LeGates, F. Stout (Eds.), The city reader (2nd ed.), Routledge, London (1996): 484-490

김용국, 조상규. 포용적 근린재생을 위한 공원 정책 개선방안 연구. 건축도시공간연구소 (2019).

지표서비스 | e-나라지표 (index.go.kr). 통계표. 도시지역인구현황

내 손안에 서울, 사라질 위기에 처한 여의도 33배'도시공원'지킨다. https://mediahub.seoul.go.kr/archives/1148557 (2018.04.05)

국토교통부, 2024. LX '도시계획현황', http://www.lx.or.kr/kor/publication/city/list.do

그림
출처

Stadt Wien, 2024 https://www.wien.gv.at

스마트서울맵 지도 서비스 (https://map.seoul.go.kr/smgis2/divisionMap)

서울기록원 https://archives.seoul.go.kr/main

서울역사박물관 아카이브 https://museum.seoul.go.kr/archive/NR_index.do

네이버뉴스라이버러리 (언론기사- 조선일보, 경향신문, 매일경제, 한겨레)

1 Jane Jacobs(1916-2006)는 1961년 발행한 '미국 대도시의 죽음과 삶(The Death and Life of Great American Cities)'을 통해서 대도시의 공동체를 와해하는 불도저식 개발을 저지하고 도시의 다양한 용도를 혼합하고 오래된 건물을 보존하면서도 새로운 기능과 조화시키며 다면적인 상호 교류와 관계를 만들어가는 내용을 담아냈다.

2 William Whyte(1917-1999)는 1980년 발행한 'The Social Life of Small Urban Spaces'에서 도시의 공공공간에서 다양한 사람들의 행태와 활동을 체계적으로 관찰하고 기록하면서 좋은 공공 공간을 만들기 위한 핵심적인 7가지 요소(앉을 곳, 물, 햇빛, 보행로, 음식, 나무, 우연한 교류를 촉진할 수 있는 매력적인 복합전략(삼각구도화, triangulation))를 제시하였다.

3 Clare Cooper Marcus는 주로 간과되었던 집단에 주목하면서 활발하게 사용되고 있는 공간들을 대상으로 거주후 평가 또는 사후평가(post-occupancy evaluation)를 주요한 연구방법론으로 설정하여 공공공간과 오픈스페이스 연구를 진행하였다.

4 Pérez-Tejera 외 연구자들의 연구(2018)에서 스페인 바르셀로나의 40여 곳의 공원(POS)을 대상으로 18,000명을 조사한 결과 이용자 절반 이상이 오후 5-8시 사이에 이용하며 연령별 젠더에 따른 이용 행태를 관찰하였다.

5 홍콩은 노인인구 비율이 2034년 30%에서 2064년 36%로 빠르게 진행되고 있는 도시로, Mak 외의 연구진(2019)은 홍콩의 8개 도시공원을 대상으로 100명씩 설문조사를 수행하면서 사회인구학적 분석과 연령대별 이용 행태를 살펴봐야 한다고 주장한다.

6 오스트리아 빈 5구역 외곽 주거지에 위치한 3,200여 평(10,700㎡) 규모의 공원으로 많은 주민들이 활발하게 사용하고 시에서 젠더 포용적인 정책의 반영으로 1999-2001 리모델링 되었다.

7 목동 5대 공원 중 가장 이용률이 높은 파리공원, 오목공원, 양천공원과 신트리공원으로 심도 있게 관찰과 인터뷰를 진행하였고 목마공원은 전반적인 관찰만 이루어졌다.

8 2023.6.24 한국조경신문 <노인 위한 공원조성위해'도시공원법' 개정안발의> https://www.latimes.kr/news/articleView.html?idxno=41525,
2023.5.12 이투데이 <'노인을 위한 공원'증가, 논란이 되는 이유>, https://bravo.etoday.co.kr/view/atc_view/14551#.~.text=%EC%A1%B0%EC%82%AC%20%EA%B2%B0%EA%B3%BC%EC%97%90%20%EB%94%B0%EB%A5%B4%EB%A9%B4,%20%EB%85%B9%EC%A7%80,%EC%A6%9D%EC%A7%84%EC%97%90%20%EB%8F%84%EC%9B%80%EC%9D%84%20%EC%A4%80%EB%8B%A4.

3

포용적 양육
환경 조성을 위해

포용적 양육 환경 조성을 위해

▌ 도시 공간에 대한 젠더 이슈

포용적 양육 환경에 대해 논하기 위해서는 도시 공간 분야에서 젠더 (Gender)에 대한 관심이 본격적으로 나타나기 시작한 1980년대의 시간지리 학으로 거슬러 올라가야 한다. 질리언 로스(Gillian Rose)는 시간지리학이란 일상생활이 이루어지는 공간에 대해 주목하고 일상적이고 평범한 것을 연구 대상으로 하며, 특히 도시 공간을 이용하는 여성의 사회적 역할과 관련된 다 양한 주제를 다루고 계획된 환경 안에서 일상생활을 하면서 발생하는 문제를 중점적으로 다루고 있다고 설명한다.

시간지리학 학자들은 양육과 가사노동이라는 사회적 역할이 주로 여성에 게 부여되어 있음에도 불구하고 도시계획은 남성 중심으로 계획되어 여성이 일상생활을 하거나 경제활동을 하는 것을 도시 차원에서 충분히 지원하지 못 하고 있음을 지적하였다. 돌로레스 헤이든(Dolores Hayden)은 1980년 발간한 논문에서 도시공간을 젠더 관점에서 바라보며 미국의 도시와 주택이 여성들의 사회 진출을 반영하지 못하고 집에 구속된 여성을 위해 디자인되어 있다고 비판했다. 이후 제키 티버스(Jacqueline Tivers)는 어린 자녀를 둔 여성들의 일상에 대한 저서에서 여성의 역할 중 자녀 돌봄으로 인해 겪게 되는 제약에 대한 연구 결과를 제시하였다. 티버스는 런던 남부 지역에서 5세 이하 자녀를 둔 여성들에 대해 조사한 결과 보육시설이 충분히 마련되지 않아 일하고 싶은 여성이 일하지 못한다는 점을 지적했고, 또한 대중교통과 쇼핑센터는 아이를 데리고 가기에 불편하게 설계되어 이용하기 어려움을 밝히고 있다. 요소 포투인(Joos D. Fortuijin)과 리아 카스턴(Lia Karsten)은 남성과 달리 여성은 집안일과 돌봄이라는 사회적 역할 때문에 집과 가까운 곳에서 일하는 경향을 보인다는 점을 밝히고, 특히 시간과 예산의 활용으로 인해 여성의 시공간 이동패턴이 결정된다고 주장했다.

학자들의 연구를 종합하면 여성의 사회적 역할, 즉 돌봄이나 가사노동으로 인한 역할로 인해 생활패턴이 결정되며 아이와 함께 도시에서 일상생활을 하는 데 공간적으로 여러 제약이 있음을 밝히고 있다. 돌봄과 관련된 일상생활과 도시 공간에 대한 연구는 이후 여성과 아동에게 안전하고 편리한 환경을 조성하기 위한 노력으로 이어진다. 대표적인 세계적 흐름으로 성주류화(Gender mainstreaming)와 아동친화도시(Child-Friendly City)를 들 수 있으며 이를 바탕으로 양육 환경과 관련된 가족친화마을이나 육아친화마을과 같은 개념이 정립되었고, 이는 도시에서 살아가는 다양한 사람들을 배려하고 포괄하는 포용적 도시의 개념까지 이어진다.

성주류화는 1991년 오스트리아 빈에서 열린 전시회를 통해 도시계획에서 젠더 이슈를 제기하며 시작되었다. 이는 1995년 베이징 세계여성대회에서 공식의제로 채택되어 세계적으로 확산되었다. 한국에서도 1995년 「여성발전기본법」이 제정되어 2023년 12월 기준 104개 지자체에서 여성친화도시 사업을 시행하고 있다.

아동친화도시는 1996년 이스탄불에서 열린 유엔정주회의에서 시작되었으며, 아동의 권리를 보장하기 위한 체계적이고 조직적인 시스템 구축을 목표로 한다. 유니세프(UNICEF)는 아동친화도시의 9가지 구성요소를 제시하고 있으며 2024년 10월 기준 우리나라 아동친화도시는 94개에 이른다. 가족친화마을은 생애주기의 다양한 단계에서 돌봄을 지원하는 환경을 중심으로 연구되고 있으며, 육아친화마을은 육아를 지원하는 서비스 인프라와 물리적 환경을 갖추고 온 마을이 조화롭게 협력할 수 있는 구조와 기능을 갖춘 마을을 지향하고 있다. 이러한 개념들은 여성, 아동, 고령자 등 다양한 도시 구성원의 관점을 고려하여 발전하고 있으며, 궁극적으로 포용적 도시라는 개념으로 확장되고 있다.

포용적 도시는 기존 도시계획의 한계를 인식하고, 사회적 약자를 포함한 모든 거주자의 권리를 보장하는 정의롭고 안전하며 지속가능한 도시를 목표로 한다. 이는 공정한 성장 기회를 제공하고, 양육자와 아동이 공간 접근성에서 배제되지 않도록 하는 것을 강조한다. 돌봄이라는 사회적 역할 때문에 도시 공간을 자유롭게 활동하지 못한다면, 영유아를 돌보는 양육자는 거주지를 중심으로 한 일상생활에 국한될 수밖에 없다. 이로 인해 거주지 주변의 도시 근린 환경이 이들의 삶에 미치는 영향은 매우 크게 나타난다. 도시에서 아이를 잘 키울 수 있도록 하려면 아이를 데리고 다니는 양육자가 안전하고 편리하게 일상생활을 할 수 있도록 도시 근린환경을 조성하는 것이 필수적이다.

◾ 포용적 양육 환경의 필요성

우리나라에서는 저출산 경향이 두드러지게 나타나며 출산율 변화는 2015년 1.24를 기록한 이후 지속적으로 하락하고 있다. 2018년에는 0.98로 1.0 아래로 떨어졌고, 이후에도 최저 출산율을 계속 경신하며 2023년에는 0.72까지 하락했다. 이러한 추세가 지속된다면 2072년에는 유소년 인구 비율이 6.6%, 고령 인구 비율이 47.7%에 달하며, 노령화 지수는 726.8로 예측된다. 이는 인구 감소와 고령화가 급격히 진행될 것임을 시사한다. 저출산 문제를 해결하기 위해서는 출산과 양육으로 인한 어려움을 줄일 다양한 해법이 필요

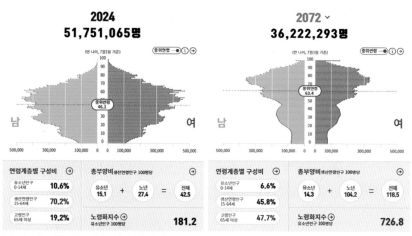

그림 1. 인구 현황과 노령화지수 변화 예측
(출처: 국가통계포털 https://kosis.kr, 2024)

하며, 도시 차원에서는 출산과 돌봄으로 인한 공간 이용 제약을 해결하고 아이를 잘 키우기 위한 환경개선 요구를 확인할 필요가 있다.

여성 양육자가 남성에 비해 53배 수준으로 여전히 많은 수를 차지하고 있으나 최근 저출산 정책의 일환으로 육아휴직이 확대되면서 육아를 담당하는 남성도 점차 늘어나고 있다. 저출산고령사회위원회에서 제시한 저출산고령화 통계지표에 따르면 육아휴직 사용자는 2016년 전체 89,771명에서 2022년 131,087명으로 꾸준히 증가하고 있으며, 전체 육아휴직 사용자 중 남성의 비율은 2016년 8.5%에서 2022년 28.9%로 3배 이상 증가했다. 정책적으로 남성의 육아휴직을 지원하고 있어 앞으로 남성의 육아 참여는 더욱 확대될 것으로 예상된다. 그러므로 여성 양육자뿐만 아니라 남성 양육자를 충분히 배려할 수 있는 양육 환경 조성이 필요하다.

또한, 여성의 경력단절을 방지하고 맞벌이 부부의 경제활동을 유지하기 위해 조부모의 육아를 지원하는 정책도 확대되고 있다. 맞벌이 가구는 지속적으로 증가하는 추세를 보이며, 1995년 33.4%에서 2010년 이후 40%대를 유지했고, 2022년에는 46.1%를 기록했다. 맞벌이 가구 수 역시 1995년 3,180,000가구에서 2022년 5,446,000가구로 꾸준히 증가하고 있다. 맞벌이 부모들이 많아지면서 부모를 대신하여 조부모가 양육하는 경우도 많아지고 있으며 이는 공공지원을 통해 더욱 확대되고 있다. 예를 들어, 서울시는 서울형 아이돌봄을 확대하여 조부모나 친인척이 돌봄을 하는 경우 아이돌 봄비를 지원하도록 하여 맞벌이나 출산으로 인해 발생하는 양육 공백을 지원하는 정책을 추진하고 있다. 이러한 정책적 변화는 다양한 연령층의 양육자가 양육에 참여할 수 있도록 지원하고 있으며, 앞으로 이를 적극적으로 고려한

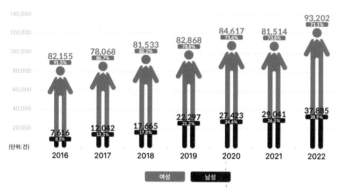

- 육아휴직 사용자는 2016년 전체 8만 9,771명에서, 2022년 13만 1,087명으로 꾸준히 증가하고 있으며, 특히 전체 육아휴직 사용자 가운데 남성 육아휴직자의 비율이 8.5%에서, 28.9%로 3배 이상 증가

그림 2. 성별에 따른 육아휴직 사용자
(출처: 저출산고령사회위원회, https://www.betterfuture.go.kr/, 2024)

연구와 정책 개발이 필요하다.

이렇듯 여성 양육자뿐 아니라 남성 양육자와 조부모 양육자의 적극적인 참여로 양육을 전담하는 주체는 점점 다양해지고 있으며, 이는 앞으로 더 확대될 것으로 예상된다. 그러나 양육자의 성별과 연령에 따라 사회적·신체적 차이가 존재하기 때문에, 아동을 동반하여 일상생활을 하는 근린환경에 대한 인식과 환경 내에서의 활동은 양육자에 따라 달라질 수 있다.

이제는 보다 다양한 양육자의 일상생활을 세밀하게 살펴볼 필요가 있다. 도시에서 아이를 데리고 활동할 때, 여성과 남성, 그리고 고령자 간에 활동의 제약이 서로 다르게 나타나는지를 확인하고, 성별과 연령이 다른 모든 양육자가 안전하고 편리하게 양육 활동을 할 수 있도록 지원해야 한다. 저출산 문제를 극복하고 도시에서 아이를 키우는 과정이 더욱 행복해지기 위해서는 성별과

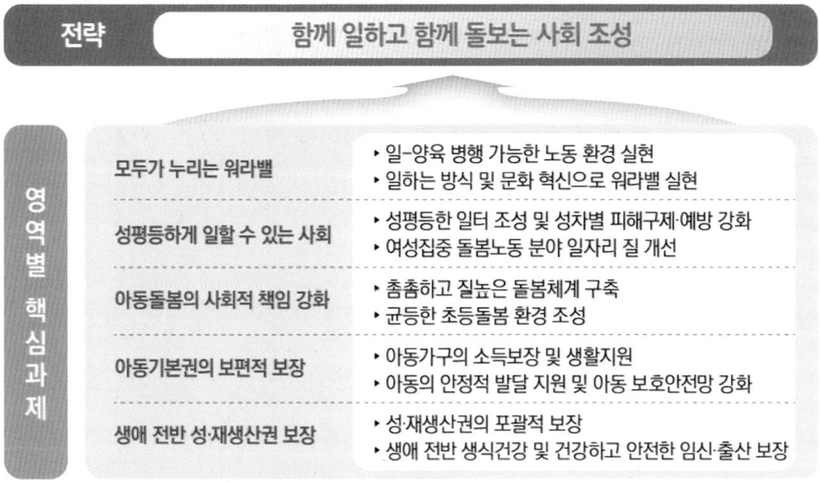

전략	함께 일하고 함께 돌보는 사회 조성

영역별 핵심과제	모두가 누리는 워라밸	• 일-양육 병행 가능한 노동 환경 실현 • 일하는 방식 및 문화 혁신으로 워라밸 실현
	성평등하게 일할 수 있는 사회	• 성평등한 일터 조성 및 성차별 피해구제·예방 강화 • 여성집중 돌봄노동 분야 일자리 질 개선
	아동돌봄의 사회적 책임 강화	• 촘촘하고 질높은 돌봄체계 구축 • 균등한 초등돌봄 환경 조성
	아동기본권의 보편적 보장	• 아동가구의 소득보장 및 생활지원 • 아동의 안정적 발달 지원 및 아동 보호안전망 강화
	생애 전반 성·재생산권 보장	• 성·재생산권의 포괄적 보장 • 생애 전반 생식건강 및 건강하고 안전한 임신·출산 보장

그림 3. 제4차 저출산고령사회기본계획 분야별 정책 과제
(출처: 대한민국 정부, 2022)

연령을 고려한 포용적 양육 환경을 조성하여 양육자 모두의 삶의 질을 향상시키는 방향으로 나아가야 한다.

■ 우리나라 저출산 정책

출산과 양육에 대한 지원을 확인하기 위해서는 우리나라 저출산 정책을 살펴볼 필요가 있다. 우리나라 저출산 정책은 2005년부터 시작되었으며, 2020년 제4차 저출산·고령사회 기본계획을 수립하여 관련 사업을 진행하고 있다. 제1차부터 제3차에 이르는 15년간의 저출산 정책은 성과도 있었지만 몇 가지 한계를 가지며, 한계로는 서비스 인프라 위주의 불충분한 양육 지원과 일가정 양립 제도의 사각지대, 사회구조 및 인식 변화의 부족함 등이 지목되었다. 제4차 계획에서는 함께 일하고 함께 돌보는 사회 조성, 건강하고 능동적인 고령사회 구축, 모두의 역량이 고루 발휘되는 사회, 인구구조 변화에 대한 적응 네 가지 분야에 대해 각 다섯 가지의 정책 과제를 제시하고 있다.

그러나 출산율은 계속 하락했고 출산율 0.7이 무너지자 정부는 제4차 계획의 실현 가능성을 보다 높이기 위하여 2024년 저출산 추세 반전을 위한 3대 분야 15대 핵심 과제를 발표했다. 구체적으로 일가정 양립 분야에서는 단기육아휴직 도입, 육아휴직급여 최대상한 인상, 아빠 출산휴가 기간 확대, 출산휴가·육아휴직 통합신청제 도입, 가족돌봄휴가 및 배우자출산휴가 등 시단위 사용 활성화를 제시하고 있다. 교육·돌봄 분야에서는 0~5세 단계적 무상교육·보육 실현, 늘봄프로그램 단계적 무상운영 확대, 틈새돌봄 확대, 아이돌봄서비스 지원 확대, 상생형 직장어린이집 확산을 제시하고, 주거 및 결혼·출산·양육 분야에서는 신생아 특례대출 소득기준 한시 폐지, 출산가구 주택공급 확대, 신규 출산가구 특공 추가 허용, 결혼특별공제 신설과 자녀세액공제 확대, 난임시술 대폭 지원을 제시하고 있다.

이제까지 저출산 고령화 해법으로 제시된 많은 정책들은 사회경제적 지원을 확대하는 방향으로 제시되고 있다. 그러나 출산율은 계속 하락하는 추세를 보이고 있어 저출산 고령화 문제를 해결하기 위해 보다 다양한 측면에서의 문제 발굴과 해법 마련이 필요하다.

저출산고령사회위원회에서는 2023년부터 인구정책기획단을 조직하여 범부처 협력을 통해 정책을 연계하고 국민이 체감할 수 있는 제도와 정책을 마련하기 위해 노력하고 있다. 또한 여러 국책연구기관과 협업을 통해 여성친화도시, 아동친화도시, 가족친화마을, 육아친화마을, 유니버설 디자인, 범죄예방설계 등과 같은 여러 주제로 보다 나은 도시환경을 조성하기 위한 연구를 진행하고 있다. 이러한 노력은 일부 정책적 성과를 거두었지만 관련 연구 내용을 기존 도시계획에 적용하고 실현하는 것은 여전히 쉽지 않은 실정이다. 도시의 물리적 환경과 사회적 환경을 종합적으로 다루기 위해서는 다방면의 전문가들이 함께 머리를 맞대고 연구해야 하며 정부 부처 간의 협업을 통한 융합적인 계획 수립과 사업 시행이 필요하다.

실제 양육 과정에서 아이를 키우는 일상생활은 도시 내 근린환경에서 주로 이루어진다. 따라서 근린환경이 잘 조성되어 있지 않으면 양육 과정에서의 스트레스와 어려움은 가중될 수밖에 없다. 양육자의 활동과 환경에 대한 인식은 양육 스트레스와도 밀접한 관계가 있는 것으로 관련 연구에서 확인된다. 그러므로 엄마, 아빠, 조부모 등 모든 양육자가 아이를 키우는 일상생활이 힘들지 않기 위해서는 도시의 근린환경이 아이를 키우기 좋은 환경으로 조성될 필요가 있다. 근린환경이 아이를 데리고 다니는 일상적 활동을 안전하고 편리하게 할 수 있도록 지원하고 양육자들이 자연스럽게 만나 사회적 네트워크를 형성할 수 있도록 조성된다면 양육자와 아동 모두의 삶의 질을 높일 수 있을 것이다.

▋ 출산과 양육에 대한 인식

저출산 추세에 대응하기 위하여 저출산 원인 분석을 위한 여러 연구가 진행되고 있다. 그중 2024년 발간된 결혼·출산·양육 인식조사 연구에서 출산과 양

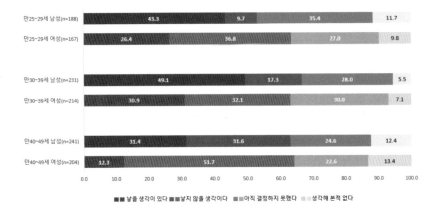

그림 4. 무자녀 응답자의 자녀 출산 계획
(출처: 김지원 외 2024)

육에 대한 인식을 구체적으로 살펴볼 수 있다. 이 연구에서는 조사 결과를 남성과 여성으로 구분하여 분석함으로써 성별에 따른 출산·양육에 대한 인식의 차이를 확인할 수 있으며 결혼 유무, 자녀 유무, 맞벌이 외벌이 등으로 구분하여 분석한 결과를 확인할 수 있다.

출산과 관련된 조사 중 자녀 필요성에 대한 조사에서 무자녀 응답자 가운데 자녀가 필요하다는 긍정적인 응답 비율은 남성 41%, 여성 23%로 남성에 비해 여성의 자녀 출산 의향이 상당히 낮은 것으로 나타났다. 자녀 계획이 없는 이유에 대해서는 공통적으로 임신, 출산, 양육이 막연히 어려울 것 같아서가 69%, 자녀양육 비용이 부담되어서가 50%, 아이가 행복하게 안전하게 살기 힘든 사회라서가 46%로 나타났다. 성별을 구분해서 분석한 결과 여성의 경우 임신, 출산, 양육이 막연히 어려울 것 같아서가 73%로 가장 높았으며 남성의 경우 자녀 양육비용이 부담되어서의 이유가 여성보다 높은 55%로 나타나 차이를 보인다.

유자녀 응답자의 경우 자녀 추가 출산 계획이 있는지에 대한 질문에 대해 남성의 경우 13%, 여성의 경우 7%가 더 낳을 생각이 있다고 응답하여 여성이 남성의 절반에 그치고 있다. 추가 출산 계획이 없는 이유는 공통적으로 자녀 양육비용이 부담되어서가 58%, 자녀 양육이 어렵게 느껴져서가 54%로 나타났다. 성별에 따라 차이를 보이는 부분은 아이가 행복하게 안전하게 살기 힘든 사회여서라는 응답이 남성 22%에 비해 여성은 28%로 높은 비율을 차지하였고, 여가생활 등에 지장을 받을 것 같아서라는 항목의 경우 남성 24% 여성 15%로 여성에 비해 남성이 높은 비율로 응답한 것으로 확인되었다.

양육에 대한 조사에서는 일·가정 양립 만족도에서 유자녀 가구가 무자녀 가구에 비해 일·가정 양립 정도의 만족도가 상당히 낮은 것으로 나타났다. 또한, 맞벌이 가구는 외벌이 가구에 비해 육아를 위한 시간 확보가 상대적으로 높은 것으로 확인되었다. 특히 여성의 경우 연령과 결혼 여부에 관계없이 배우자 간 평등한 육아 분담이 중요한 조건으로 인식하는 것으로 나타나 남성의 육아 참여가 더욱 확대되어야 할 필요성이 제기된다.

정부 대책이 저출산 해결에 도움이 되는 정도에 대한 조사에서는 자유로운 육아휴직제도 사용, 남녀평등한 육아 참여 문화 조성, 양육을 지지하는 육아 친화적 문화 조성, 육아인프라 확대 순으로 높게 나타났다. 여기서도 성별에 따른 차이를 확인할 수 있는데 남녀평등한 육아참여 문화 조성의 경우 여성이 남성보다 높은 비율로 응답하여 평등한 육아 참여에 대한 여성의 요구가 높은 것을 확인할 수 있었다. 또한 자녀가 있는 가구에서 다양한 할인 혜택 부여는 남성이 여성보다 높은 비율로 응답하여 남성의 경우 양육에 대한 경제적 지원에 대한 요구가 높은 것으로 확인되었다.

연구 결과에서 무자녀 응답자는 양육에 대한 막연한 두려움이 크다는 점이 확인되었다. 양육 환경이 충분히 갖추어져 있고, 체계적인 돌봄 지원이 이루어진다는 확신이 주어진다면 출산 의지를 높일 수 있을 것으로 보인다. 특히 여성의 경우 남성보다 임신·출산·양육 과정에서의 두려움이 상대적으로 크기 때문에, 구체적인 지원 정책과 사업을 통해 이러한 두려움을 완화하고, 관련 인식을 확산하는 노력이 필요하다. 유자녀 응답자의 경우에도 자녀 양육비용 부담과 함께 양육의 어려움 때문에 추가 출산에 부담을 느끼는 것으로 확인되었다. 특히 여성은 아이의 행복과 안전에 대한 걱정 때문에 추가 출산을 주저하는 경우가 많아, 안전한 양육 환경을 마련하고 양육에 대한 어려움을 줄일 수 있다면 출산과 양육에 긍정적인 영향을 미칠 수 있을 것이다.

▌근린환경에 대한 양육자의 인식

도시의 물리적 환경과 사람들의 활동의 영향 관계에 대한 주제는 상당히 많은 연구가 진행되었고 사람들의 활동은 물리적 환경뿐 아니라 개인의 인식에 의해서도 영향을 받는 것으로 나타났다. 얀 겔(Jan Gehl)은 도시 물리적 환경과 사람들의 행태 간의 관계에 대해 연구하여 물리적 환경과 옥외활동과의 관계를 밝히고 있으며 수전 핸디(Susan Handy)의 연구에서는 도시의 물리적 환경에 따라 사람들의 보행 활동이 영향을 받는다고 하였다. 부모의 인식과 아동 활동 간의 관계를 다룬 연구들에서는 안전성이나 편리성과 같은 물리적 환

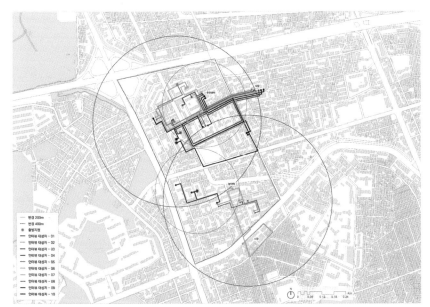

그림 5. 양육자의 주중 양육활동 범위

(출처: 최정선, 2019)

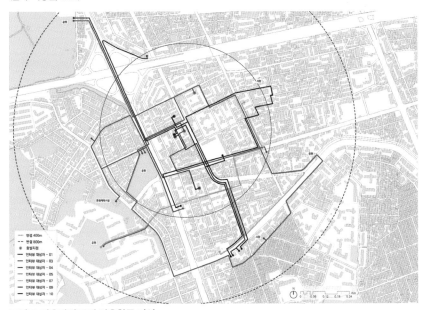

그림 6. 양육자의 주말 양육활동 범위

(출처: 최정선, 2019)

경에 대한 부모의 인식이 아동의 야외 활동에 큰 영향을 미치는 것으로 나타났다. 그러므로 양육 환경에 대한 개선 방안을 도출하기 위해서는 양육자가 아이를 키우면서 일상생활을 하며 매일 직면하게 되는 도시의 근린환경 및 시설환경이 어떠한지, 양육자가 인식하는 환경은 어떠한지 구체적으로 살펴봐야 한다. 최정선(2019)의 연구에서는 이러한 관점에서 양육자의 활동과 인식에 대해 고찰하고 있다.

양육자들이 주중에 아이를 데리고 보육시설이나 놀이터를 가는 일상적인 활동을 하는 범위는 집 주변 반경 100~200m 정도에 머무르고 있으며 장보기나 병원 등 특정 목적을 가진 활동을 하는 경우 주 1~2회 정도는 반경 400m 정도로 나타났다. 특히 두 자녀 이상이고 자녀 모두 영유아인 경우는 주중 200m 범위를 벗어나기 어려우며, 주말에도 양육자 혼자 자녀를 데리고 활동하는 최대 범위는 400m 정도로 확인되었다. 주말에 부모가 함께 유아 이상의 아이를 데리고 활동하는 경우에 한해서만 활동 범위가 800m까지 확장되므로 일상적인 양육자의 활동 범위는 400m 정도로 판단할 수 있다.

양육자가 주변 근린환경을 어떻게 인식하는지 조사한 결과 일상적으로 생활하기 위해 아이들을 데리고 집 주변을 걸어다니는 과정에서 상당한 어려움을 겪는 것으로 나타났다. 양육자가 아이들과 함께 걸어갈 때마다 차량으로 인한 위협을 느끼고 불안감을 크게 느끼고 있었다. 안전하지 못한 보행 환경으로는 왕복 6차선 이상 넓은 폭의 도로를 건널 때, 왕복 4차선 규모의 신호등이 없는 도로를 건널 때, 4m 내외 보차 구분이 없는 블록 내부 도로의 교차 지점을 지날 때 등으로 지적하고 있다. 또한 불법 주차나 보도가 확보되지 않아 아이와 함께 걸어다닐 공간이 충분히 확보되지 않는 경우도 아이를 데리고 다니기 어렵다는 점이 강조되었다.

주변에 교통량이 많은 왕복 6차선 이상의 넓은 도로가 있는 경우 도로 건너편에 공원이나 체육시설 등 이용하고자 하는 시설이 있다 하더라도 도로를 건너가는 것이 위험해서 시설을 자주 이용하지 못하게 된다. 양육자의 불안감은 양육 활동 범위를 제한하는 결과로 나타나는 것이다.

> "공원이 걸어가기에는 위험해요. 우리는 애들도 어리고 유모차 끌고 가기는 힘들어서 안 가요."
>
> "문화체육관이 있긴 한데, 여기는 길 건너가기가 너무 위험해요."
>
> "자전거를 타려면 큰 길 건너 자전거 타는 트랙까지 가야 돼요. 그런데 길 건너기가 위험하죠."
>
> "예전에는 육교가 있었는데 없어졌어요. 횡단보도도 없고 건너기 너무 힘들어요. 큰 도로 따라서 걸어가는데 위험하니까 애들이랑 같이 손잡고 가죠."

교통량이 많은 간선도로가 아니라 왕복 4차선 정도의 집산도로라 하더라도 신호등이 없을 때 아이들을 데리고 도로를 건너는 것이 어려운 것으로 확인되었다. 특히 도로변으로 불법 주차된 차량이 있거나 물건들이 쌓여서 시야가 제한되는 경우 아이들이 차가 다니는 것을 보지 못하고 길을 건너는 경우가 있다. 이로 인해 양육자의 불안감이 크게 나타나며 이는 아이들의 독립보행이 늦어지는 결과로 이어진다.

> "여기는 시장길이라 진짜 사람들이 많이 다니거든요. 그런데 여기 신호가 없어서 위험해요."
>
> "차들이 많고 주차가 많이 되어 있어서 잘 안 보여서 위험해요."
>
> "큰 도로에서 차가 우회전해서 들어오면서 차가 계속 빨리 달려요. 여기는 위험해서 초등학생

큰 애도 혼자 보내지 않아요."

"도로에 신호등도 없고, 아무것도 없어서 너무 위험해요. 여기는 한 3학년이 되어도 데리고 가야 할 것 같아요. 학교가 가깝지만 위험해요."

토지구획정리 사업을 통해 조성된 격자형 주거지역의 경우 4~6m 내외 도로들로 구획되어 있다. 이 때문에 주거지역 내부에 도로가 교차하는 지점들이 많이 형성될 수밖에 없으며 이러한 도로 교차 지점은 양육자에게 위험한 곳으로 인식되고 있다.

"여기가 골목골목이 많고 차가 많아요. 그래서 킥보드 탈 때 걱정돼요. 애는 쌩 가는데 차가 갑자기 나올 수 있으니까. 보도로 올라가라고 하는데 여기 경계가 별로 없어요. 차랑 사람이랑 같이 다니니까 그런 경계가 없어서 위험하죠."

"차가 천천히 온다고 하는데 차가 안 보이니까 위험하죠. 골목 양쪽에서 다 차가 나오는데 애들은 안 보고 그냥 가니까 불안해요."

불법 주차로 인해 충분한 보행 공간을 확보할 수 없거나, 보도가 아예 설치되지 않았거나 설치되더라도 아파트 주변에 부분적으로만 설치된 경우, 아이들과 함께 이동할 때 큰 어려움을 겪는 것으로 확인되었다.

"주차할 데가 없어서 더 그런 것 같아요. 여기 주차할 데가 없으니까 다 도로에 대요. 그러니까 차들이 다니는 길은 하나밖에 없는데 주차가 많아서 사람이랑 다 섞여 다니니까 힘든 것 같아요."

"아파트 앞에 인도가 있는데 꼭 사람들이 인도로 안 가고 차도로 다녀요. 저도 차를 가지고 다

닐 때가 있는데 사람들이 꼭 차도로 가더라고요. 근데 저도 유모차 끌고 다니면 인도에 턱이

있다 보니까 인도로 잘 안 다니게 되더라고요. 요기 아파트 앞에만 있는데 인도가 있어도 올

라갔다 내려갔다 해야 되니까 잘 안 다니게 돼요."

"아침에 큰애 학교 데려다 줄 때는 작은애도 같이 데리고 다녔어요. 작은애 유모차 태워서 같

이 다녔는데 여기는 인도가 끊어져 있는데 차가 많아서 엄청 복잡해요."

양육자가 일상생활을 하면서 아이를 데리고 다니기 위험하다고 인식한다

하더라도 어린이집이나 유치원 등·하원, 야외 놀이 활동, 장보기 등과 같은 일

상적 활동은 아이와 함께할 수밖에 없다. 그러므로 아이들을 데리고 다니는

경우 상당히 긴장하며 다니거나 항상 아이의 손을 꼭 잡고 다니는 행태를 보

인다. 일상생활을 하면서 느끼는 어려움과 부담감은 양육자에게는 양육 스트

레스가 되고 아동에게는 독립적이고 자유로운 활동을 저해하는 원인이 된다.

그러므로 자녀를 농반한 양육자의 일상생활이 주기지역 근린환경에서 안전

그림 7. 신호등이 없는 도로와 불법 주차
(출처: 최정선, 2019)

그림 8. 연속되지 않은 보도와 도로 교차 지점
(출처: 최정선, 2019)

하고 편리하게 이루어지기 위해서는 보행환경 개선을 위한 노력이 반드시 필요하다.

▌ 근린환경 조성 사례

오스트리아 빈에서는 1991년 성주류화 전시회 이후 1992년 여성청 (Women's Office), 1998년에는 건설조정청(Co-Ordination Office for Planning and Construction Geared to the Requirements of Daily Life and the Specific Needs of Women)을 설립했다. 2010년에는 도시계획을 위한 행정구조 개편 등을 통해 제도적인 기반을 마련하고 젠더 관련 프로젝트를 진행해왔다. 2013년에는 '도시계획 및 도시개발의 성주류화 매뉴얼(Manual for Gender Mainstreaming in Urban Planning and Urban Development)'을 발간하여 도시계획 프로젝트가 젠더를 충분히 고려하여 실행될 수 있도록 가이드라인을 제시하고 있다. 매뉴얼에서는 계획 및 평가 단계의 모든 단계의 도시계획에서 젠더를 고려한 계획을 수립해야 한다는 기본 원칙을 제시하며, 남성과 여성, 어린이와 노인을 포함한 다양한 사람들의 일상생활에 대한 존중을 기반으로 도시계획을 수립할 것을 강조하였다. 또한, 도시계획 과정에서 대표성을 가지지 못했던 사람들의 일상생활을 지원하도록 하는 것을 전략적 원칙으로 제시하고 있다.

젠더 센서티브 계획(Gender-sensitive planning)을 지원하는 도시 모델과 비전으로는 다중심 도시 구조 강화(Strengthening a polycentric urban structure),

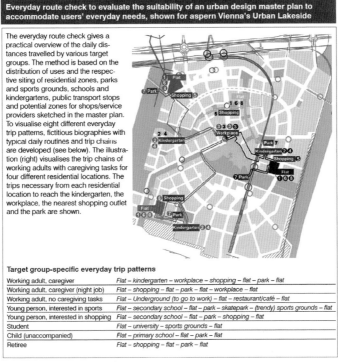

Everyday route check to evaluate the suitability of an urban design master plan to accommodate users' everyday needs, shown for aspern Vienna's Urban Lakeside

The everyday route check gives a practical overview of the daily distances travelled by various target groups. The method is based on the distribution of uses and the respective siting of residential zones, parks and sports grounds, schools and kindergartens, public transport stops and potential zones for shops/service providers sketched in the master plan. To visualise eight different everyday trip patterns, fictitious biographies with typical daily routines and trip chains are developed (see below). The illustration (right) visualises the trip chains of working adults with caregiving tasks for four different residential locations. The trips necessary from each residential location to reach the kindergarten, the workplace, the nearest shopping outlet and the park are shown.

Target group-specific everyday trip patterns

Working adult, caregiver	Flat – kindergarten – workplace – shopping – flat – park – flat
Working adult, caregiver (night job)	Flat – shopping – flat – park – flat – workplace – flat
Working adult, no caregiving tasks	Flat – Underground (to go to work) – flat – restaurant/café – flat
Young person, interested in sports	Flat – secondary school – flat – park – skatepark – (trendy) sports grounds – flat
Young person, interested in shopping	Flat – secondary school – flat – park – shopping – flat
Student	Flat – university – sports grounds – flat
Child (unaccompanied)	Flat – primary school – flat – park – flat
Retiree	Flat – shopping – flat – park – flat

그림 9. 사용자의 일상적 요구를 수용하기 위한 적합성 평가
(출처: Urban Development Vienna, 2013)

기능 복합을 통한 근거리 도시(A city of short distances), 일상생활을 지원하는 좋은 공공 공간(High-quality public space), 보행 대중교통 등 친환경 교통수단 (Promotion of environmentally friendly means of transport), 범죄를 예방하는 안전한 도시(A safe city), 이동성을 보장하는 무장애 도시(A barrier-free city), 일상생활 요구를 반영한 계획과 건설(Planning and construction geared to the requirements of daily life)을 제시하여 도시에서 일상생활을 지원할 수 있는 환경을 조성하기 위한 기본 방향을 제시하고 있다. 또한 도시계획 범위와 단

계에 따라 젠더 센서티브 계획을 수립할 수 있도록 각 단계별로 필요한 가이드라인을 제공하고 있다.

빈의 사례는 젠더 관점이 도시계획에 어떻게 적용될 수 있는지 기본 원칙부터 단계별 계획 그리고 실제 프로젝트 사례까지 충실하게 보여주고 있다. 특히 일상생활 요구를 반영할 수 있도록 프로젝트에 대한 적합성 평가를 진행하고 모니터링 결과를 다시 계획에 반영하는 구조를 확립하여 지속적인 개선을 유도하고 있다. 이러한 내용은 다양한 사람들의 일상생활을 도시계획에 반영할 수 있도록 한다는 점에서 우리나라 도시계획에 시사하는 바가 크다.

또 하나의 사례로 유니세프 스위스와 리히텐슈타인의 아동친화 생활공간 계획 및 설계(Planning and Designing Child-Friendly Living Spaces) 가이드북을 들 수 있다. 유니세프 스위스와 리히텐슈타인은 아동친화 생활공간의 이니셔티브를 실행하고 아동친화 생활공간 전문가 부서와 협력하여 아동친화도시를 조성해왔다. 이러한 과정을 통해 2020년 아동친화 생활공간 계획 및 설계 가이드북을 출간했다. 가이드북에는 아동친화 생활공간 사례를 지속적으로 반영하고 있으며 꾸준히 보완 발전되고 있다.

가이드북의 내용을 살펴보면 아동이 생활하는 일상 공간을 유형화하고 각 공간이 아동친화적인 공간이 될 수 있도록 하는 기준을 설정하고 이를 통해 공간의 질을 향상시킬 수 있도록 하는 것을 목적으로 하고 있다. 아동의 생활공간은 내부공간(Inside spaces), 외부공간(Outside spaces), 생활환경(The living environment)으로 구분한다. 내부공간은 집이나 학교와 같은 공간을, 외부공간은 공원·광장·녹지공간·여가공간 등 공공 공간을 생활환경은 집에서 확장되어 독립적으로 활동할 수 있는 공간을 말한다. 일반적으로 생활환경은 집에서 가까운 구역인 50m 범위에서 근접지역인 200미터 범위까지를 말하며 근접지역에서는 가까운 지역에 비해 훨씬 더 독립적인 활동이 이루어질 수 있다. 근접지역은 최대 500m 범위까지 확장될 수 있으며 이는 일상적 활동보다는 탐험의 개념에 가까운 활동을 할 수 있는 범위로 정하고 있다. 아동친화적 생활공간을 조성하기 위해 위험으로부터의 자유(Freedom from danger), 접근성(Accessibility), 설계가능성(Designability), 교류기회(Opportunities to interact)로 구분하여 각 항목에 대한 구체적인 기준을 제시하고 있다.

스위스 아동친화 생활공간에 대한 가이드라인은 아이들이 활동하는 범위를 설정하고 그 범위 내에서의 근린환경에 대한 구체적인 계획 방향을 제시하고 있다. 가이드라인에서는 집을 중심으로 500m 범위 내를 연령에 따라 독립

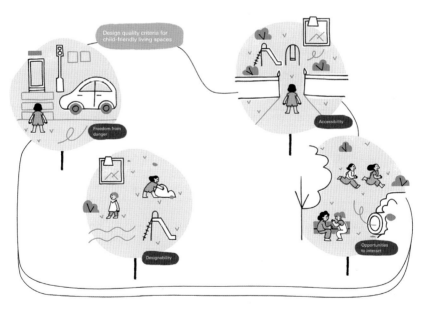

그림 10. 아동친화 생활공간 설계 기준
(출처: Unicef Switzerland and Liechtenstein, 2021)

적으로 활동할 수 있는 공간으로 설정하고, 이 공간에 대한 안전성, 접근성, 다양성, 사회성을 확보할 수 있도록 제안하고 있다. 즉, 주거지역 근린환경의 중요성을 강조하며, 근린환경에서 아이들이 안전하게 활동하고, 원하는 지역에 쉽게 접근할 수 있으며, 다양하고 유연한 공간이 설계되어야 하고, 그 안에서 사회적 교류의 기회가 충분히 주어져야 한다고 주장한다. 이러한 내용은 근린환경을 계획하고 조성하는 과정에서 아이들의 다양한 활동을 충분히 고려해야 한다는 점에서 중요한 시사점을 제공한다.

▌ 돌봄시설에 대한 양육자의 인식

도시에서 양육자가 아이들과 함께 일상생활을 하기 위해서는 양육자가 활동하는 주요 공간에서 아이와 함께 활동할 수 있도록 지원할 수 있는 충분한 돌봄시설이 갖추어져야 한다. 그러나 아이를 데리고 외출할 때 많은 양육자들이 돌봄배려시설이 부족하거나 이용하기 불편해서 어려움을 겪는 것으로 확인되었다.

돌봄시설에 대한 양육자의 인식을 확인하기 위해 장명선 외(2016)의 연구에서는 여성 및 남성 양육자를 대상으로 돌봄시설에 대한 인식을 조사·분석하였다. 먼저 수유실의 경우 수유만 하는 공간이 아닌, 아이를 돌볼 수 있는 공간이 되어야 하며 여성 양육자뿐 아니라 남성 양육자도 공간을 이용할 수 있도록 계획할 필요가 있다는 점이 지적되었다. 이를 위해서 수유실이라는 명칭을 아기휴게실로 변경하고 수유공간과 휴게공간을 구분하여 수유공간의 독립성은 확보하되 휴게공간은 성별 구분 없이 자유롭게 사용할 수 있도록 설계되어야 한다. 또한 양육자의 일상적 생활 패턴을 고려한 수유실 확보가 필요하다는 점도 강조되고 있어 양육자의 활동과 돌봄배려시설의 배치에 대한 지속적인 연구가 필요하다.

"수유실의 목적 자체가 젖을 물리는 공간인지 아니면 아이들을 케어하는 공간인지. 아이들은 젖만 먹는 게 아니거든요. 전 수유실에서 오히려 수유보다는 기저귀를 간다거나 옷을 갈아입히는 경우가 있는데 그 일들이 남자들이 못 들어가면 대부분이 엄마의 몫인 거에요. 저희 남편도 오늘 여기 온다고 하니까 막 열 올리면서 얘기하는 게 자기가 무슨 변태 성추행범도 아닌데 들어가면 그런 시선을 여자들이 보낸대요. 젖을 물리는 것도 아니고 똑같이 기저귀를 가는 입장에서 그러는 게 너무 기분 나빴다는 거예요. 그래서 그 일을 자기한테 시키는 제가 너무 원망스러웠대요."

"공원에 (수유시설이) 있었으면 좋겠어요. … 사실 유모차 끌고 제일 많이 가는 데가 동네 공원이나 이런 덴데, 그런 데서는 수유실을 본 적이 한 빈도 없는 것 같아요."

화장실은 여성과 남성 화장실이 분리되어 있어 특히 남성 양육자가 성별이 다른 자녀를 동반할 때 이용이 어렵다는 의견이 많았다. 별도의 가족화장실을 확보한다면 성별이 다른 자녀와 함께 이용할 수 있으므로 공공시설과 아동을 동반한 방문자가 많은 시설에는 가족화장실을 설치하도록 확대할 필요가 있다. 공간이 충분하지 않은 경우 장애인화장실을 가족화장실로 함께 사용할 수 있도록 다목적 화장실을 확보하는 경우도 있다. 이 경우 장애인화장실의 특성과 가족화장실의 특성을 충분히 고려하여 계획하여야 한다.

"보통은 어렸을 때 남자애들도 엄마 따라가잖아요. 빈도수는 엄마가 더 많아요. 애들이 엄마를 더 많이 찾기 때문에 엄마 쪽으로 많이 가죠. 엄마들이 보통 애들을 감당하기 때문에 여자화장실이 더 많고 넓을 필요가 있죠."

"일단 아이가 불편해하던데요. 내가 여잔데 왜 아빠 화장실을 가? 이렇게 얘기하는 경우가 많았고요. 다른 아이는 모르겠는데 제 딸은 온갖 아빠들이 다 볼일 보는 게 신기하게(여기는 경우도 있어요)…."

또한 성별이 다른 자녀를 동반하여 수영장 등 체육시설을 이용할 경우에도 화장실과 같은 문제가 발생할 수 있다. 수영장과 같이 탈의와 샤워가 필요한 시설의 경우 양육자와 자녀의 성별이 다르면 함께 동행할 수 없어 이용이 제한되는 상황이 자주 발생한다. 그러나 가족샤워실이 마련되어 있다면 양육자와 자녀의 성별이 다르더라도 수영장을 이용할 수 있게 된다. 민간시설인 대형 워터파크에서는 남성 여성 샤워실 외에 가족샤워실을 별도로 확보하는 사례가 늘어나고 있으나 공공체육시설에서는 여전히 가족샤워실을 별도로 확보하지 않고 있어 가족샤워실이 크게 부족한 실정이다. 그러므로 공공체육시설에서도 남성과 여성 모두 성별이 다른 자녀와 함께 이용할 수 있는 가족샤워실 설치를 확대해나갈 필요가 있다.

"사실 수영을 되게 시키고 싶은데 못 시키고 있는 이유가 제가 씻겨줄 수가 없기 때문에 못 시키고 있어요."

"법적으로 5세가 되면 그때부터는 엄마가 여자샤워실에 남자아이를 데리고 들어갈 수 없게끔 되어있더라고요."

"옷을 갈아입고 씻고 이런 시설은 성별이 다르면 무조건 데리고 갈 수 없는 거 아닌가."

"전 딸만 둘이니까 가서 씻기고 입히고, 남편은 혼자 30~40분 놀고 있고… 공동으로 가족이

씻을 수 있는 공간이 있으면 좋겠다는 생각을 했어요."

일상적 활동을 지원하기 위한 일시돌봄시설에 대한 요구도 확인되었다. 양육을 전담하는 양육자의 경우 자녀를 동반하고 이용할 수 있는 시설에 제약이 많아 이를 위한 일시돌봄시설이 확보되기를 희망하고 있다. 일부 대형 문화시설 및 체육시설에서 일시돌봄시설을 확보하여 공연관람 및 체육시설 이용을 지원하고 있지만 대부분의 경우 일시돌봄시설 이용이 어려운 것으로 확인되었다. 최근 일시돌봄 서비스가 확대되며 일부 개선이 이루어지고 있으나 필요한 시점에 필요한 돌봄이 가능하도록 다양한 형태의 돌봄서비스가 가능한 공공시설을 확보할 필요가 있다.

"신생아를 돌보다보면 엄마들이 몸이 너무 아프고 안 좋잖아요. 그래서 진짜 하고 싶어 하는

게 운동이거든요. …그런데 제가 예전에 살던 동네에 필라테스 운동하는 데가 생겼는데 돌보

미가 항상 상주해 있고 엄마가 운동하는 동안 애기를 봐주고 그런 데가 생겼다는 거예요. …

운동하는 동안 옆에서 아이를 돌보는 게 다 보이는 거예요. 그래서 안심돼서 맡길 수 있다고."

"엄마들 아기 낳고 제일 많이 가는 곳이 산부인과나 정형외과 같은 곳인데 제가 손이 아픈데

애기를 데리고 갈 수가 없어서 계속 방치했었어요. 옛날부터. 그래서 지금도 계속 아픈데 산

부인과도 검진도 되게 자주 가고 하는데 아기를 어디 맡기고 갈 수 없는 경우에 산부인과에서

라도 돌봄시설이 있어서 아기들을 봐주면 좋지 않겠나 이런 생각을 했었어요."

양육자들이 자녀와 함께 일상생활을 원활히 이어가기 위해서는 안전하고 편리하게 이용할 수 있는 유아휴게실, 가족화장실, 일시돌봄시설, 가족샤워실과 같은 돌봄배려시설이 충분히 확보되어야 한다. 특히 남성 양육자의 양육 참여를 확대하기 위해서는 성별 구분 없이 돌봄배려시설을 자유롭게 이용할 수 있어야 한다. 또한 시설의 양적 확대보다는 실제로 편리하고 안전하게 사용할 수 있도록 공간의 질적 향상이 필요하다. 특히 이용자의 접근을 고려하여 쉽게 이용할 수 있는 곳에 돌봄시설을 배치해야 하며, 도시 전체적인 관점에서도 시설의 지역적 배분과 확충이 충분한지 지속적으로 검토해야 한다.

▪ 돌봄시설 조성 사례

일본 도쿄도 복지보건국은 유아 동반 부모가 안심하고 외출할 수 있도록 아기 플랫 사업을 시행하고 있다. 이 사업은 보육소, 아동관, 공민관, 도서관 등 공공시설에 수유실과 기저귀 교환 공간 같은 아기 플랫 설치를 장려하고, 관련 정보를 제공하여 외출 환경을 개선하는 것을 목적으로 한다. 또한 육아 응원도쿄회의는 육아 응원 사이트를 통해 아기 플랫 정보와 다양한 육아 서비스 정보를 제공한다. 민간에서도 돌봄시설 정보를 공유하는 사이트와 앱을 운영하며, 엄마아빠맵(mamamap)은 수유실 정보, 코모리부(comolib)는 영유아 동반 시설 정보, 베이비맵(baby map)은 수유실 및 기저귀 교환 장소 정보를 제공하여 양육자의 편의를 높이고 있다. 특히 일본 수유실의 경우 여성 전용 수유실과 남성 이용 가능 수유실이 함께 운영되고 있으며 남성이 이용할 수 있는

지에 대한 여부가 수유실 이용에 대한 중요한 정보로 제공된다.

일본의 경우 일상생활에서 여성 전용 수유실과 남성 이용 가능 수유실을 개인의 선택에 따라 사용하고 있으며, 남성 사용 가능 여부가 수유실과 관련된 중요한 정보로 다루어지고 있음을 알 수 있다.

우리나라 수유실은 지자체 공공시설을 중심으로 설치되어 왔으며 2010년 '교통약자의 이동편의 증진법' 시행령 개정을 통해 지하철 역사와 철도 역사에 의무적으로 설치하도록 규정되면서 수유실 설치가 크게 증가하였다. 그러나 단기간에 수유실을 확보하는 과정에서 수유실이 너무 먼 거리에 위치하거나 공간이 협소하게 설치되어 이용에 불편을 겪는 사례가 많았다.

이런 문제를 해결하기 위하여 2021년 보건복지부에서 수유실 관리 표준 가이드라인을 마련했으며 2022년에는 서울시에서 「시민편의공간 유니버설디자인 적용안내서(육아편의공간 편)」를 발간했다. 가이드라인과 안내서에는 수유실의 면적 기준, 내부 환경 기준, 그리고 비치 물품과 환경 관리에 대한 기준이 포함되었다. 서울시의 경우 제시된 기준을 적용하여 구로구보건소 수유실을 포함하여 두 곳의 수유실 개선 사업도 함께 시행했다. 보건복지부와 서울시 가이드라인에서는 모두 수유실에서 모유수유·착유실과 가족수유실을 구분하도록 하고 아빠도 이용할 수 있는 가족수유공간을 마련하여 성별에 관계없이 수유실을 이용할 수 있도록 제시하고 있다.

그러나 2022년 창경궁 내 수유실에 '엄마와 아기만의 공간'이라는 안내 문구가 붙어 있어서 아이에게 분유를 먹이기 위해 수유실을 이용하려 했던 남성이 출입을 거부당한 사례가 있어 이는 여전히 남성의 출입이 어려운 수유실이 많음을 보여준다. 또한 지하철 역사 내 수유실의 70%에 비상벨이 설치되지 않아 수유실이 안전하지 못한 공간으로 나타났으며, 주민센터 등 지자체 공공시설에 확보된 수유실은 이용자가 없다는 이유로 창고나 탕비실로 전용되는 사례도 확인되었다. 이제는 수유실의 양적인 확보뿐만 아니라 공간의 질적인 개선과 운영 및 관리 체계 개선이 함께 이루어져야 한다. 수유실 가이드라인과 수유실 개선 사례를 바탕으로 양육자의 요구를 충분히 반영할 수 있는 돌봄시설 확대를 기대한다.

가족샤워실의 경우 이제까지 대부분 민간시설에서만 운영하였다. 그러나 최근 용인시에서 수영장이 포함된 신축 공공체육시설에 가족샤워실과 가족화장실을 설치하는 계획을 수립하면서 공공시설에서도 가족샤워실이 설치되는 사례가 확인되었다. 용인시는 주요 공공 건축물은 설계공모 단계부터 장애

그림 11. 구로구보건소 육아편의공간(수유실)
(출처: 서울시, 2022)

인과 비장애인이 편리하게 이용할 수 있는 편의시설을 설치하겠다고 밝혀 공공시설 내에 가족샤워실과 가족화장실 등 양육자를 위한 돌봄배려시설이 확대될 것으로 예상된다. 가족샤워실과 가족화장실은 양육자와 아동의 성별이 다른 경우 반드시 필요하며, 고령자나 일시적 장애인 등 돌봄이 필요한 많은 경우에서 필요한 시설이므로 향후 공공체육시설에 지속적으로 확충해나가야 할 것이다.

▌ 커뮤니티에 대한 양육자의 인식

도시의 물리적 환경과 사람들의 사회적 관계가 긴밀하게 연결되어 있다는 점은 다양한 연구를 통해 입증되고 있다. 얀 겔(Jan Gehl)의 연구에서는 환경이 사람들의 교류 활동에 영향을 미친다는 사실이 드러났으며, 이 외에도 물리적 환경과 사회적 관계 간의 연관성을 확인한 여러 학자들의 연구 결과가 이를 뒷받침하고 있다.

최정선(2019)의 연구에서는 아이를 키우는 과정에서 형성되는 이웃과의 관계에 주목한다. 양육자의 이웃 관계는 주로 집 근처 일상생활에서 이루어지며 특히 매일 방문하는 보육시설과 놀이터에서 양육자 간 사회적 접촉과 관계 형성이 이루어진다. 이는 보육시설과 놀이터가 중요한 사회적 매개 공간임을 보여주고 있다. 양육자들은 이웃과 자주 마주치는 장소로 시장을 지목하여 시장 역시 중요한 이웃 만남의 장소로 기능하고 있음을 확인할 수 있다.

놀이터에 나가면 얼굴은 다 알아요. 같은 아파트에서 살고 놀이터에서 자주 만나고 얘기하다

가 보면 또 더 친해지고. 애들도 또래고 그러다보면 친해지죠.

유치원 등원 시간에 만나서 자주 만나고 인사하고 그러죠. …우연히 마주쳐서 인사하는 건 시

장길에서 대부분 다 만나는 거 같아요.

이웃 도움으로는 육아 및 교육과 관련된 정보 공유가 가장 많이 나타났으며, 특히 육아정보 공유에 대한 부분은 자녀 양육에 대한 경험을 공유하면서 서로의 입장을 이해하게 되는 정서적 지지와도 연계되어 나타나고 있다. 또한 자녀를 같은 보육시설에 보내거나 자녀와 비슷한 연령인 경우 이웃 관계를 형성하는 계기가 되는 것으로 확인되었다. 자녀와 양육자가 함께 활동하면서 이웃 교류가 이루어지는 경우가 많아 자녀들끼리 친구관계가 형성된다는 비중도 높은 것으로 나타났다. 그러나 육아용품을 공유하거나 자녀를 직접 돌봐달라고 부탁하는 양육도움은 다른 도움 형태에 비해 낮게 나타났다. 자녀를 직접 돌봐달라고 부탁하는 경우는 자녀들과 양육자들이 함께 시간을 보내고 신뢰가 쌓인 경우에만 가능하기 때문에 비중이 높지 않음을 알 수 있다.

육아 상담을 많이 하죠. 아무래도 또래들이고 하다 보니 육아 상담을 많이 하고 최근에는 유

치원 상담을 많이 했어요. 잠깐 급한 일 있거나 병원 가거나 할 때 제가 맡아주기도 하고 하죠.

아빠들은 늦게 오고 하니까. 엄마들하고 보내는 시간이 많아서 도움이 되죠.

이웃의 도움으로 인한 양육스트레스 감소는 상당히 크게 나타났으며 소득이 낮은 계층이 이웃 도움으로 인한 양육 도움에 더 큰 만족도를 보였다. 이러

한 만족도는 양육 스트레스 감소에도 더 큰 영향을 미치는 것으로 확인되었다. 이는 저소득층일수록, 미취업 상태일수록 양육자는 이웃의 도움에 더 민감하며, 그만큼 양육에서 도움을 더 필요로 함을 의미한다.

> 제가 공부하다보니 늦을 때도 있는데 아이들도 엄마들도 같이 친하면 잠깐 봐달라고 하면 봐주고. 힘들 때 이 집에 가서 놀고 있고. 또 이 집의 애들이 오면 우리 애들도 즐겁고. 애들도 친하고 엄마들도 친하고 다 같이 친하니까 도움을 많이 받았죠. 공부 한참 할 때 다른 엄마가 애들 같이 데리고 키즈카페도 데리고 가주고 해서 고맙죠.

이웃과의 마주침이 많아지고 사회적 관계를 이루게 되면 자녀 양육에 대한 정보를 공유하고 물품을 나누기도 하고 서로의 자녀를 돌봐주는 도움으로 발전할 수 있다. 이러한 사회적 관계는 더 나아가 지역 내 공동육아로 이어질 가능성이 있으며 지역 공동체 활성화에도 기여할 수 있다. 따라서 도시 근린환경을 계획하면서 우연한 만남이 많아질 수 있도록 마주치는 공간에서 머무를 수 있는 장소를 마련하고, 자녀와 함께 시간을 보낼 수 있는 공간을 확보한다면, 양육자의 사회적 관계 형성에 긍정적으로 기여할 수 있을 것이다.

▌커뮤니티 조성 사례

스웨덴은 양성평등한 일·가정 양립을 위해 많은 정책적 시도를 하고 있다. 스웨덴은 맞벌이 가정이 많으며 남성의 육아 참여도가 높은 것으로 잘 알려져 있다. 스웨덴의 경우 육아휴직제도와 탄력근무제를 통한 일·가정 양립 정책을 중심으로 실질적이고 다양한 보육 서비스를 제공하고 있다. 이러한 정책은 남성 육아휴직자의 비율을 높이고 여성의 경력을 유지할 수 있도록 하고 있으며 학교 밖 보육까지 제공하여 지속적인 일·가정 양립이 이루어질 수 있도록 하고 있다.

남성의 참여가 높아지면서 스웨덴에서는 남성 양육자를 지원하기 위한 다양한 커뮤니티와 네트워크가 활성화되고 있다. 아빠들만의 모임인 아빠그룹(Pappagrupper)은 지역별로 운영되며 이 모임에서는 아빠들이 육아와 관련된 경험을 공유하고 서로를 지원할 수 있다. 아빠들만 모이기 때문에 조금 더 솔직하고 개방적인 대화가 이루어진다는 장점이 있다. 주로 육아 도전 과제, 자녀 양육의 기쁨, 그리고 아빠로서의 역할에 대해 논의하며 정기적으로 모여 함께 활동하거나, 아이들과 함께 참여할 수 있는 이벤트를 조직하기도 한다.

그 외에도 아빠들을 위한 온라인 커뮤니티도 활성화되어 있어 육아 문제에 대한 조언을 구할 수 있으며 직장 내에서도 아빠들의 육아를 지원하기 위해 육아와 관련된 세미나를 개최하기도 하고 사내 커뮤니티를 운영하기도 한다. 이러한 커뮤니티와 네트워크는 스웨덴 아빠들이 육아에 적극 참여하도록 돕는 데 중요한 역할을 하며, 아빠들 사이의 유대감을 강화하고 아이들의 사회성을 함께 키울 수 있으며 나아가 지역 공동체 활성화에 기반이 될 수 있다.

우리나라에서도 아빠커뮤니티가 확대되고 있다. 대표적인 사례로 인천시에서는 2021년부터 초보아빠들의 공동육아를 지원하기 위해 인천아빠육아천사단 사업을 시행하고 있다. 아빠들의 자조모임과 자율 활동을 지원하고 연령별로 선정된 멘토를 운영하고 있으며 아빠와 아이의 애착을 높일 수 있는

그림 12. 스웨덴의 아빠그룹
(출처: https://mfj.se/vad-du-kan-goera/samtalsgrupp/pappagrupper)

부모 학교도 운영하고 있다. 인천아빠육아천사단은 남성 양육자를 위한 커뮤니티 조성의 기초가 될 수 있는 사업으로 거주 지역을 기반으로 양육자들이 함께 만날 수 있는 활동을 확산한다면 지역 기반 양육 커뮤니티를 형성할 수 있을 것이다.

부산시는 2023년부터 육아친화마을 사업을 통해 다양한 육아 프로그램을 지원하며 사업을 지속적으로 확대하고 있다. 선정된 자치구에서는 부모 네트워크 형성 지원, 권역별 시민 좌담회 개최, 육아아빠단 운영을 공통사업으로 시행하고 자치구별 특성을 반영한 사업을 추가로 시행하게 된다. 찾아가는 조부모·부모·손자녀 3대가 함께하는 양육참여 프로그램, 육아 관련 야간 주말 프로그램, 아동의 놀권리를 보장하는 팝업놀이터 운영, 육아친화 인프라 조성 등 지역 특성을 반영한 다양한 특화 사업이 시행된다.

최근 우리나라도 저출산 정책에서도 남성 육아휴직제를 확대하는 방향으로 계획하고 있으므로 앞으로 남성 양육자의 참여가 더욱 확대될 것으로 예상된다. 이제까지 엄마 커뮤니티가 주를 이루었다면 앞으로는 아빠 커뮤니티, 조부모 커뮤니티로 확대될 필요가 있으며, 도시 근린환경은 다양한 양육자의 사회적 관계를 지원할 수 있는 환경으로 조성되어야 할 것이다.

▌ 도시 차원에서 포용적 양육 환경 조성 방향

도시 내에서 아이와 양육자의 일상적 활동을 지원할 수 있도록 보다 안전하고 편리한 환경을 조성할 필요가 있다. 또한 부모(여성, 남성), 조부모(여성 고령자, 남성 고령자) 등 다양해지는 양육자를 고려하여 성별 연령별 차이를 충분히 고려하여 근린환경을 조성한다면 향후 보다 다양한 사람들을 배려하는 포용적 도시를 조성하는 데 기여할 수 있을 것으로 기대된다. 이를 위해서는 실제적인 단기적 근린양육환경 개선 방안과 지속적인 연구를 통한 지속적인 연구를 통한 중장기적 정책 및 계획 수립 방안으로 구분하여 제안할 수 있다.

근린환경 개선을 위하여 양육자의 활동 범위를 고려하여 시설환경과 보행환경을 개선할 필요가 있다. 거주지 주변 400m 범위 이내에 양육에 필요한 필수적인 공공시설을 배치해야 한다. 이를 위해서는 작은 단위의 복합 기능을 지닌 양육지원시설을 주거지역 곳곳에 배치하고, 시설 접근성을 고려해 유모차나 도보로 쉽게 접근할 수 있는 환경을 조성해야 한다. 보행환경 개선을 위해서는 무엇보다 주거지역 내 도로가 차량보다는 보행자 우선 도로가 되어야 한다. 교통정온화 기법과 도로포장 등을 활용하여 차량의 속도를 줄이고 보행

공간을 충분히 확보할 수 있어야 보다 안전한 일상생활이 가능할 것이다.

돌봄시설 확충을 위해서는 시설 설치에 대한 가이드라인이 필요하다. 도시 차원에서 필수적으로 배치되어야 할 지점을 파악하고 돌봄시설을 전체적으로 고루 배치할 필요가 있다. 남성이 주 양육자가 되어 외출하거나 성별이 서로 다른 부모와 자녀가 외출할 때에도 불편하지 않도록 남성과 여성이 모두 자유롭게 사용할 수 있는 돌봄시설(가족수유실, 가족화장실, 가족샤워실, 일시돌봄시설)을 확보해야 한다. 이를 위해서는 돌봄시설 설치에 대한 지침이 필요하므로 각 시설에 대한 가이드라인이 필요하다. 일례로 수유실 가이드라인의 필요성은 수유실이 확대되면서부터 지속적으로 제기되어 왔으나 최근에야 가이드라인이 확립되었다. 수유실뿐 아니라 여러 돌봄시설에 대한 가이드라인을 만들고 남성과 여성 고령자가 모두 안전하고 편리하게 이용할 수 있도록 지속적인 요구 조사와 모니터링 과정을 통해 개선될 수 있도록 해야 한다.

지역 기반 커뮤니티를 형성하는 것은 양육자와 아동 모두에게 매우 중요하다. 아동은 사회성을 키울 수 있으며 양육자는 정보와 양육도움을 서로 주고받을 수 있는 환경이 된다. 이러한 커뮤니티 조성을 위해서 지역 기반 프로그램을 운영하는 것이 좋은 방법이 될 수 있다. 또한 양육자들이 자주 다니는 지점에서 함께 시간을 보낼 수 있는 공간을 조성한다면 자연스럽게 이웃 관계를 형성하고 지역 내 사회적 관계를 더욱 발전시킬 수 있을 것이다.

지속적인 연구를 바탕으로 중장기적 정책과 계획을 수립하기 위해서는 다양한 정량적 자료와 정성적 자료의 확보가 필수적이다. 양육자의 경우 성별, 연령뿐만 아니라 자녀 유무, 자녀 수, 자녀 연령과 같은 특성에 따라 활동과 인식이 크게 달라질 수 있다. 따라서 정량적·정성적 자료를 구축할 때 이러한 특성을 명확히 구분할 수 있도록 해야 한다. 특히 정성적 자료는 지역 내 양육자들의 인식을 확인하고 지역 특성을 반영한 구체적이고 실질적인 문제를 도출하는 데 필수적이므로 정성적 자료의 확보도 매우 중요하다. 이와 같이 다양한 주제에 대한 데이터를 충분히 확보한다면 포용적 양육 환경 연구를 위한 기반을 마련할 수 있을 것이다.

포용적 양육 환경을 조성하기 위해서는 융합적이고 통합적인 계획이 필수적이다. 현재 양육 환경과 관련된 사업은 보건복지부, 여성가족부, 국토교통부 등 여러 부처에서 다루고 있다. 저출산고령사회위원회에서 부처 간 협업을 위한 제도적 기반을 마련하고 있지만 도시 차원에서 양육 관련 정책과 계획에 대한 부처 간 협업은 쉽지 않은 실정이다. 양육 환경과 관련하여 여러 기관에서 여성친화도시 가이드라인, 아동친화도시 가이드라인, 유니버설 디자인, 범죄예방 설계 등 다양한 가이드라인을 수립하고 있으나 이를 도시계획에 효과적으로 적용하는 것은 또 다른 과제로 남아 있다.

따라서 근린 양육 환경을 개선하기 위해서는 도시계획 분야뿐만 아니라 아동, 복지, 여성, 경제, 사회 등 다양한 분야의 전문가들과 협력하여 융·복합 연구를 진행하고, 효과적인 개선 방안을 모색할 필요가 있다. 융·복합 연구를 통해 도출된 개선 방안은 실질적인 도시정책과 도시계획에 적용할 수 있는 제도적 방안으로 발전되어야 한다. 이러한 과정을 통해 도시건축적 차원에서 포용적 양육 환경이 조성될 수 있기를 기대한다.

Centre, U. I. R. (2004). Building child-friendly cities: A framework for action. UNICEF Innocenti Research Centre.

Ewing, R., & Handy, S. (2009). Measuring the unmeasurable: Urban design qualities related to walkability. Journal of Urban Design, 14(1), 65-84.

Ewing, R., Pendall, R., & Chen, D. (2003). Measuring sprawl and its transportation impacts. Transportation Research Record: Journal of the Transportation Research Board, 1831, 175-183.

Fortuijn, J. D., & Karsten, L. (1989). Daily activity patterns of working parents in the Netherlands. Area, 365-376.

Gehl, J. (1987). Life between buildings: Using public space. Washington, D.C.: Island Press.

Gehl, J. & Svarre, Birgitte. (2013). How to Study Public Life. Washington, D.C.: Island Press.

Handy, S. (1996). Methodologies for exploring the link between urban form and travel behavior. Transportation Research Part D: Transport and Environment, 1(2), 151-165.

Handy, S., Boarnet, M. G., Ewing, R., & Killingsworth, R. E. (2002). How the built environment affects physical activity. American Journal of Preventive Medicine, 23(2), 64-73.

Handy, S., Cao, X. Y., & Mokhtarian, P. L. (2006). Self-selection in the relationship between the built environment and walking: Empirical evidence from northern California. Journal of the American Planning Association, 72(1), 55-74.

Hayden, D. (1980). What would a non-sexist city be like? Speculations on housing, urban design, and human work. Signs: Journal of Women in Culture and Society, 5(S3), S170-S187.

Leyden, K. M. (2003). Social capital and the built environment: The importance of walkable neighborhoods. American Journal of Public Health, 93(9), 1546-1551.

Lund, H. (2002). Pedestrian environments and sense of community. Journal of Planning Education and Research, 21(3), 301-312.

Mitra, R., Faulkner, G. E. J., Buliung, R. N., & Stone, M. R. (2014). Do parental perceptions of the neighbourhood environment influence children's independent mobility? Evidence from Toronto, Canada. Urban Studies, 51(16), 3401-3419.

Prezza, M., Alparone, F. R., Cristallo, C., & Luigi, S. (2005). Parental perception of social risk and of positive potentiality of outdoor autonomy for children: The development of two instruments. Journal of Environmental Psychology, 25(4), 437-453.

Unicef Switzerland and Liechtenstein. (2021). Planning and designing child-friendly living spaces.

Urban Development Vienna. (2013). Manual for gender mainstreaming in urban planning and urban development. Urban Development Vienna.

김지현, 배윤진, 김문정. (2024). 결혼·출산·양육 인식조사 연구. 저출산고령사회위원회, 육아정책연구소.

김현미. (2008). 자녀 연령별 여성의 도시기회 접근성의 시·공간적 구속성에 관한 연구. 대한지리학회지, 43(3), 358-374.

노신애, 진미정. (2012). 가족친화적 지역사회 인식이 미취학 자녀 부모의 양육 효능감 및 양육 스트레스에 미치는 영향. 한국가정관리학회지, 30(3), 135-149.

대한민국정부. (2022). 제4차 저출산·고령사회 기본계획.

대한민국정부. (2024). 제4차 저출산·고령사회 기본계획 2023년 시행계획.

로즈, 질리언. (2011). 페미니즘과 지리학 (정현주 역). 파주: 한길사. (원서 출판 1993)

박인권. (2015). 포용도시: 개념과 한국의 경험. 공간과 사회, 51(-), 95-139.

백선정. (2016). 스웨덴의 보육정책과 우리나라의 시사점. 경기도가족여성연구원.

서울특별시. (2022). 시민편의공간 유니버설디자인 적용안내서(육아편의공간 편). 서울특별시.

오성훈, 이소민, 박수조. (2015). 유모차 통행 환경에 대한 만족도 영향요인과 육아 스트레스. 대한건축학회 논문집: 계획계, 31(7), 75-82.

장미현. (2013). 도시 및 건축 분야의 성인지적(Gender-Sensitive) 분석모형에 대한 연구. 국내박사학위논문. 서울: 이화여자대학교 대학원.

장명선, 박선영, 장미현, 조언숙, 최정선. (2016). 출산·양육 지원 법령 및 돌봄시설 특정성별영향분석평가. 여성가족부.

정성미, 이진숙, 한진영, 임연규, 박송이. (2023). 2023 한국의 성인지 통계. 한국여성정책연구원.

최경덕, 최인선, 오신휘, 장인수, 이소영, 황남희. (2022). 2022년도 저출산·고령사회정책 성과평가 연구. 저출산고령사회위원회, 한국보건사회연구원.

최유진, 문희영, 장미현. (2013). 여성친화도시 공간 조성 사업 발전 방안 연구. 한국여성정책연구원.

최정선. (2019). 주거지역 근린양육환경 사례 연구. 국내박사학위논문. 서울대학교 대학원.

황명주. (2015). 돌봄노동이 된 아동보험. 국내석사학위논문. 서울: 서울대학교 대학원.

강영연. (2022.10.14). '안전 사각지대' 지하철역 수유실…10개 중 7개 비상벨 없다. 한국경제. https://www.hankyung.com

김초영. (2023.7.24). 이용자 없다고 창고·탕비실로 사용…지자체 '의무' 수유실 실태. 비즈한국. https://www.bizhankook.com

박혜진. (2024.2.21). 육아 내가 할게…육아 전담 남성 역대 최고…성비는 53배 차. KBS. https://www.kbs.co.kr

벡준우. (2021.1.11). 아빠들의 육아 배움터 '인천아빠육아천사단' 호평. 인천투데이. https://www.incheontoday.com

이상배. (2024.2.21). 돈 안 벌고 육아 전담한 아빠 '역대 최다' 1만6000명. TV조선. https://www.tvchosun.com

이지민. (2024.3.28). 6+6 육아휴직 기다렸다… 올해 신청 2배 육박. 세계일보. https://www.segye.com

이주연. (2024.6.16). 신축 공공건축물에 가족 샤워실 등 설치. 미디어모현. https://www.mediamohyeon.com

최혜림. (2022.10.11). 수유실은 엄마만의 공간?… 문화재청, 수유실 남성 출입 허용. KBS. https://www.kbs.co.kr

KOSIS. 국가통계포털. https://kosis.kr/index/index.do

Sweden Sverige. Children in Sweden. https://sweden.se/life/society/children-in-sweden

Unicef for every child. Child-friendly living space. https://www.unicef.ch/en/child-friendly-living-space

유니세프 아동친화도시. https://childfriendlycities.kr/main/main.html

저출산고령사회위원회. https://www.betterfuture.go.kr/index.do

Pappagrupper. Conversations for fathers. https://mfj.se/vad-du-kan-goera/samtalsgrupp/pappagrupper

Föräldragrupp. Parenting groups. https://www.bvc.regionstockholm.se/vi-erbjuder/foraldragrupper

4

젠더 포용적
건강도시

젠더 포용적
건강도시

▌도시공간과 건강

도시와 건강 관계

건강은 보편적 가치로, 건강은 대다수가 동의하고 지향하는 궁극적인 가치이다. 지역, 세대, 성별 구분 없이 건강의 중요성을 인지하고 건강한 삶을 위해 개인과 사회가 노력한다. 개개인은 건강 관리를 위해 운동을 하고 신선한 음식을 챙겨 먹기도 하며 때로는 약을 복용하기도 한다. 더불어 국가나 지방자치단체는 국민과 지역사회 건강을 위해 의료보험제도뿐만 아니라 각종 건강 관리 및 건강 증진 프로그램을 운영한다.

2024년 현재 국민의 90% 이상이 도시에 거주하여 높은 도시화율을 보유한 한국에서는 건강과 관련된 이슈가 도시에서 주로 발생한다. 세계적으로도 도시화율은 2020년 기준 50%를 넘었으며 2050년은 66%의 도시화율이 예상된다(UN-Habitat, 2020). 결국 다수의 인류가 거주하는 도시공간은 또 다른 차원의 건강 현장으로, 건강 문제가 발생하고 이를 해결하며 건강을 증진할 수 있는 공간이다.

하지만 높은 도시화율을 보이는 현시대에만 도시와 건강 논의가 활발한 것은 아니다. 도시에서 건강문제가 화두로 떠오른 것은 근대 도시의 시작과 함께였다. 산업혁명과 함께 시작한 초기 근대 도시는 밀려드는 인구를 수용할 만한 주거, 위생 시설 등을 충분히 갖추지 못했다. 기초적 위생을 위한 인프라가 부족한 상황에서 과밀한 환경은 도시민들의 건강 문제를 위협하는 요인이었다. 이런 환경적 여건 아래 19세기 런던, 파리 등 근대 도시에서 유행한 콜레라, 장티푸스 등 전염병으로 무수한 사망자가 발생했다. 근대 도시를 강타한 전염병 발병으로 도시에서 건강은 직접적인 해결해야 할 문제로 떠올랐다.

이와 같이 근대 도시에서 전염병 문제를 해결하기 위해서 도시계획과 공중보건이 통합되었다. 특히 19세기에는 콜레라, 장티푸스 등 전염병은 환경에 기인한 질병으로 여겨 1920년대까지 도시계획과 도시설계는 건강을 위해 도시 속 오염 물질을 제거하고, 감염을 막기 위해 구역을 설정하여 감염병 확산을 통제하는 역할을 했다. 이렇게 근대 도시에서 도시와 건강의 결합은 전염병 확산 방지라는 목표 아래에서 진행되었으며 1930년대에도 유사한 관점에서 더욱 건강하고 위생적인 도시(healthy and hygienic cities)에 초점을 두었다. 그 후 의약학의 발전으로 시급하고 위협적인 전염병 문제가 해결되면서 도시와 건강 연결이 소원해졌다.

멀어졌던 도시와 건강 결합은 1990년대 이후 만성 질환이 주요한 건강 문제로 부각되면서 다시 활발해진다. 도시에서 만성 질환 유병률을 낮출 수 있는 물리적 환경, 식환경(food environment) 등에 대한 관심이 높아졌다. 특히

1999년 세계보건기구(WHO)에서 진행한 건강도시 프로젝트(Healthy Cities Project)는 건강에 대한 예방적 접근을 위한 건조 환경(built environment)이 강조된다. 이를 계기로 건강과 도시계획-도시설계 분야의 융합이 다시 적극적으로 논의되었다. 특히 현대 도시 내 물리적·사회적 환경과 건강 간의 관계는 당뇨병, 심장 질환, 비만, 천식, 정신 질환과 같은 생활양식과 관련된 만성 질환(lifestyle-related chronic disease)에 많은 관심을 둔다.

현대 도시가 건강에 미치는 영향에 대해서는 긍정적인 효과와 부정적인 효과, 즉 두 가지 상반된 면이 공존한다. 우선 현대 도시가 건강에 미치는 긍정적인 부분은 경제 발전과 건강 증진으로 설명될 수 있다. 근대 도시화에 따라 도시는 더 나은 위생, 교육과 일자리의 기회 증가, 인프라 확장 그리고 보건 서비스가 제공되었다. 덕분에 근대의 전염병 문제가 해소되며 도시는 건강 증진에 기여한다. 즉 경제 발전과 함께 일어나는 도시화는 건강에 이로운 환경을 조성하여 주민들의 건강 위험을 감소시키는 효과를 가진다.

반면에 현대 도시는 대기 오염 및 소음 문제, 스트레스 증가, 신체적 활동의 감소, 지속적인 식습관의 변화(고칼로리, 저영양의 식품) 등 건강에 위해를 주는 환경이기도 하다. 적절한 신체 활동, 건강 시설의 접근성, 건강한 식습관 등 건강을 고려하지 않은 도시 환경은 비만, 당뇨병, 심혈관 질환 등의 만성 질환이나 불안장애, 우울증 등 정신 질환의 증가로 이어지므로 현대 도시가 건강에 미치는 부정적인 영향이 부각되기도 한다.

도시건강과 성차

남성과 여성은 다양한 건강 조건과 질병에 대해 다르게 반응하고 그에 따라 다른 결과를 경험한다. 예를 들어 여성은 일반적으로 평균 수명이 더 길지만, 노년의 생존 기간이 긴 만큼 낮은 건강 수준으로 살아가는 기간도 더 긴 것으로 나타났다. 연령이 올라갈수록 증가하는 만성 질환 발병의 특성으로 여성은 남성보다 만성 질환의 발병률이 더 높고, 특징적으로 여성은 자가면역 질환에 더 취약하다. 반면 남성은 심혈관 질환 같은 유형의 질병에서 높은 발병률을 보이며 성차에 따른 질병 발병률 차이를 보인다.

특히 노인은 여러 만성 질환을 동시에 겪는다. 위에서 서술한 바와 같이 여성노인은 여러 질환을 동시에 가지는 비율이 높으며 이러한 배경으로 여성노인의 건강 상태에 대한 주관적 건강 수준이 낮은 것으로 조사된다. 이는 평균 수명이 더 긴 여성노인은 상대적으로 긴 기간 고령화를 경험하여 오랜 시간 동안 노화에 노출되는 것과 연관된다. 더불어 여성노인은 높은 독거 비율을 보이며 이는 여성노인의 사회적 접촉을 약화시켜 낮은 사회적 참여 활동으로 연결된다. 여성노인의 사회적 고립은 건강한 생활을 영위하기 위한 실천을 더욱 어렵게 한다.

일반적으로 도시에서의 높은 스트레스, 낮은 사회적 상호 작용 및 정신건강 서비스 접근의 어려움은 도시민들의 정신 질환 발병률을 높이며, 이에 더해 성차에 따른 정신 질환 유병률 차이가 관찰된다. 여성은 우울증과 불안 장애와 같은 정신 건강 문제를 더 많이 나타내지만, 남성은 알코올과 약물 남용 문제가 더 빈번하다. 이는 성차에 따라 스트레스 처리 방식이 다르고 사회문화적 기대 및 시스템의 차이와 연관된다.

건강 결과에 대한 성차가 발생할 뿐만 아니라 건강을 결정하는 요인에서도 성차가 나타난다. 일반적으로 건강 결정 요인은 생물학적 요인, 사회경제적 요인, 개인적 요인 등으로 구분된다. 우선 여성과 남성은 생물학적으로 다른 특성이 있으며 생물학적 요인의 차이가 질병에 대한 취약성과 반응에서 차이를 만든다. 잘 알려진 것은 성별에 따른 호르몬의 차이, 즉 생물학적 요인 차이가 골다공증 등 질환의 발병률에 대한 성차를 만든다.

건강에 대한 사회경제적 결정 요인에서 나타나는 성차는 성별에 따라 사회적 역할과 기대 차이를 의미하며, 이는 건강 시설에 대한 접근성이나 건강 행태에서 차이 등을 유발한다. 상대적으로 여성은 가정 내에서 가족 돌봄 역할을 더 맡으며, 이로 인해 본인의 건강 관리를 위한 서비스 접근에 제한을 받기도 한다. 그리고 평균적으로 여성은 남성에 비해 경제 소득이 낮고, 직장 활동 비율이 낮은 경향이 있으며, 이는 다시 여성의 건강 관리나 건강 서비스 이용에 대한 낮은 접근성으로 연결된다.

도시건강과 젠더 관점

위와 같이 성별에 따른 도시건강 결과 및 요인의 차이는 도시건강 문제를 다룰 때 성차를 반영한 관점의 필요성을 강조한다. 즉 성차에 따른 건강 결과 및 건강 요인의 차이를 바탕으로 도시건강을 이해하는 것은 건강도시에 대한 다각적이고 정교한 접근에 기여할 것이다.

구체적으로 젠더에 따른 도시공간에서의 생활 양식의 차이와 그 원인에 대한 이해가 필요하다. 성별에 따른 건강 관련된 도시생활의 차이를 인식하고, 무엇이 다른지, 어떻게 다른지, 왜 다른지를 알아가는 접근이 요구된다. 젠더에 따른 도시건강 접근법은 고혈압, 당뇨병, 천식 등 생활 양식과 환경과 관련된 만성 질환을 다루는 공중보건 문제에 대해 보다 더 실질적인 해결책을 모색하는 데 이바지한다.

젠더에 기초한 도시 내 생활 패턴과 사회문화적 역할이 도시 거주자의 건강 행태와 건강 결과에 어떻게 영향을 미치는지 검토해야 한다. 이 접근 방식은 성별에 따른 사회문화적으로 형성된 정체성과 기대되는 역할이 도시민의 생활 양식에 미치는 영향을 확인하고, 이것이 건강 결과에 어떻게 이어지는지를 살피는 것을 의미한다. 즉, 성별에 따라 사회적 역할과 책임에 차이가 있고, 이에 따른 스트레스 차이와 해소 방법에 성차가 발생하며 이것이 건강 행태와 건강 관리로 이어진다.

결국 젠더에 따른 생활 양식, 정체성, 사회적 역할의 차이를 인식하는 관점은 도시건강에 대한 교차성(intersectionality)[1] 접근 방식으로, 도시건강에 대한 다각적 분석, 복합성 이해, 효과적인 정책을 위한 기초가 된다. 예를 들어 헤이니와 고먼(Haynie & Gorman, 1999)의 연구에 따르면 일반적으로 미국의 여성은 남성보다 소득이 낮고 빈곤비율이 높은데, 특히 도시 여성은 비도시 여성과 도시 남성보다 더 가난한 것으로 나타났다. 이러한 특성을 반영하여 특정 현상과 젠더 간의 교차점을 연구하고, 다른 교차성을 살피는 것은 도시건강 연구에서 성차를 반영한 분석에 기여하고, 궁극적으로 보다 실질적인 연구 결과와 효율적 방안의 토대가 된다.

도시공간과 건강행위 성차

건강행위의 성차

건강행위(health behavior)란 "개인이 건강을 관리하고 기능을 유지 증진하기 위한 행위"로 신체적 활동, 식습관, 금연, 절주 등이 포함된다(김영범&이승희, 2018). 바람직한 건강행위는 질환 유병률을 낮추고, 삶의 질에 긍정적인 영향을 준다. 반면 건강에 이로운 건강행위가 부족한 경우는 만성 질환 이환을 높인다. 또한 건강 결정의 주요한 요인인 건강행위는 성차에 따른 차이를 나타낸다. 강은정(2007)의 연구 결과를 보면 국내 여성은 흡연·음주 비율은 낮지만 운동도 하지 않는 수동적 태도의 비율이 높고, 남자는 흡연과 음주 등 건강에 위해를 주는 건강행위 비율이 높은 것으로 나타났다.

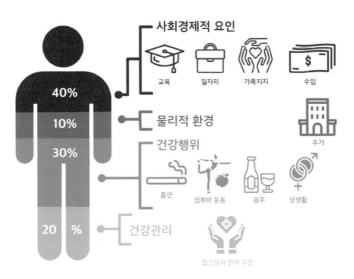

그림 1. 건강영향 요인들
(출처: https://www.uclahealth.org/sustainability/our-commitment/social-determinants-health)

두인 등(Duin et al., 2015)의 연구에서 건강행위 중 신체활동과 관련하여 미국 몬태나주 엘로스톤 카운티(Yellowstone County, Montana)를 대상으로 한 연구에서 성별에 따른 신체활동의 차이를 분석했다. 134명의 데이터를 기반으로 한 신체 활동의 성별 제약과 기회에 대한 질적 연구 결과를 보면 다양한 측면에서 성별에 따른 차이가 나타난다(표 1). 먼저 환경, 활동 및 책임에서 여성들은 야외 레크리에이션과 관련하여 안전과 범죄 문제로 인해 활동이 제약을 받는 경우가 많다. 또한 여성은 가족 등에 대한 돌봄 역할이 우선되며 가사는 주로 여성의 책임으로 간주한다. 이는 남성과 여성이 모두 전일 근무일 때도 변하지 않는다. 그 결과 여성들은 신체 활동적인 취미활동을 하거나 직업을 가지기 어려운 상황을 형성하기도 한다. 또한 돌봄 역할은 아이들을 포함한 가까운 사람들에게 좋은 본보기를 세우고자 하는 동기로도 작용할 수 있으며, 애완동물을 돌보는 것도 활동으로 이어질 수 있다. 반면 성별 기반의 기회로는 야외 활동, 특히 걷기를 즐기는 경향이 있다. 세대 간 비교에서는 젊은 세대에서는 남성과 여성의 신체 활동이나 직업에 대한 차이가 덜 나타난다.

신체 활동과 관련된 성별 규범에서는 여성들은 외모 기대에 따라 운동을 기피하기도 한다. 예를 들어 운동 중 땀 흘림을 포함한 머리와 화장 등이 걸림돌이 되어 운동을 하는 데에 영향을 미치는 것으로 분석되었다. 이와 같은 현상은 점심 휴식 시간에 뚜렷하게 나타난다. 그러나 여성들은 가족 및 친구와 함께 시간을 보내는 사회적 활동을 즐기며, 남성들은 근육을 중시하는 외모 기대로 인해서 신체 활동을 보다 중요하게 여긴다.

자원에 대한 접근과 통제 측면에서 여러 일을 수행하는 경우 신체 활동이 우선순위에서 밀리게 되며, 육아 비용과 관련 지출도 신체 활동에 부담이 된다. 특히 어린 자녀를 둔 여성들은 교통 문제로 인해 어려움을 겪는다. 마지막으로 권력과 의사결정에서 여성은 책임 분담에 대한 기대가 더 높고, 책임 분담에 대한 협상할 가능성이 낮은 것으로 조사되었다. 하지만 책임 분담을 협상하고 집안일을 더욱 균등하게 분담하도록 체계를 만들어가는 기회가 존재하는 것으로 나타났다. 이러한 성별에 따른 신체활동의 제약과 기회에 대한

표 1. 성별 신체 활동 제약과 기회

신체 활동	성별 기반 제약	성별 기반 기회
환경 활동/책임	• 야외 레크리에이션과 관련된 안전 및 범죄 문제 • 돌봄 역할이 우선됨 • 가사는 주로 여성의 책임, 남성과 여성이 모두 전일 근무를 해도 동일 • 여성의 신체적 취미 및 직업이 상대적 적음	• 야외 활동, 특히 걷기를 즐김 • 남성과 여성의 활동이나 직업의 신체적 차이가 젊은 세대에서는 덜 나타남 • 돌봄 역할은 아이들을 포함한 가까운 사람들에게 좋은 본보기를 세우고자 하는 동기를 부여 • 애완동물 돌봄은 활동으로 이어짐
성별 규범	• 운동 중 땀 흘림을 포함한 머리와 화장 등이 외모 기대로 인해 여성의 운동에 대한 장애물로 작용 • 외모 기대에 따른 운동 장애는 점심 휴식 시간 동안 강함	• 여성은 가사와 돌봄 활동을 신체 활동으로 생각하지 않을 수 있음 • 여성은 가족 및 친구와 함께 시간을 보내는 사회적 활동을 즐김 • 남성의 외모 기대는 근육을 중시하여 신체 활동에 대한 중요로 연결
자원에 대한 접근 및 통제	• 여러 일을 병행하면 신체 활동이 우선순위에서 밀림 • 육아 비용 및 관련 지출 • 어린 자녀를 둔 여성의 경우 교통 문제	• 무료 육아 서비스가 있는 헬스장
권력과 의사결정	• 책임 분담에 대한 기대 • 책임 분담에 대한 협상 부족	• 책임 분담을 협상하고 더 평등한 가사 분담 체계를 만드는 것

(출처: Duin et al., 2015)

연구 결과는 성별에 따른 신체 활동의 한계와 가능성을 확인해주며, 성차에 따른 신체활동의 특성과 특성의 이해를 돕는다.

도시공간에서 건강행위 성차

1990년대 페미니스트 지리학자들은 일상생활, 주거, 도시계획, 직장 환경, 조직 구조, 교육 및 교통에서의 성 분리의 역사를 밝혀냈다. 도시 공공 공간(public space)은 여성들의 점유와 활동에 영향을 미치는 환경으로, 특히 공공 공간의 안정성이 여성들의 공공 공간 활용에 주요한 요인으로 꼽힌다. 결국 여성이 도시 공간을 사용하는 것, 즉 도시 공간에서 여성의 존재는 건조환경의 요인에 의해 영향을 받는다. 여성이 공공장소를 방문하고 사용하는 것에 영향을 미치는 핵심 요인인 안전은 도시 공간에서 여성의 활발한 참여를 유발

그림 2. 도시 공공 공간 예시(Salesforce Transit Center, San Francisco, USA)
(출처: 필자 촬영)

하는 가장 기본적인 특성이다. 추가적으로 사데히 등(Sadeghi et al., 2023) 의 연구에 따르면 여성의 공공 공간 활용은 개별 특성 중 집단 기억, 정체성, 자유, 안전의 구성 요소는 응답자의 연령과 긍정적인 상관관계를 맺고 있다.

녹지 공간에 대한 노출과 이용에 대한 연구에서 성별 차이가 나타났으며, 여성은 사회에서 차지하는 비율에 비해 녹지 공간을 덜 사용하는 것으로 조사되었다. 예를 들어 코헨 등(Cohen et al., 2007)의 연구에서는 여성이 남성보다 공원과 같은 녹지 공간을 덜 방문하였다. 이는 공공 공간에서의 안전 문제, 시간 부족 또는 사회적 규범 등 다양한 요인 때문에 여성의 녹지 공간 접근과 이용이 제한되는 것과 관련된다. 또한 위 연구에 따르면 여성은 남성보다 녹지 공간에서 격렬한 신체 활동에 참여할 가능성이 작은 것으로 분석되었다. 여성들은 공원이나 산책로에서 걷기와 같은 가벼운 운동에는 참여하나, 달리기나

그림 3. 도시 녹지 공간 예시(한강공원)
(출처: 필자 촬영)

운동 기구 사용과 같은 격렬한 운동에 대한 여성 참여율이 남성보다 낮다는 점을 확인하였다. 이와 같은 연구는 성별에 따른 녹지 공간 이용의 차이가 단순히 개인의 선호도나 생활 방식에 따른 것이 아니라 젠더와 연계된 사회적·문화적 요인과 연관됨을 시사한다.

여성의 여가 공간 참여에 대한 장벽을 분석한 2023년 스웨덴 스케이트보드 연맹(Swedish Skateboard Federation)과 화이트 아키텍터(White Arkitekter)의 연구에 따르면 스케이트 공원은 사회와 문화의 불평등을 미시적으로 보여주는 공간이다. 이 연구는 스케이트 공원의 설계가 소녀들과 이동성이 제한된 사람들을 배제하는 방식으로 이루어져 왔다고 평가했다. 따라서 보다 포괄적인 공간을 만들기 위해 다기능 설계와 공간적 다양성을 강조하며, 접근성과 안전성을 고려한 설계가 필요하다고 역설한다.

'소녀를 위한 공간을 만들자(Make Space for Girls)'라는 캠페인은 공원과 공공 공간에서 10대 소녀들이 차지하는 공간의 불평등 문제를 제기한다. 화이트 아키텍터(2018) 연구에 따르면 10대들이 사용하는 여가공간의 이용 비율은 남성이 80%, 여성이 20%에 불과한 것으로 조사되었다. 이는 소녀들이 공공 공간을 이용하는 비율이 상대적으로 작음을 의미한다. 이러한 문제를 해결하기 위해 도시 내 공공 공간인 공원, 여가 공간, 광장 등에 다양한 형태의 활용과 점유가 이루어질 수 있는 부분을 추가하고, 소녀들이 안전하고 편안하게 사용할 수 있는 공간의 설계가 강조된다.

기존 연구에서 근린환경이 가지는 건강 영향에서도 성별 차이가 확인되었다. 스태퍼드 등(Stafford et al., 2005)은 근린환경의 사회적·물리적 특성이 여성의 건강에 더 강하게 연관됨을 분석하였다. 이는 우리 동네라고 이해할 수

그림 4. 여가 공간 예시(서울 동작구 사당 어르신 건강파크)
(출처: 필자 촬영)

있는 근린환경이 여성의 건강에 더욱 중요한 역할을 할 수 있다는 것을 의미
한다. 여성은 생활방식과 사회적 역할에 따라 남성보다 근린환경에 더 많이
노출되고 이에 따라 근린환경의 영향을 더 많이 받는다. 예를 들어 여성은 남
성보다 지역사회에서 자녀를 돌보거나 집안일을 하는 데 보다 많은 시간을 지
내기 때문에 여성이 느끼는 근린 단위에서의 환경적 스트레스와 공공 서비스
에 대한 접근성은 여성의 건강에 보다 밀접한 관계를 맺으며 여성의 건강에
더 큰 영향을 미칠 수 있다.

또한 사회적 연결망, 지원, 안전에 대한 인식이 여성의 심리적 웰빙과 신체
건강에 주요한 영향을 미친다. 여성들은 상대적으로 자녀를 돌보는 주된 보

그림 5. 근린환경 예시(부산 해운대구 반송동 일대)
(출처: 필자 촬영)

호자 역할을 맡거나 파트타임으로 일하는 빈도가 높다. 이러한 역할은 여성이 근린에서 사회적 관계와 상호 작용을 더욱 필요로 하게 되며, 이는 근린 내 사회적 특성이 여성들이 사회적 스트레스에 더 밀접하게 관련되고, 결국 여성 건강에 보다 큰 영향을 미칠 수 있다.

스태퍼드 등(2005)의 연구는 건강시설에 대한 물리적 접근성에서 성차를 확인했다. 여성은 남성보다 건강시설에 접근하는 데 더 많은 어려움을 겪을 수 있다. 이는 다양한 이유에 기인하는데, 특히 제한된 교통수단, 안전에 대한 우려, 가사와 돌봄 책임으로 인한 시간 부족 등이 주된 원인으로 작용한다.

여성은 남성보다 대중교통에 더 많이 의존하는 경향이 있어 건강시설에 접

그림 6. 지역 내 건강관련 시설 접근성 예시(부산 북구 화명동 일대)
(출처: 필자 촬영)

근하는 데 시간과 비용이 더 많이 소요될 수 있다. 슐츠 등(Schulz ct al., 2002)
의 연구는 특히 도시 내에서 여성들이 의료시설에 도달하기 위한 이동 시간이
남성들보다 더 길 수 있다는 점을 지적한다. 대중교통이 잘 발달하지 않은 지
역에서는 여성은 의료시설에 대한 물리적인 접근성이 더 취약하며, 여성들이
의료시설을 방문하는 데 상대적으로 더 큰 어려움을 겪을 수 있다. 특히 저소
득층 여성은 이동 수단에 따른 건강시설 접근성에 대해 영향을 더 받을 것으
로 예상된다.

■ 건강도시를 위한 젠더 포용성

건강도시 개념에서 젠더 포용성

"건강한 도시란 건강, 사회적 복지, 공평성 및 지속 가능한 발전을 지역 정책, 전략 및 프로그램의 중심에 두며 건강과 복지의 권리, 평화, 사회 정의, 성평등, 연대, 사회 포용성 및 지속가능한 발전의 핵심 가치에 근거하여 이끌어가는 도시를 의미한다. 또한 모두를 위한 건강, 보편적 건강 보장, 건강을 위한 역할, 모든 정책에서의 건강, 지역사회 참여, 사회 융합 및 혁신 원칙에 따라 지도한다." (World Health Organization, 2020)

진정한 '건강한 도시'는 여성, 남성, 어린이, 노인, 장애인 등 사회 구성원 모두를 포용하며, 모두를 위해 더 건강한 환경을 제공하는 것이다. 안전하게 산책할 수 있는 환경, 여러 서비스에 대한 접근성, 녹지와 같이 건강한 도시환경을 구성하는 요소는 사회 구성원 모두를 대상으로 한다. 모든 사회 구성원을 고려하는 건조환경을 가진 건강도시는 신체 활동 증진, 정서적 안녕 및 공기질 향상 등에 영향을 미치면서 사회 구성원 모두가 더 건강하고, 살기 좋은 도시를 만드는 데 기초가 된다.

젠더 포용적 건강도시 사례

■ 미국 몬태나주 옐로스톤의 젠더를 중심에 둔 가로정책

미국 몬태나주 옐로스톤의 젠더를 중심에 둔 가로정책(Complete Streets, Yellowstone County, Montana)은 모두를 위한 가로(complete streets)정책에 성

표 2. 옐로스톤의 젠더를 반영한 모두를 위한 거리 정책 수립 과정

연도	발전 과정
2001	• 연합: 3개 의료 기관의 협력
2006	• 2005/2006 CHNA(Community Health Needs Assessment) 결과 발표 • Healthy By Design 연합 결성(비만 예방에 중점) • Healthy By Design 연합 하위 위원회/작업 그룹(인정 프로그램, 지역사회 건강 필요 평가, 커뮤니케이션, 직장 영양, 모두를 위한 거리)
2010	• 건강한 여성과 어린이 하위 위원회/작업 그룹 추가 • OWH(Department of Health and Human Services Office on Women's Health) CHC(Coalition for a Healthier Community) 이니셔티브 1단계 시작 • 건강 개선 노력의 렌즈로서 성별에 중점을 둔 작업 그룹 운영
2011.1~6	• 2010/2011 CHNA 결과 발표 • 우려 영역: 비만, 영양, 신체 활동, 신체 활동의 성별 차이 주목 • 성별 분석과 포커스 그룹을 통해 신체 활동의 차이에 대한 근본적인 이유를 파악 • 모두를 위한 거리(complete streets) 결의안 지지 활동
2011.7~12	• 모두를 위한 거리 결의안 통과 • OWH CHC 이니셔티브 2단계 시작, 성별 기반 개입에 중점을 두고 연구 프로젝트, 직장 신체 활동 정책, 사회 마케팅 캠페인, 아웃리치, 모두를 위한 거리 구현/활발한 교통 권장
2012	• 건강한 여성과 어린이 하위 위원회가 건강 형평성 작업 그룹으로 개명 • 신체 활동과 영양의 경제적 격차에 대한 성별 격차도 포함되도록 초점 확대
2013	• 성별에 따른 민감한 직장 신체 활동 정책 시행
2016	• 건강 형평성 작업 그룹과 모두를 위한 거리 작업 그룹 통합 • 모두를 위한 거리 결의안 개정 • 형평성, 특히 성평등이 옹호 노력의 초점이 됨 • 구현 계획 회의에서 형평성 초점에 성별 포함

(출처: Keippel et al., 2017)

별 관점을 적용하여 건강과 설계 품질을 향상시키고자 하였다. 우선 모두를 위한 가로는 도로 및 보행자 시설을 다양한 사용자들에게 적합하도록 설계하는 정책으로, 이를 통해 사람들이 활발하게 도시 환경을 이용하도록 장려한다. 궁극적으로 이 프로젝트는 건강을 증진하는 것을 목표로 한다.

옐로스톤의 경우 가로정책에 성별 관점을 통합하여 도로 및 보행자 시설의 설계를 개선한다. 성별 관점을 고려함으로써 여성, 남성, 성소수자들이 모두 안전하고 쉽게 이용할 수 있는 도시 환경을 조성하는 것에 중점을 두었다. 키펠 등(Keippel et al., 2017)에 의하면 정책결정 과정은 점진적이고 비선형적이었으며, 성별 및 건강 평등에 집중함으로써 계획 과정에서 젠더를 포함하여 건강 형평성이 고려되게 노력했다. 이는 건강도시 계획 및 설계에서 성별 관점의 중요성을 강조하며, 지역사회의 다양한 필요를 충족시키기 위한 계획 과정을 보여준다. 이와 같이 젠더를 반영한 건강도시 정책은 모든 주민을 위한 건강한 지역사회라는 목표에 다가가는 기본적인 접근법이다.

■ 오스트리아 빈의 젠더 감수성을 고려한 설계

1991년 오스트리아 빈에서 전시된 '공공 공간에 누가 속하나? 도시에서의 여성 삶(Who Does Public Space Belong to: Women's Everyday Life in the City)'은 도시에서 여성의 삶과 공공 공간의 관계를 탐구하였다. 이 전시는 여성들이 도시 공간을 어떻게 경험하고 이용하는지를 분석하고, 공공 공간에서 여성의 권리와 안전에 대한 관심을 촉발했다. 이를 계기로 빈에서 시작된 젠더 주류화(gender mainstreaming) 정책은 모든 시민들의 요구를 충족시키고, 모든 시민을 대상으로 한 공공 서비스의 수준을 향상시키기 것을 목표로 하였다.

젠더 주류화 파일럿 구역

● 교차로
● 보행자친환적 교통신호
■ 보도 확장
● 조명 프로젝트
● 무장애 포장
● 추가 좌석 설치

그림 7. 빈의 마리아힐프 구역의 젠더 주류화 모델
(출처: https://www.mivau.gob.es/recursos_mfom/pdf/04F77AA5-7E43-48CD-9712-327B2A776626/95901/6.
pdf)

구체적으로 젠더 감수성 계획(gender-sensitive planning)은 젠더 감수성을 반영한 주택 설계, 공원 디자인 및 놀이터 설게 등을 포함하며, 이러한 계획은 다양한 성별의 요구를 반영하여 더 안전하고 포용적인 공공 공간을 조성하는 데기여하는 것으로 평가된다.

빈의 마리아힐프(Mariahilf) 구역은 젠더 주류화 모델 지역으로 지정되어 젠더 감수성을 바탕으로 한 도시설계의 시범 프로젝트로 시행되었다. 이 프로젝트는 모든 주민들의 요구를 충족시키고, 공공 서비스의 수준을 향상하기 위한설계를 실시하였다. 주요 요소로는 짧은 거리의 실용적인 동네, 다양한 여가활동 공간(운동시설, 놀이터 등), 공공 조명, 모든 교통 수단을 위한 좋은 이동 조건, 사회적 통제가 잘 이루어지는 안전한 이웃, 다른 지역과의 원활한 연결성,

세심하게 설계된 건물과 개방 공간 등이 포함된다. 이렇게 개선된 근린환경은 여성을 포함한 지역 구성원의 신체 활동을 증가시키고, 주민들 간의 보다 활발한 교류에 기여하여 건강도시를 실현하는 방법이 된다.

빈의 젠더 감수성을 고려한 공원 설계(gender sensitive park design)는 1990년대부터 젠더 주류화 원칙을 도입하여 남성과 여성 모두를 고려한 도시계획의 일환이었다. "기회가 있는 파울 놀이? 야외 공간의 소녀들!(Foul Play with Opportunities? Girls into public space!)"이라는 표제 아래 소녀의 공원 이용에 관심을 두었으며, 소녀들이 공공 공간에서 더 많은 시간을 보낼 수 있도록 여러 프로젝트가 진행되었다.

빈의 아인지들러 공원(Einsiedler Park) 또한 젠더 감수성을 고려하여 재설계되었다. 이 과정에서 소녀들의 행동과 요구를 분석하고, 소녀들이 공원을

그림 8. 아인지들러 공원
(출처: https://www.makespaceforgirls.co.uk/case-studies/vienna)

더 자주 이용할 수 있도록 공간 계획과 디자인을 실시했다. 분석을 통해 소녀들은 주로 그룹활동을 하며, 앉아서 구경하거나 음악 연주 및 춤추기를 좋아하는 것으로 나타났다. 이를 반영하여 공원에 앉을 수 있는 저지대 플랫폼과 비형식적인 활동을 위한 공간을 마련하였다. 또한 공원 내 모든 구역의 가시성을 높이고, 지속적인 조명과 투명한 디자인을 통해 주관적인 안전감을 높였다.

또한, 빈은 여성들이 야간에 더욱 안전하게 이용할 수 있도록 여러 공원에서 보행자 통로를 확장하고 조명을 개선했다. 이는 여성들이 야간에도 공원을 안전하게 이용하게 하기 위한 것으로, 공원을 통해 이동하는 것이 도로 옆이나 골목길을 걷는 것보다 안전하게 느끼도록 하는 공간환경설계 기법이다. 빈은 이러한 젠더 감수성을 고려한 설계를 통해 공공 공간을 평등하게 만들고 여성과 소녀들이 공원에서 더 많은 시간을 보내고, 공원을 자신의 공간으로 여기며 공원에서 활동적인 삶을 영위하도록 노력하고 있다. 상대적으로 공원 이용이 낮았던 여성과 소녀들이 변화된 공원에서 보다 활발한 활동을 함으로써, 건강한 생활에 기본이 되는 신체 활동이나 사회적 관계가 더욱 증진된다.

■ 스웨덴 우메오시의 젠더 포용적 도시계획

스웨덴에서 우메오(Umeå)시는 1980년대부터 도시 개발 전략에 성평등을 통합하였다. 이 도시의 가장 주목할 만한 이니셔티브는 '젠더화된 랜드스케이프(The Gendered Landscape)'라는 프로젝트로, 이 이니셔티브는 우메오가 모든 성별의 다양한 요구를 고려하여 더 안전하고 포용적인 공공 공간을 만드는 지속적인 노력을 강조한다.

그림 9. 우메오의 프리존 프로젝트
(출처: https://www.makespaceforgirls.co.uk/case-studies/umea)

우메오의 성별 민감한 계획의 주요 요소에는 여성의 요구와 안전을 고려하여 설계된 공간을 제공하는 프리존 공원(Freezone Park)과 남녀 모두에게 동등한 체육 시설 이용 기회를 보장하는 감리아발렌(Gamliavallen) 스포츠 아레나와 같은 프로젝트를 포함한다.

우메오의 '배제를 통한 포용(Inclusion through Exclusion)' 프로젝트는 주로 젊은 소녀들을 대상으로 한 공공 공간 디자인 이니셔티브로, 이 프로젝트는 우메오의 젠더 평등 정책의 일환으로 추진되었다. 공공 공간에서 여성과 소녀들이 자주 경험하는 소외감과 불안을 해결하기 위해 소녀들이 자신들의 요구와 욕구를 자유롭게 표현할 수 있는 공간을 공동으로 설계하는 것을 목표로 진행되었다.

기존의 공공 공간이 주로 남성 중심으로 설계되어 있다는 인식에서 출발하여, 소녀들이 더 안전하고 자신감을 가질 수 있는 공간을 만들고자 하였다. 이와 같이 젠더 특성을 반영함과 동시에 이 프로젝트는 젊은 세대가 도시 공간의 설계 과정에 직접 참여함으로써 시민의 권리와 책임을 느낄 수 있도록 돕고자 하는 교육적 목적도 내포한다.

또한, 우메오의 도시계획 접근 방식에는 성별 분리 데이터 수집이 포함되며, 이를 통해 도시계획가는 젠더를 포함한 다양한 그룹이 직면한 고유한 과제를 이해하고 해결하기 위해 노력한다. 우메오의 노력은 도시계획에서 성평등을 촉진하려는 의지를 반영하며, 여성들이 더 많이 의사결정 과정에 참여할 수 있도록 하고, 모든 주민의 필요를 충족할 수 있도록 도시 공간의 포용성을 향상시키는 것에 중점을 둔다. 이는 결국 다양한 도시 구성원의 특성을 확인하고, 구성원의 직접적인 목소리가 계획에 반영됨으로써 건강도시를 포함한 21세기 도시가 추구하는 방향을 주민으로부터 얻고 반영하는 과정이다.

건강도시를 위한 젠더 포용성 방향

젠더 포용적인 도시는 건강한 도시를 위한 기본적인 접근이다. 젠더를 고려하는 것은 대립되는 개념을 더하는 것이 아니라 포용성을 넓히는 과정이다. 젠더라는 하나의 켜를 추가함으로써 포용성을 확장하고, 보다 정교화된 건강도시, 더 나아가 양질의 도시를 형성할 수 있다. 젠더 포용적 건강도시를 위한 도시설계와 도시계획은 본질적으로 우리가 함께 지향하는, 더 나은 환경을 위한 도시 방향에 부합하며 현대 도시가 추구하는 포용성에 이바지한다.

또한 젠더 포용성을 고려한 건강도시는 궁극적으로 지속가능성과 연결된다. 마난다르 등(Manandhar et al., 2028)은 지속가능한 발전 목표(sustainable development goals, SDGs) 3번(건강)과 5번(성평등)은 다른 글로벌 목표와 상호 작용하는 개념적 틀로 성별과 건강의 세 가지 영역에서의 연관성을 보여준다. 첫째, 성차화된 건강 시스템 반응으로, 이는 공식·비공식적으로 보건 인력에 관한 성평등(SDG 8), 접근 가능한 서비스(SDG 10, 17), 낙인 없는 서비스(SDG 10, 16)를 포함한다. 둘째, 성차화된 건강 행동은 위해물질 노출(SDG 2, 6, 7, 12, 16)과 관련된다. 마지막으로 건강의 사회적 결정 요인에 대한 성차화된 영향이다. 여기에는 교육(SDG 4), 깨끗한 물과 위생(SDG 6), 양질의 일자리와 공정한 고용, 사회적 보호(SDG 8), 지리적 위치(SDG 10, 11), 거버넌스(SDG 16, 17), 거시 경제 정책(SDG 1, 8, 9)이 포함된다. 이러한 요소들은 복합적으로 불평등의 다양한 원인과 관련되며, 궁극적으로 평등한 건강 결과에 이바지한다. SDG의 3번(건강)과 5(젠더)를 넘어서 성평등은 '우리 세계 변화시키기: 지속가능한 발전을 위한 2030 의제'의 핵심 특징이며, 여성과 소녀들의 권리를 실현하고 모든 SDGs의 진전을 촉진하는 데 핵심적인 역할을 한다.

지속가능한 발전 목표와 연계된 젠더 포용적 건강 도시를 구축하기 위해 다음과 같은 방향을 제시할 수 있다.

첫째, 건강한 도시를 만들기 위한 젠더 포용성 관점(gender-inclusive approach)의 필요성이다. 건강도시의 정책 결정자나 도시계획가들이 건강도시를 위해 젠더 관점을 가지고 정책을 마련하고 공간계획을 실행하는 것이 요구된다. 예를 들어 젠더 포용성을 바탕으로 한 건강도시 정책이나 계획에는 공공 공간의 안전성 강화, 여성과 소녀들을 위한 의료 서비스 접근성 개선, 성별에 따른 다양한 건강 요구를 반영하는 프로그램 개발 등이 포함될 수 있다.

둘째, 젠더 기반 분석(gender-based analysis)과 젠더 참여적 계획 과정

(gender participatory planning process)을 통해서 도시 환경을 개선하는 과정이 필수적이다. 이는 젠더와 건강의 상호 연관성을 인정하고, 젠더에 따른 차이를 기반으로 건강도시 환경을 설계하고, 다양한 성별의 요구를 반영한 건강도시에 대한 포괄적인 접근 방식을 의미한다. 이러한 분석과 계획 과정을 통해 더 정교화되고 다양한 이용자에 부합하는 도시의 물리적·사회적 환경을 개선할 수 있으며 이는 궁극적으로 모든 젠더의 도시 내 건강 증진에 기여할 수 있다.

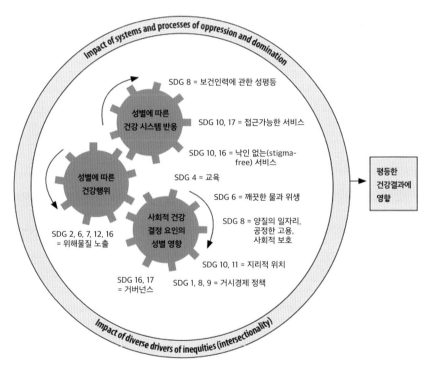

SDG: sustainable development goal

그림 10. SDG 관점에서 건강과 젠더 관계
(출처: https://www.ncbi.nlm.nih.gov/pmc/articles/PMC6154065/pdf/BLT.18.211607.pdf/)

마지막으로, 건강한 도시를 위해 직접적인 젠더 포용적 정책과 시설이 요구된다. 건강도시를 위해서는 모든 젠더가 평등하게 혜택을 받을 수 있도록 공공 공간, 의료 시설, 공공 서비스, 교육 프로그램 등을 제공하는 것이 필요하다. 이를 통해 도시 내 건강과 관련된 환경에서의 젠더 포용성이 증가하고, 모두가 건강하게 생활할 수 있는 도시 환경을 조성할 수 있다.

■ 맺음말

진정한 '건강도시'는 여성, 남성, 어린이, 노인, 장애인 등 다양한 도시 구성원의 특성을 고려하고, 모든 도시민이 더 건강한 환경에서 살아갈 수 있도록 하는 것이다. 건강도시를 위해서는 다양한 인구집단 특성을 고려하는 젠더 포용적 건강도시가 하나의 기반이 된다. 이에 더해 젠더 포용적 접근은 건강도시가 가지는 기본 방향을 공유한다. 안전성이 확보된 공공 공간, 개방된 녹지 공간, 평등한 서비스에 대한 접근성 등 젠더를 포용하는 도시는 모든 사람의 건강한 삶에 기여하는 도시를 만든다. 또한 젠더 포용적 도시환경은 다양한 도시 구성원의 신체 활동, 정신건강, 사회적 관계를 증진해 더 건강하고 살기 좋은 도시로 가는 길이다.

젠더 포용적 건강도시는 오늘날 도시에서 발견되는 성별에 따른 건강 격차를 해소하고, 모든 시민이 평등하게 건강한 삶을 영위할 수 있는 환경을 조성하는 데 기여한다. 젠더에 따른 사회적 역할과 책임은 때때로 건강 관리와 서비스 접근에 성차를 발생시키기도 하므로, 도시 건강에서 젠더에 따라 어려움을 겪기도 한다. 도시화가 가속화되면서 도시 내 건강 문제는 더욱 복잡해지고, 이러한 문제를 해결하기 위해서는 성별에 따른 차이를 이해하고 반영하는 도시계획 및 도시설계가 요구된다.

건강도시를 위한 젠더 포용적 접근은 단순히 성별 간 차이를 인정하는 것을 넘어 젠더에 따른 요구를 반영하여 도시 환경을 개선하는 것을 의미한다. 예를 들어 여성들이 보다 안전하게 공공 공간을 이용할 수 있도록 조명을 개선하거나, 소녀들의 신체 활동을 장려할 수 있는 안전한 녹지 공간을 제공하는 것 등이 포함될 수 있다. 이는 도시건강 문제를 해결하는 데 인구집단에 따른 구체적인 환경 설계를 모색하는 것으로, 이를 통해 다양한 도시 구성원의 건강 증진을 위한 효과적인 환경 설계 방법을 제시한다.

젠더 포용적 접근은 궁극적으로 지속가능한 발전과 연결된다. 건강과 성평등에 기여하는 도시 환경은 시민 모두가 건강에 대한 평등한 기회를 가질 수 있도록 하며, 이는 지속가능한 발전 목표(SDGs) 달성에 이바지한다. 건강한 도시를 조성하는 것은 일치적으로 건강 증진에 도움이 되는 물리적 환경 개선을 넘어 사회적 포용성과 정의를 증진하는 과정으로 이해할 수 있으며, 현세대가 현재와 미래를 위해 공유하고 지향하는 지속가능한 발전의 한 축이 된다.

결국 젠더 포용적 건강도시를 구축하는 것은 모든 시민의 삶의 질을 향상하고, 나아가 사회 전체의 발전과 번영을 이끄는 중요한 전략이자 궁극적 지향점으로 이해할 수 있다. 젠더 포용적 건강도시를 기초로 하여 도시 환경에서의 성별 건강 격차를 해소하고, 모두가 건강한 삶을 영위할 수 있는 포용적인 도시를 만들기 위한 노력은 현재 도시가 나아가야 할 방향이다.

참고
문헌

Cohen, D. A., McKenzie, T. L., Sehgal, A., Williamson, S., Golinelli, D., & Lurie, N. (2007). Contribution of public parks to physical activity. American Journal of Public Health, 97(3), 509-514. https://doi.org/10.2105/AJPH.2005.072447

Duin, D. K., Golbeck, A. L., Keippel, A. E., Ciemins, E., Hanson, H., Neary, T., & Fink, H. (2015). Using gender-based analyses to understand physical inactivity among women in Yellowstone County, Montana. Evaluation and Program Planning, 51, 45-52. https://doi.org/10.1016/j.evalprogplan.2014.12.002

Haynie, D. L., & Gorman, B. K. (1999). A gendered context of opportunity: Determinants of poverty across urban and rural labor markets. The Sociological Quarterly, 40(2), 177-197. https://doi.org/10.1111/j.1533-8525.1999.tb00543.x

Keippel, A. E., Henderson, M. A., Golbeck, A. L., Gallup, T., Duin, D. K., Hayes, S., ... & Ciemins, E. L. (2017). Healthy by design: Using a gender focus to influence complete streets policy. Women's Health Issues, 27, S22-S28. https://doi.org/10.1016/j.whi.2017.07.001

Manandhar, M., Hawkes, S., Buse, K., Nosrati, E., & Magar, V.(2018). Gender, health and the 2030 agenda for sustainable development. Bulletin of the World Health Organization, 96(9), 644. https://doi.org/10.2471/BLT.18.211607

Sadeghi, A. R., Baghi, E. S. M. S., Shams, F., & Jangjoo, S. (2023). Women in a safe and healthy urban environment: Environmental top priorities for the women's presence in urban public spaces. BMC Women's Health, 23(1), 163. https://doi.org/10.1186/s12905-023-02102-3

Schulz, A. J., Williams, D. R., Israel, B. A., & Lempert, L. B. (2002). Racial and spatial relations as fundamental determinants of health in Detroit. The Milbank Quarterly, 80(4), 677-707. https://doi.org/10.1111/1468-0009.00028

Stafford, M., Cummins, S., Macintyre, S., Ellaway, A., & Marmot, M. (2005). Gender differences in the associations between health and neighborhood environment. Social Science & Medicine, 60(8), 1681-1692. https://doi.org/10.1016/j.socscimed.2004.08.028

UN-Habitat. (2020). World Cities Report 2020: The value of sustainable urbanization. United Nations Human Settlements Programme. https://unhabitat.org/wcr/2020/

White Arkitekter. (2023, July 4). Dare to try: Enabling an inclusive skate culture through design at this year's Festival of Place. https://whitearkitekter.com/news/dare-to-try-enabling-an-inclusive-skate-culture-through-design-at-this-years-festival-of-place/

White Arkitekter. (n.d.). Places for girls. https://whitearkitekter.com/project/places-for-girls/

World Health Organization. (2020). Healthy cities effective approach to a rapidly changing world. World Health Organization.

강은정. (2007). 흡연, 음주, 신체활동을 사용한 한국 성인의 건강행태 군집의 분류. 보건사회연구, 27(2), 44-66. "https//doi.org/10.15709/hswr.2007.27.44"https://doi.org/10.15709/hswr.2007.27.44

김영범, 이승희. (2018). 노인의 건강상태, 건강행위, 사회관계가 건강 관련 삶의 질에 미치는 영향: 가구유형별 분석. Journal of Korean Academy of Community Health Nursing, 29(2), 227-238. https://doi.org/10.12799/jkachn.2018.29.2.227

주

1 교차성(intersectionality) 접근은 사람들의 다양한 정체성 요소(예: 성별, 인종, 계급, 성적 지향, 장애 등)가 서로 교차
   하여 그들의 경험과 사회적 위치에 영향을 미친다는 개념.

5

젠더 포용적
모빌리티 사회를 위해

젠더 포용적
모빌리티 사회를 위해

▋ 들어가며

여성과 남성이 공간을 이동하는 패턴은 상당히 다르다. 한 사람에 대한 공간과 공간 간의 이동을 설명하려고 할 때 기본적으로 성별부터 구분하고 접근하는 것도 그 이유이다. 일반적으로 여성은 남성보다 짧은 거리를 이동하지만 이동하는 데 더 많은 시간을 소비하고 다양한 목적의 통행을 더 많이 소화하는 것으로 알려져 있다. 이러한 특성은 여성의 공간상 이동 경로가 남성보다 더 복잡하게 얽혀 있는 상황으로 이어진다.

우리의 일상생활을 관찰해 보면 남성과 여성의 통행이 서로 다름이 쉽게 드러난다. 직장을 가진 여성이라면 출근할 때 아이를 학교·보육 시설에 데려다주면서 직장으로 향하는 경우가 많고, 퇴근할 때는 아이를 픽업하거나 마켓에 들러 장을 보는 등의 추가적인 통행을 하는데 이는 단순히 집에서 직장, 직장에서 집으로 돌아오는 통행과는 거리가 멀다. 여성은 자신만의 통행이 아닌

가족 구성원과의 통행과도 밀접히 연결되어 있음을 나타낸다. 남성 육아휴직의 증가, 남성이 육아에 참여하는 정도, 남성과 여성의 직장 위치 등에 따라 위와 같은 복잡한 통행이 남성에게 치우칠 수도 있고 여성에게 치우칠 수도 있지만, 여성에게 주어진 전통적인 자녀 돌봄의 역할로 인해 통행이 복잡해지고 다양해지는 것에 대해서는 쉽게 고개를 끄덕일 것이다. 여성의 통행이 남성보다 더 복잡함에도 불구하고 여성은 비슷한 통행을 할 때 남성보다 대중교통을 더 많이 이용하는 것으로 알려져 있다.

이와 같이 여성의 이동 수단이 대중교통으로 한정되면 통행의 복잡성은 매우 커지고 힘들어짐을 의미한다. 자신이 원하는 경로를 택하여 운전하는 승용차와는 달리 대중교통을 이용할 때에는 정해진 노선과 운행 스케줄에 따라 이용자의 이동시간이 결정되기 때문이다. 여성과 남성의 이동성과 교통 서비스에 대한 접근은 연령, 사회·경제적 지위, 지역 문화 및 기타 요인에 따라 다르지만, 여성은 평균적으로 남성보다 개인 차량에 대한 접근성이 낮기 때문에 대중교통에 더 의존한다. 더불어 낮은 가구 수입, 거주지, 연령, 사회적 배경 등의 특성은 성별에 따른 통행패턴의 차이를 더욱 심화시킬 수 있다.

이렇게 성별로 인한 통행패턴의 차이는 상식적으로나 통계적으로도 알려진 사실이나 교통 서비스가 여성과 남성의 차이를 충분히 고려해서 이를 서비스 계획이나 운영 시 적극적으로 반영하는 경우는 많지 않다. 단지 버스 정류장에서 여성을 위한 조명을 더 밝게 설치한다든지, 대중교통 수단 내 임산부를 위한 좌석의 사전 배정, 여성 전용 주차면의 제공 등일 뿐이다. 그러나 성별로 차별화된 요구에 부응하는 교통 정책의 수립은 보다 체계적인 접근을 통한 중요한 어젠다로 다루어질 필요가 있다.

국제적으로도 성별은 교통 정책과 계획에서 인식된 문제로 다루어지기 시작했으며, 이러한 이슈가 성별 정책 분야의 의제에 포함되기 시작했음은 이의 중요성을 반증하고 있다. 이는 곧 교통 분야에서 성별의 차이를 이해하고, 차이에 따른 요구를 해결하기 위한 도구를 파악하고, 적절한 정책 프레임워크를 수립하기 위한 구조화된 접근 방식이 필요함을 의미한다. 이를 위해서는 교통 투자 계획과 설계 과정의 각 단계에서 성별의 차이에 의한 대표 집단의 적극적인 참여가 보장되어야 하며 계획과 실행에 도움을 줄 수 있는 정부 기관, NGO, 지역사회 기반 조직, 여성 단체를 파악하고 협의해야 한다.

교통계획은 장래에 발생된 통행이 어디로 가고, 어떠한 수단을 택해서 어떠한 경로를 이용할 것인가를 파악하여 장래에 필요한 교통시설을 계획하는 일련의 절차를 말한다. 일반적으로 한 사람이 통행할 때 혹은 통행하려고 결정할 때 통행이 일어나고, 그 통행이 어디를 향하고, 어떤 수단을 선택하고 그 수단을 선택했을 시 이용할 경로를 택하는 순차적인 결정에 따라 행동하게 된다. 이러한 사람의 순차적 결정을 4단계로 구분(발생, 분포, 수단 선택, 경로 설정)하고 각 단계를 현실과 최대한 근접하게 모사한 모형을 만드는데, 이를 4단계 모형이라고 한다. 4단계 모형의 각 단계의 모델에서 통행은 가장 중요한 요소이다. 그러나 장단기적 계획을 다루는 교통계획의 4단계 모형에서 성별에 의한 젠더 이슈는 아직 충분히 고려되고 있지 않은 실정이다.

이 장에서는 4단계 모형에서 각 단계별로 젠더 이슈가 반영되어야 하는 상황을 파악하고 이를 반영하는 방안을 제시한다. 이를 위해 지금까지 젠더 이슈가 어떻게 반영되어 왔는지에 대한 기존 연구를 살펴볼 필요가 있으며(섹션 2), 이후 4단계 교통계획 모형에서 젠더 이슈를 반영할 방안을 구체적으로 알

아본다(섹션 3). 마지막 섹션 4에서는 결론과 함께 마무리한다.

■ 선행연구

통행은 어느 개인이 한 장소에서 다른 장소로 이동하는 것을 일컫는데, 여기서 개인은 여성과 남성으로 구분되므로 앞서 언급된 남녀 간의 통행 특성의 차이는 교통계획 시 이를 구분해야 하는 근본적인 원인이 된다. 〈그림 1〉은 남녀 간 통행패턴의 차이를 개념적으로 간략하게 보여주고 있다.

다양한 연구에서 성별 통행 특성의 차이를 오랜 역사에 기반한 그들의 사회적 역할로 그 원인을 찾고 있는데 여성은 역사적으로 어머니 역할과 보호자 역할을 맡

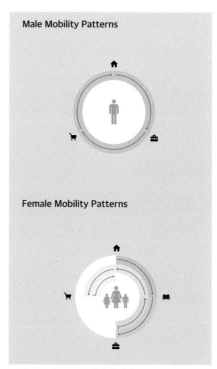

그림 1. 남녀 간 통행패턴의 차이
(출처: Blomstrom et al., 2024a)

아 왔으며 집에 머물도록 기대되어 온 반면에, 남자들은 일하러 나가서 '빵'과 음식, 즉 가정생활을 꾸려가는 데 가장 중요한 '돈'을 벌어오는 존재로 인식되어 왔기 때문이라는 것이다. 물론 이러한 사회적 역할은 현대 사회, 특히 선진

국에서는 여성의 적극적인 노동시장 참여로 많은 변화가 일어났지만, 가사 역할은 그대로 남아 있으며 가사 역할에 대한 분담이 여성의 노동 참여와 같은 속도로 변하지 않았기 때문에 시장에서 공식적으로 노동시장에 참여하는 여성의 수가 더 적은 것이 사실이다.

사회적 역할의 차이는 성별 통행 특성의 차이를 나타나게 하는 근본적인 원인으로 작용하고 있다. 앞서 언급한 바와 같이 여성의 돌보는 사람(caretaker)으로의 역할, 남성에게 편향된 교통수단의 점용 등은 현대 사회에서도 어렵지 않게 관찰되고 있다.

이러한 맥락에서 국가의 발전 정도에 따라 여성의 사회적 위치, 사회 참여의 정도가 다르므로 교통에서의 젠더 이슈는 선진국, 개발도상국, 저개발국 등으로 구분하여 연구되기도 하였으며, 특히 저개발국 여성의 통행에 대해 집중 주명되기도 하였다. 또한 남성과 여성 간의 통행 수단, 특정 지역으로의 접근성에 대한 불균형 이슈, 여성임으로 인해 겪는 통행의 불편함 등으로도 접근되기도 한다. 이어질 단락에서는 모빌리티 측면에서 국가별 젠더 이슈의 차이, 성별 접근성, 여성에 연관된 통행의 불편함으로 구분하여 기존 연구를 정리한다.

국가 간 통행 관련 젠더 이슈에 대한 인식 차이

통행에 대한 국가별 젠더 이슈에 차이가 발생하는 원인은 개발 정도에 따라 여성이 노동시장에 참여하는 정도가 다르고, 여성과 남성의 사회적 차별의 정도가 국가별로 다르게 나타나기 때문이다. 이어질 단락에서는 주로 저개발 국가를 대상으로 통행 관련 젠더 이슈를 집중 조명한다.

라틴 아메리카에서 젠더 연구는 주로 폭력, 괴롭힘 문제, 불평등한 노동 조건을 조사했다. 이들 국가에서 여성은 대중교통 이용 시 이용객이 많은 혼잡한 시간대에 가장 불안감을 느끼고, 괴롭힘을 당하고 있는 실정이다. 이 때문에 여성들은 통행에 연관된 비용과 시간에 더불어 개인 보안, 안전, 위험 등을 더 신경 쓰고 있으며 그 민감도는 남성들보다 높다. 돕스(Dobbs, 2005)는 여성들이 버스 정류장과 역을 '위협적'이라고 인식하고, 대중교통을 이용할 때마다 적대적인 환경에 놓여 있음을 느낀다고 조사한 바 있다. 라틴 아메리카의 여러 도시(멕시코와 과테말라)에서는 차내 성희롱을 줄이기 위해 전용 버스 서비스를 제공하는 등의 조치를 취하고 있다. 이러한 여성 전용 공간은 일본, 이집트, 인도, 두바이 등에서도 지하철이나 버스에서도 제공되고 있다.

사하라 이남 아프리카의 모든 국가에서 남성은 여성보다 교통수단을 소유

그림 2. 일본의 대중교통 수단의 여성 전용칸
(출처: The Telegraph. 2024)

하고 이용하는 비율이 더 높다. 여성은 차량을 소유할 가능성이 낮아 더 많이 걸어야 하고, 대중교통이나 자전거를 이용해야 함을 의미한다. 개인용 자동차 이용의 경우 남성과 여성의 차이가 특히 큰데, 남성은 도시 지역에서 여성에 비해 약 2배(30% 대 15%), 농촌 지역에서는 3배(13% 대 4%) 더 높은 것으로 조사되었다(Transport Africa, 2024).

아프리카의 많은 지역에서 여성은 남성보다 자동차를 소유할 가능성이 낮으며, 일반적으로 여성은 남성보다 교통수단에 대한 접근성이 훨씬 낮은 것으로 나타났다. 이로 인해 사하라 이남 아프리카 전역에서 여성은 남성보다 더 많이 걷고, 보행자 인구의 많은 부분을 차지한다. 이 지역의 거의 모든 국가에서 여성은 남성보다 도보를 주요 교통수단으로 이용하는 경향이 있는데 쇼핑이나 아이를 학교에 데려가는 등 돌봄 활동 시 마땅한 교통수단이 없기 때문이다.

성별 접근성의 불균형은 여성의 기회 접근을 제한한다. 아프리카 여성들은 통행하는 데 힘든 시간을 보내는 것이 사실이다. 여성은 남성보다 장거리를 더 많이 걷고, 교통수단을 이용하는 데 제한적이며 더 많은 시간을 소비하고 있다. 이는 생계를 유지하거나 학교에 다니는 것과 같은 중요한 일에 사용할 수 있는 시간이 줄어든다는 것을 의미한다.

성별 접근성

교통 접근성이란 좁은 의미에서는 한 통행자가 출발지에서 이용 가능한 교통수단으로의 접근의 쉽고 어려움을 나타내기도 하고 넓은 의미에서는 다른 공간, 혹은 다른 사람들과 상호 작용을 위한 잠재적인 기회, 특정 교통 시스템이 제공하는 전반적인 이점으로 보기도 한다.

이러한 측면에서 콜롬비아 보고타의 성별 접근성을 분석한 결과 유사한 사회·경제적 배경을 가진 남성과 여성 사이에는 교통 접근성에 차이가 있음을, 이러한 차이로 인해 여성은 직업에 대한 교통 접근성이 낮다는 결론을 얻었다. 이러한 성별 접근성 차이는 저소득자와 같은 사회·경제적으로 낮은 계층에서 더욱 두드러진다.

여성에 연관된 통행의 불편함

차량 탑승 시 어린 아이, 유모차, 짐을 들고 타는 경우가 많이 발생하는 여성들은 대중교통을 통해 쉽고 편리하게 이동할 수 있는 여건이 제한되는 경우가 발생한다. 대중교통 수단 내에 유모차 보관 공간이 항상 보장되는 것은 아니며, 이로 인해 짐을 차량에 반입하고 편리하게 보관하기가 어려운 것이 현실이다.

연석이 높아 유모차와 어린이의 이동을 방해하는 버스 정류장이나 기차 플랫폼의 계단과 같이 일부 역과 플랫폼의 장애물로 인해 여성들은 버스나 기차에 대한 접근성(좁은 의미의 접근성)이 저하된다.

이스라엘의 경우 여성들은 어두워진 후에 대중교통을 덜 이용한다. 주거 지역 밖, 외딴 동네, 빈 주차장에 있는 버스 정류장을 이용해야 할 때 어떠한 버스를 선택할지, 언제 이용할지와 같은 버스 이용 방법과 시기에 대한 여성의 결정이 제한된다.

그림 3. 유모차 등의 짐을 들고 타는 여성의 대중교통 이용의 어려움

(출처: Blomstrom et al. 2024b)

■ 장래 교통 수요 예측과 젠더 이슈

교통계획은 사람들이 어떻게 통행할 것인지를 예측하여 향후 그러한 통행을 원활히 처리하기 위해 다양한 교통시설에 대한 공급 계획을 마련하는 분야이다. 장래의 통행에 대한 예측을 기반으로 다양한 교통시설, 예를 들면 공항, 도로, 철도, 항만 등에 대한 건설의 필요성을 일련의 계획에 담아내는 분야이다. 우리가 일상생활에서 쉽게 접하는 다양한 교통시설, 철도(지하철, GTX, 고속철노 등), 공항, 노도, 버스 정뷰장 능은 모두 이러한 계획 절차를 통해 건설되었고, 우리가 뉴스에서 접하는 앞으로 건설될 다양한 교통 시설(GTX-A 외다른 GTX 노선, 서울~세종 간 고속도로, 가덕도 신공항 등) 또한 교통계획의 절차를 통해 그 타당성이 인정되고 구체적 사업으로 진행되는 시설이다.

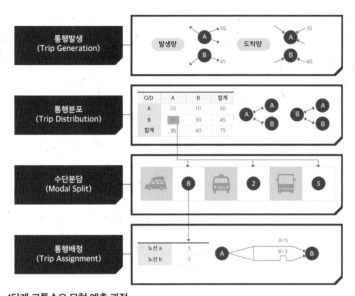

그림 4. 4단계 교통수요 모형 예측 과정
(출처: https://www.ktdb.go.kr/www/contents.do?key=23, 2024. 1.13. 접속)

적게는 수천억 원에서 많게는 수조 원이 소요되는 교통시설의 사업비로 인해 교통계획에서 가장 중요한 부분은 장래에 얼마나 많은 통행이 어떻게 이동할 것인가를 예측하는 것이다. 잘못된 교통수요 예측은 과대한 혹은 필요 없는 교통시설의 건설을 초래하고 이는 곧 사업비의 과다 투자로 정부 예산의 낭비를 야기한다. 이렇게 장래에 나타날 통행에 대한 예상을 하는 과정을 교통수요 예측이라고 한다. 교통수요 예측은 교통계획에서 매우 중요한 부분을 차지한다.

교통수요 예측은 순차적 교통수요 모형인 4단계 모형을 사용하여 수행되는데, 통행자의 통행에 대한 의사결정이 순차적 선택 과정을 거쳐 일어난다고 가정하여 장래 교통수요를 예측한다. 4단계 모형은 통행발생→통행분포→수단선택→통행배정으로 구성된다. 각 단계의 이름이 말해주듯 통행에 대한 결정은 통행을 할지 말지를 결정하는 통행발생, 어디로 무엇을 타고 갈 것인지를 결정하는 통행분포, 수단선택, 여기까지 결정되었다면 어떤 경로를 택할지를 결정하는 통행배정으로 이루어진다는 통행에 대한 직관적인 결정에 기반을 두고 있다. 이어지는 단락에서는 각 단계에 대한 좀더 자세한 설명과 해당 단계에서 젠더 이슈가 어떻게 반영되고 있는지에 대한 현황에 대해 설명한다.

교통 수요 예측과 젠더 이슈 반영 현황

첫 번째 단계인 통행발생부터 알아보자. 통행발생은 말 그대로 특정 지역에 얼마만큼의 통행이 발생하는가를 예측하는 과정이다. 지금까지는 한 사람에 대한 통행에 대해 예를 들었지만, 이를 한 사람만이 아닌 특정 지역에 사는 사람들의 통행을 한꺼번에 처리하는 것이다. 통행발생 과정에서는 장래에 발생할 총량만을 예측하는 것이지, 어디로 가는가에 대해서는 고려하지 않는다(이는 이후 단계에서 고려되므로 여기서는 통행의 발생에만 중점적으로 다룬다).

통행의 발생(통행량)은 당연히 사람이 일으키는 것이므로 사람, 즉 인구가 얼마나 많은가에 영향을 받는다. 인구도 통행량을 예측하는 데 좋은 자료이지만, 특정 지역의 취업자 수, 종사자 수, 수용학생 수 등으로 특정할 경우 더욱 정확한 추정을 할 수 있다. 예를 들면 어느 학교의 학생 수를 알면 그 학교에서 발생하는 등하교 목적의 통행을 거의 정확하게 추정할 수 있다. 이러한 특성을 반영한 통행발생에 대한 정의는 다음과 같다. 통행발생(trip generation)은 인구, 종사자 수와 같은 사회·경제지표를 이용하여 어느 한 교통존에서 발생하는 통행의 발생량(trip production)과 도착량(trip attraction)을 추정하는 단계이다.

특히, 장래 인구는 장래 교통수요 예측에 활용되는 가장 중요한 기초자료로서 장래 통행량에 큰 영향을 미친다(한국교통연구원 2017, 205). 〈표 1〉에서는 회귀분석을 통해 통행발생 모형을 수립했을 경우 각 목적별로 통행발생에 유의한 영향을 미치는 변수를 정리한 것이다. 즉 각 목적에 맞는 통행발생량을 예측하기 위해 표에 정리된 변수를 활용하여야 함을 의미한다. 여기서 회귀분석이란 관심이 있는 변수(통행발생량)와 이를 설명하는 변수(인구, 종사자 수 등) 간의 관계를 방정식 형태로 나타낸 것으로 사회과학, 통계학 등에서 매우 기초적으로 활용되는 분석 모형이다.

〈표 1〉에 의하면 통행발생이 목적별로 다르게 추정된다는 사실을 알 수 있다. 출근 목적의 통행의 경우 지역에 상관없이 '취업자 수'가 통행발생량 예측을 위한 회귀분석 모형의 유의한 변수로 활용되고 있다.

〈표 1〉에 따르면 수도권 및 지방 5대 권역의 원단위 변수 및 기타지역 독립변수에서 출근 목적의 통행발생을 위해 취업자 수를 활용하는 것을 알 수 있다. 취업자 수의 경우 성별 차이를 반영하고 있는데, 특정 지역의 인구를 성별·연령별 그룹으로 구분하고, 각 그룹별 취업률을 조사하여 이 값에 인구를 곱하는 방식으로 취업자 수를 예측한다. 여기서 여성의 취업률 최대치는 남성 취업률의 95%로 가정하고 있다(한국교통연구원, 2017, 34).

통행발생 과정의 최종 결과물은 〈그림 5〉 같은 표 형태인데, 이를 보통 Origin/Destination(O/D) 매트릭스라고 한다. 그림에 의하면 'Origin'과 'Destination'이 번호로 구분되어 있는데, 이는 분석의 기본 공간 단위로 교통분석존(Transporation Analysis Zone, TAZ)이라고 한다. 예를 들면 서울시를 각

표 1. 지역별 통행발생 모형의 독립변수 선정 결과

구분	수도권 및 지방 지방 5대 권역의 원단위 변수		기타지역 독립변수	
	발생	도착	발생	도착
출근	취업자수	총 종사자수	취업자수	총 종사자수
등교	5~24세 인구	초중고 수용학생수	5~24세 인구	초중고 수용학생수, 대학생수
업무	총 종사자수	총 종사자수	총종사자수	총 종사자수
쇼핑	총인구	총 종사자수	15세 이상 인구	15세 이상 인구
귀가	총인구	총인구	총인구	총인구
여가	총인구	총인구	총인구	총인구
기타	총인구	총 종사자수	총인구	총인구

(출처 : 한국교통연구원(2017, 235-236)을 참고하여 일부 편집)

구로 구분하여 각 구를 하나의 교통분석존으로 설정하면, 하나의 구는 하나의 번호에 할당되는 것이다. O/D 매트릭스는 각 존에서 발생하는 통행의 발생과 통행의 도착의 총량을 테이블을 만들어 표시한 것인데, 통행발생에서는 〈그림 5〉 같이 존에서 생성된 총 발생량과 존으로 향하는 총도착량을 예측하여 해당 셀을 채우게 된다.

통행발생이 완료되면 이를 각 존으로 할당하는 단계에 이르는데, 이를 통행분포(trip distribution)라고 한다. 통행분포는 통행발생량과 도착량을 공간상에 배분하는 단계이다. 개개인의 통행으로 말하자면, 통행을 결심한 어느 한 사람이 어디로 갈 것인가를 결정하는 단계이다. 물론 개개인의 통행으로 본다면 통행을 결심함과 동시에 어디로 가는가를 결정하겠지만, 분석의 용이성 등

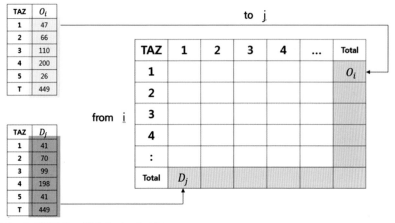

그림 5. 총 통행발생, 도착량과 O/D 매트릭스

으로 인해 이렇게 구분하는 것이다.

이 단계에서는 각 존에서 발생된 통행이 각기 다른 존으로 얼마나 이동하는가를 예측하는 단계인데, O/D 매트릭스에서는 〈그림 6〉 같이 안쪽 셀을 채우는 단계로 설명된다. 가장 기본적으로 적용되는 통행분포의 원리는 통행거리가 가까울수록 통행을 많이 한다는 것이고 멀수록 통행이 적다는 것이다. 이를 반증하듯이 통행 거리에 따른 통행량을 표현한 통행 거리 빈도 그래프(Trip Length Frequency Graph, TLFG)는 〈그림 7〉 같이 우하향하는 곡선의 모양이다.

TLFG의 가로축은 거리, 세로축은 통행량이다. 이 곡선의 모양이 우하향함은 거리가 늘어날수록 통행량이 줄어든다는 의미이다. 예를 들면 서울의 종로구에서 발생한 총 통행량이 1,000 통행/하루,이라면 이들이 가까운 서대문구나 동대문구로는 많이 통행하지만 부산으로는 통행이 많지 않을 것이다. 이러

to j

	TAZ	1	2	3	4	5	Total
from i	1	10	5	18	8	6	47
	2	8	17	6	31	4	66
	3	10	12	24	59	5	110
	4	11	30	39	96	24	200
	5	2	6	12	4	2	26
	Total	41	70	99	198	41	449

그림 6. O/D 매트릭스에 표현되는 통행분포

한 통행의 일반적 행태를 모방하여 통행분포를 하게 된다.

전술하였듯이 여성의 통행은 복잡하고 남성보다 더 긴 것이 특징이나 현재 우리나라에서 공식적으로 O/D 매트릭스를 생성, 배포하는 국가교통DB에서는 통행분포 과정에서 성별 특성을 반영하고 있지는 않다.

수단선택(mode choice) 과정에서는 지금까지 예측된 통행량이 선택 가능한 교통수단으로 분리되는 과정이다. 통행을 결심하고, 어디로 갈지 결정한 사람이 어떠한 수단을 선택할 지를 모형화하는 과정이다. 그림으로 표현하자면 〈그림 6〉의 O/D 매트릭스가 각 수단으로 분리되는 과정이다. 교통수단은 주로 승용차와 같은 개인교통수단과 대중교통수단으로 나눌 수 있으며, 우리나라에서는 주로 개인교통수단, 버스, 지하철, 철도(일반, 고속) 정도로 교통수단을 구분하고 있다. 수단선택 모형의 구축은 효용이론을 바탕으로 하는 확률선택모형의 하나인 다항 로짓 모형이 자주 활용되는데, 통행에 의한 효용은 각

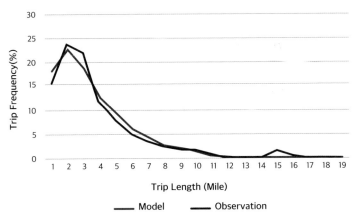

그림 7. 통행 거리 빈도 그래프
(출처: TFResource, 2024)

수단의 통행시간과 통행비용으로 정의된다. 통행시간과 통행비용은 성별로 차이가 발생하는 것은 아니므로 수단선택 단계에서 성별 차이를 고려한 모형은 흔히 발견되지는 않는다.

마지막 단계인 통행배정(traffic assignment)은 정해진 목적지로 어떠한 경로를 이용할지 예측하는 단계이다. 우리가 흔히 활용하는 스마트폰의 내비게이션 앱에서 경로를 탐색하여 알려주듯이, 특정 출발지에서 목적지까지 얼마의 통행이 장래에 어떠한 경로를 활용하지를 예측하는 단계이다. 앞서 수단선택 단계의 최종 결과물인 각 수단별 O/D 매트릭스 내 하나하나의 셀에 있는 통행량이 이제야 공간상의 네트워크와 만나 어느 길을 이용하여 목적지까지 갈 것인가를 결정하는 것이다. 수단선택 단계에서 승용차로 구분된 O/D 매트릭스는 승용차가 다니는 길, 즉 도로 네트워크에서 경로를 찾게 될 것이고, 대중교통수단으로 구분된 O/D 매트릭스는 대중교통 네트워크에서 경로를 찾

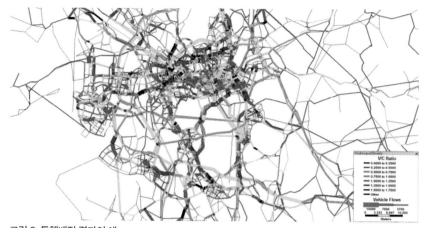

그림 8. 통행배정 결과의 예
(출처: 김형철(2015) 충남 교통수요분석 DB 구축 및 활용 방안)

아야 할 것이다.

그렇다면 특정 경로를 선택하는 일반적인 기준은 무엇일까? 아마도 사람들은 자신의 통행시간을 가장 짧게 만드는 경로를 택할 것이다. 일반적으로 통행자는 자신의 통행시간을 최대한 적게 소요하는 경로를 택하는데, 모형 또한 이러한 룰을 반영하여 경로를 결정한다. 〈그림 8〉은 통행배정의 예를 보여준다. 교통수요 예측의 4단계 과정을 거치면 〈그림 8〉 같은 최종 결과물을 얻게 되는데, 이를 통해 어느 구간이 혼잡하고 어느 구간이 혼잡하지 않은지 한눈에 알 수 있다. 도로의 신설, 도로의 확장이 필요한 구간을 쉽게 가늠할 수 있음을 의미한다.

대중교통수단을 위한 통행배정은 배정되는 대상이 승용차와 같은 수단이 아니라 통행자를 직접 통행배정한다는 점, 버스·철도와 같이 일정한 노선과 스케줄이 있는 대중교통수단의 경로에만 통행배정이 된다는 점이 개인교통

수단을 위한 통행배정과는 다르다.

■ 젠더포용적 모빌리티를 위한 젠더 이슈의 고려

통행발생, 분포 과정

여성의 통행이 남성보다 복잡하고, 개인교통수단보다는 대중교통수단을 더 많이 선택한다는 통행 특성을 반영하기 위해서는 통행발생, 분포 과정에서 성별로 구분된 접근을 하는 것이 합리적일 것이다. 이 경우 성별을 고려하지 않고 통행발생량을 추정하는 현재의 방법과 어떠한 차이가 발생하고, 성별을 고려한 방법이 어떠한 이슈를 발생시킬 수 있는가에 대한 문제점을 먼저 파악하고 이를 해결할 수 있는 방법을 제시하고자 한다.

먼저 통행발생 단계에서부터 남녀를 구분하였을 경우 이후 추정 단계에서 어떠한 영향을 미치는가를 살펴보아야 한다. 통행발생 단계에서 남녀 구분을 하면 분포의 과정까지 남녀 구분을 하지 않은 경우보다 더 현실을 반영한 O/D 매트릭스 구축이 가능해질 것으로 판단된다. 〈표 1〉에 따르면 통행발생 단계에서 각 통행 목적, 출근, 등교, 업무, 쇼핑, 귀가, 여가, 기타에 대해 취업자 수, 5~24세 인구, 총 종사자 수, 이하 모두 총인구로 원단위 변수를 활용하고 있다. 이 변수가 남녀를 구분했을 시 남녀별로 구분된 취업자 수, 5~24세 인구, 총 종사자 수, 총 인구로 구분된다면 남녀의 차이에 의해 통행발생량의 차이를 반영할 수 있으므로 현실 반영력이 높아질 수 있다.

예를 들면 여성 교사가 압도적으로 많은 초등학교와 같이 성별 취업자 수가 확연히 다른 시설에서 발생하는 통행량을 훨씬 더 정확히 예측할 수 있음을 의미한다. 단순히 성별이 구분되지 않은 취업자 수와 남녀가 구분된 취업자 수를 활용하면 위와 같은 초등학교에서의 발생량 추정은 확연히 다를 것이다. 이렇게 성별로 추정된 O/D 매트릭스는 통행분포에도 구분해 수행될 수 있다. 특히, 여성만의 통행은 그들의 복잡한 통행도 반영할 기회가 생성되기 때문에 통행분포의 정확성 또한 제고될 수 있다.

수단선택 과정

통행발생, 분포 과정에서 남녀를 구분하는 것은 해당 단계에서 계량되는 단위가 한 사람에 의해 수행되는 통행이므로 이에 대한 남녀 구분은 해당 단계의 결과물인 O/D 매트릭스에 아무런 가공과정 없이 그대로 반영된다. 즉, 남성에 의해 발생된 통행, 여성에 의해 발생된 통행이 O/D 매트릭스에 각각 따로 반영되어 현실 반영력이 증가한다.

수단선택의 과정에서는 남녀로 구분된 O/D 매트릭스를 단순히 합친 후 기존의 수단선택 모형을 적용하는 방안이 있고, 두 번째는 남녀로 구분된 O/D 매트릭스를 수단선택 모형에 적용할 때 따로 적용하는 방안이다. 첫 번째 방안은 그 방법이 간단하다는 장점이 있으나, 지금까지 분석된 남녀의 통행발생의 차이는 무시되고, 다만 통행분포의 남녀 차이가 부분적으로 반영될 뿐이다. 또한 이후 단계인 통행배정을 위한 O/D 매트릭스는 남녀의 구분이 없어진다. 반면 두 번째 방식은 지금까지의 남녀 구분을 살릴 수 있고, 이후의 단계에서도 남녀의 차이가 계속 유지된다.

일라히 등(Illahi el al. 2023)은 아래와 같이 RP(Revealed Preference)와 SP

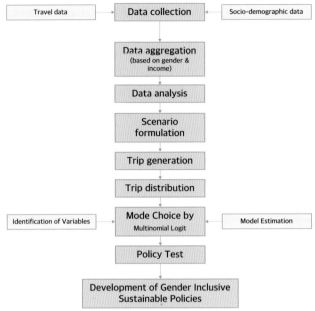

그림 9. 남녀 간 수단선택을 고려한 수단선택 모형 개발 흐름
(출처: Illahi el al., 2023)

(Stated Preference) 조사 자료를 통해 남녀 간 수단선택 모형을 구축한 후 다양한 교통 정책의 효과를 테스트하였다. 일라히 등의 연구 목적은 남녀 간 수단선택 모형을 구축하고 이를 통해 교통 정책의 효과를 분석하는 툴을 개발하는 것으로, 최종 결과물은 〈그림 9〉의 맨 아래 부분에 나타난 바와 같이 성별 포용적 지속 가능한 교통 정책이다.

통행배정 과정

마지막 단계인 통행배정 과정은 O/D 매트릭스가 남녀로 구분되었다는 가정 아래 기술한다. 통행배정은 전술하였듯이 통행자가 목적지까지 가는 경로를 예측하는 단계이다. 이 단계에서는 크게 개인교통수단 통행배정과 대중교통수단 통행배정으로 나뉘는데, 개인교통수단 통행배정의 경우 남녀로 구분된 O/D 매트릭스를 합친 후 재차 인원을 적용하여 통행배정을 수행한다. 두 O/D 매트릭스를 합치지 않을 경우 남자 혹은 여자로만 구성된 승용차 통행이 구성되는 것이므로 통행행태적으로 합리적이지 못하다.

개인교통수단, 즉 승용차와 대중교통수단으로 구분하여 적용하는 이유는 승용차의 경로 선정에 이용되는 네트워크와 대중교통수단 이용자의 경로 선정에 이용되는 네트워크가 다르기 때문이다. 즉 승용차 운전자는 도로 네트워크에서 경로를 찾을 것이고, 대중 교통이용자는 대중 교통노선으로만 구성된 네트워크에서 목적지로 가는 경로를 찾을 것이기 때문이다. 예를 들면 마을버스를 타고 지하철역에 가서 최종 목적지에 도달하는 과정은 대중교통 노선의 집합(네트워크)인 것이다.

대중교통수단 통행배정은 특별한 절차가 마련되어야 한다. 승용차와 같은 개인교통수단은 통행배정의 대상이 승용차라는 수단이므로 두 O/D 매트릭스를 합쳐야 행태적으로 합리성이 유지된다. 그러나 대중교통 통행배정은 남녀로 구분된 통행을 대중교통 네트워크에 통행배정을 해야 남녀 차이에 의한 통행 특성을 살릴 수 있는 장점을 유지할 수 있다. 예를 들면 여성은 남성보다 차내 혼잡이나 요금의 변화에 더욱 탄력적으로 반응하는 특성을 반영해야 성별로 구분된 O/D 매트릭스 개발의 장점을 살릴 수 있다.

이를 위해 스케줄 기반 통행배정(Schedule Based Transit Assignment) 기법의 활용을 제시한다. 스케줄 기반 통행배정은 차량 단위 통행배정이라고도 하는데 원래 역 도착시간이 잘 지켜지는(정시성이 높은) 철도 운영(train operation)

을 표현하기 위해 개발되었으나 다양한 장점으로 그 적용성을 넓혀가고 있다. 스케줄 기반 통행배정은 차량 단위로 표현된 대중교통 네트워크에서 차량 단위의 통행배정을 가능하게 한다. 이러한 장점은 기존의 대중교통 통행배정 방식보다 더 많은 정보를 제공하는데, 특히 차량의 승차 인원뿐만 아니라 승차 인원의 남녀 구분을 가능하게 하여 젠더 이슈를 반영하는 데 매우 적합하다.

〈그림 10〉은 대중교통 시스템을 표현하는 두 가지 방식을 비교한 것이다. 〈그림 10〉a는 노선을 통해 대중교통 시스템을 표현하고, 〈그림 10〉b는 노선을 운영하는 차량의 운행으로 세분화하여 대중교통 시스템을 표현하고 있다. 〈그림 10〉a는 단순히 노선의 경로와 해당 경로를 운행하는 노선의 배차 간격만으로 시스템을 표현하여 단순성, 많은 데이터가 필요하지 않음으로 인해 매우 자주 활용되고 있다. 그러나 노선은 〈그림 10〉b와 같이 각 차량의 운행으로 세분화해 표현될 수 있다. 〈그림 10〉a의 빨간 노선이 〈그림 10〉b의 세 차량운행(9:00 출발, 9:15 출발, 9:30 출발)로 세분화해 표현되고 있다. 이는 곧 노선에 의한 표현방법 〈그림 10〉a가 얼마나 많은 정보를 단순화했는지를 알 수 있다. 반면 차량 단위로 노선을 세분화하여 표현하면 각 차량의 운행 단위로 차량 내 인원수를 파악할 수 있는 장점이 있으며, 이것이 제공하는 장점을 통해 남녀가 대중교통 차량 내에서 느끼는 불편함 등을 차별적으로 반영할 수 있는 계기를 마련해 준다.

또한, 앞서 언급한 두 번째 장점은 통행배정의 진화에 기여한 다양한 기법들의 발전과 그 궤를 같이할 수 있음을 의미한다. 즉 통행배정을 위해 개발된 다양한 방법론을 거의 예외 없이 적용할 수 있다는 것이다.

예를 들면, 트럭과 일반 승용차 간의 운행 특성이 다른 것을 반영하기 위해

대중교통 시스템 표현방법
- 노선, 배차간격, 통행시간

도착점

출발점 기·종점 수요 : 60명

15분 간격
통행시간 : 15분

10분 간격
통행시간 : 20분

30분 간격
통행시간 : 10분

정류장 1

a. 노선 기반 통행배정 기법에서의 대중교통 시스템의 표현

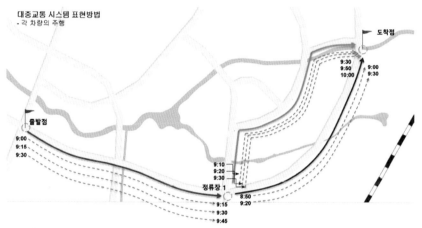

대중교통 시스템 표현방법
- 각 차량의 주행

도착점

출발점

9:00
9:15
9:30

9:30
9:50
10:00

9:00
9:30

9:10
9:20
9:30

정류장 1

8:50
9:20

9:15
9:30
9:45

b. 스케줄 기반 통행배정 기법에서의 대중교통 시스템의 표현

그림 10. 대중교통 통행배정 기법의 차이

개발된 다중이용자 통행배정 기법(multi-class assignment) 등이 대중교통 통행
배정에도 적용될 수 있다. 젠더 이슈는 승용차와 트럭을 구분하듯이 남녀를 각
기 다른 O/D 매트릭스로 구분하여 다중이용자 통행배정을 수행할 수 있음을
의미한다.

▪ 맺음말

지금까지 4단계 교통 수요 추정 모형에서 젠더 이슈를 반영하고 있는 실태를 알아보고, 젠더 이슈를 반영할 수 있는 방안에 대해 알아보았다. 현재 4단계 교통 수요 추정법에서는 통행발생 단계에서 발생량의 남녀 차이를 반영하기 위해 젠더 이슈가 고려되고 있으나, 그 외 단계에서는 반영되지 않고 있다.

이 장에서는 젠더 이슈를 반영하기 위한 각 단계별 개선 사항에 대해 알아보았다. 요약하면, 통행발생과 분포에서 남녀별로 추정하는 것은 모형의 현실 반영력을 높일 것으로 판단되며, 이후 수단선택과 통행배정 단계에서 성별로 구분된 O/D 매트릭스를 활용하면 남녀의 행태적 차이를 반영하는 수요 추정이 가능할 것이다. 다만, 가장 마지막 단계인 통행배정 단계에서 남녀 차이를 반영하기 위한 스케줄 기반 통행배정 기법이 아직 활성화되지 않아 현실 적용의 어려움이 따르나, 이는 모형의 개선을 위해 한 걸음 더 나아가는 단계인 만큼 필요한 노력이라고 본다.

참고
문헌

Gaunt, R. (2013). Ambivalent sexism and perceptions of men and women who violate gendered family roles. Community, Work & Family, Vol. 16, No. 4.

Transport Africa, WOMEN AND TRANSPORTATION IN AFRICA. https://www.transportafrica.org/women-and-transportation-in-africa/ accessed January. 2024

Hasson Y., and Polevoy M., 2011. Gender Equality Initiatives in Transportation Policy: A Review of the Literature. Heinrich Boell Stiftung, European Union, Hadassah Foundation

Hansen, W. (1959). How accessibility shapes land use. Journal of American Institute of Planners, 25 (1), 73-76.

Dalvi, M. a. (1976). The measurement of accessibility: some preliminary results. Transportation, 5, 17-42.

Ben-Akiva, M., & Lerman, S. (1979). Disaggregate travel and mobility choice models and measures of accessibility. In D. a. Hensher, Behavioral Travel. London: Croom Helm.

한국교통연구원. 2017. 전국 여객 O/D 전수화 및 장래수요 예측. 세종: 한국교통연구원

TFResource, Destination Choice: Calibration and Validation, https://tfresource.org/topics/Destination_Choice_Calibration_and_Validation.html, accessed January. 2024

김형철, 2015. 충남 교통수요분석 DB 구축및 활용 방안. 충남연구원

Zhang, Y., Lam, W.H.K., Sumalee, A. et al. The multi-class schedule-based transit assignment model under network uncertainties. Public Transp 2, 69-86 (2010). https://doi.org/10.1007/s12469-010-0027-4

Blomstrom et al. (2024a), Access and Gender, Access for all series policies for inclusive TOD. Institute for Transportation & Development Policy. page 5.https://wedo.org/wp-content/uploads/2018/05/access_for_all_series_FINAL-FOR-WEBSITE.pdf accessed January. 2024

Blomstrom et al. (2024b), Access and Gender, Access for all series policies for inclusive TOD. Institute for Transportation & Development Policy. page 15. https://wedo.org/wp-content/uploads/2018/05/access_for_all_series_FINAL-FOR-WEBSITE.pdf accessed January. 2024

The Telegraph. (2015). These countries tried women-only transport. Here's what happened. https://www.telegraph.co.uk/women/womens-life/11824962/Women-only-trains-and-transport-How-they-work-around-the-world.html accessed January. 2024

Nguyen, W.-S.; Acker, A. Understanding Urban Travel Behaviour by Gender for Efficient and Equitable Transport Policies. Available online: https://www.itf-oecd.org/understanding-urban-travel-behaviour-gender-efficient-and-equitable-transport-policies (accessed January. 2024).

Loukaitou-Sideris, A.; Ceccato, V. Sexual violence in transit environments: Aims, scope, and context. In Transit Crime and Sexual Violence in Cities, 1st ed.; Routledge: Oxfordshire, UK, 2020; pp. 3-11.

Eurobarometer, F. Attitudes of Europeans towards Tourism. Available online: https://europa.eu/eurobarometer/surveys/detail/2283 (accessed January. 2024).

Illahi, U., Subramanian, G.H., Verma, A. (2023). Choice Modelling-Based Policy

Lynn Dobbs (2005) Wedded to the car: women, employment and the importance of private transport, Transport Policy, Volume 12, Issue 3, pp. 266-278.

6

스마트시티는
얼마나 양성평등한가?

스마트시티는
얼마나 양성평등한가?

▮ 양성평등한 스마트시티는 왜 필요한가?

스마트시티는 전 세계적으로 차세대 경제 성장 동력일 뿐만 아니라 기후변화, 세계 인구 증가, 환경 악화, 에너지원 고갈과 관련된 글로벌 문제를 개선하기 위한 중요한 수단으로도 인식되고 있다. 2000년대부터 스마트시티는 데이터 기반 정보통신기술로 효율적이고 시민들에게 높은 삶의 질을 제공하는 지속가능한 도시의 글로벌 성장 모델로 주목받기 시작하였다(Cocchia 2014, 임서환 2024). 당시 급속한 도시화로 많은 도시들은 다양하고 복잡한 도시 문제를 해결하는 데 한계에 부딪혔다(IBM 2009, UK Department for Business Innovation & Skills 2013). 도시 문제로는 교통 혼잡, 비효율적인 도시 서비스, 기후변화에 따른 자연재해에 대한 취약성, 급증하는 인구, 감소하는 도시 경쟁력 등을 들 수 있다.

스마트시티는 실시간 수집된 도시 데이터를 처리하고 활용하여 추가 비용이나 공사 없이도 존재하는 도시 인프라를 최적화할 수 있는 정보통신기술의 통합 모델이다. 따라서 전통적인 도시 관리 방법으로 어려움을 겪는 수많은 국가와 지자체 들은 스마트시티에 주목하기 시작하였고 앞다투어 스마트시티의 기술중심적 비전을 스스럼없이 받아들였다.

정부 차원에서만 아니라 세계 최대 기업들도 스마트시티에 인공지능을 접목하여 도시의 에너지와 효율성을 높일 방법을 찾고 있다. 지역 차원에서는 매우 작은 경제적 효과일지라도 글로벌 공급망 전반에 걸쳐 큰 비용 절감 효과를 얻을 수 있기 때문이다. 글로벌 기업들은 인공지능이 지구 환경과 경제에 미칠 수 있는 가능성을 높게 평가하고 있다. 예를 들어 거대 기술 기업인 마이크로소프트와 글로벌 컨설팅 기업인 프라이스워터하우스쿠퍼스(PricewaterhouseCoopers, PWC)는 2030년까지 농업, 교통, 에너지, 물 관리를 위한 인공지능의 환경적인 적용이 온실가스 배출량을 40% 정도 줄일 수 있을 뿐만 아니라 글로벌 GDP를 일본의 2018년 GDP에 맞먹는 5조 달러 이상 증가시킬 수 있다는 공동 보고서를 발표하였다(Microsoft & PwC 2019). 또한 현대자동차그룹, GM Cruise, 메르세데스-벤츠와 같은 기업은 자율주행 차량으로 교통사고를 방지하여 매년 130만 명의 목숨을 살릴 수 있는 잠재력을 강조한다(Alliance for Automotive Innovation, AAI 2024). 기업들은 최적화된 주행, 주문형 자동차 서비스, 출퇴근 시간에 차량 군집 주행으로 교통량과 오염을 근본적으로 줄이는 미래 가능성을 제시하고 있다(Dauvergne 2020).

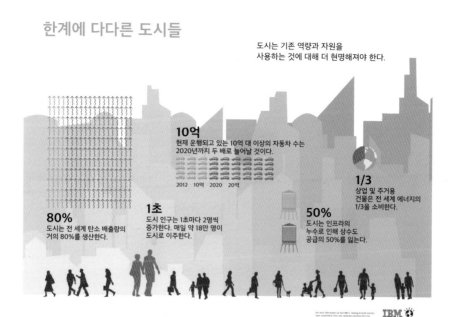

그림 1. 스마트시티로의 전환을 독촉하는 IBM
(출처: IBM.com/smartercities. 2020)

유엔(UN), 세계경제포럼(World Economic Forum) 등과 같은 국제기구도 스마트시티 구축에 힘을 실어주고 있다. 2008년부터 전 세계 70억 인구 중 50%이상이 도시에 거주하고 있으며, 2050년까지 97억 인구 중 68%가 도시에 거주할 것으로 예상된다는 예측에 따라 도시화가 진행될수록 온실가스 배출량이 늘어나는 추세를 보인다는 것이다(Seto et al. 2014, UN 2018, Luqman et al., 2023). 2010~2015년 사이에 전 세계 GDP의 65%와 온실가스 배출량의 70%가 도시에서 생산된다는 상황에서 유엔은 지속가능발전목표(Sustainable Development Goal, SDG 11: 안전하고, 지속가능하며, 회복력 있는 도시)의 틀에 스마트시티를 포함하였다(UN 2018). 스마트시티는 전통적인 도시 인프라와 정보통신기술을 통합하여 데이터를 생성하고 삶의 질 향상과 지속가능한 성장을 목표로 삼기 때문에 세계경제포럼은 스마트시티에 접목되는 AI 기술을 "지구를 위한 게임 체인저"라고 부르며 기후변화의 혁신적인 해결책으로 국제 사회에 "AI를 지구를 위해 일할 수 있도록 해야 한다"고 요구하였다(World Economic Forum 2020).

전 세계적으로 2008년부터 2014년까지 스마트시티 프로젝트는 20건에서 600건 이상으로 급증하였으며, 앞으로도 스마트시티 시장 규모는 2020년부터 2026년까지 2~3배까지 증가할 것으로 예측되고 있다(Marketsandmarkets 2021, Reportlinker 2021) (그림 1). 세계 스마트시티 시장 규모는 2023년 5,491억 달러로 평가되며, 2023년부터 2028년까지 연평균 15.2% 성장할 것으로 예상된다(정희훈 2021). 글로벌 시장조사 기관 FBI(Fortune Business Insights, 2024)는 글로벌 스마트시티 시장이 2021년 1,344억 7천만 달러에서 2028년 5,823억 8천만 달러로 성장할 것을 예측하며 연평균 성장률 23.3%를 나타낼 것으로 예상한다. 스마트시티의 세계 사물인터넷(IoT) 시장은 2021년 3,000

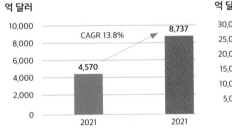

자료: Markets and Markets(2021)

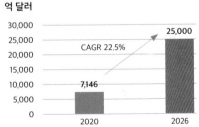

자료: Reportlinker(2021)

그림 2. 스마트시티 시장 규모 예측
(출처: 정희훈 2021)

억 달러에서 2026년에는 6,500억 달러 이상으로 성장할 것으로 전망된다 (OECD 2023).

그러나 이러한 기술중심적인 접근은 모든 도시 문제의 해결책이 될 수 없다. 몇몇 학자들은 스마트시티를 비판적인 시각으로 바라보면서 기술과 데이터에 과도하게 의존하는 것에 대하여 경각심을 일깨운다(Hollands 2008, Townsend 2013, Green 2021). 스마트시티에 대한 논의가 기술에 치우쳐서 맹목적인 추종으로까지 이어질 우려가 있으며 이에 따른 시민들에게 미칠 효과가 예상과 다를 수 있다는 주장을 한다. 왜냐면 기술 도입에는 항상 어느 누구의 선호와 선택이 반영되며 경제·정치적 맥락에서 이루어지기 때문이다. 실제로 디지털 기술이 자율적이고 성중립적(gender neutral)이라고 그 어느 누구도 보장할 수 없다. 오히려 시민들이 스마트시티 기술의 계획과 활용에서 시민들이 포용적이며 평등한 도시에서 살 수 있도록 바람직한 스마트시티를 어떻게 구현할 것인가를 미리 생각해 둘 필요가 있다.

물론 스마트시티는 여성에게 더욱더 양성평등한 사회에서 역할을 할 수 있는 좋은 기회를 제공할 수도 있다. 그러나 데이터를 기반으로 하는 스마트시티는 오히려 성 불평등의 기존 패턴을 그대로 유지시키거나 더 강화시킬 가능성도 있다(Katyal & Jung 2021). 현재는 다양한 노력에도 불구하고 상당한 디지털 성별 격차가 존재한다. 성별뿐만 아니라 소득이나 교육 수준에 따라 스마트시티를 통한 디지털 전환의 혜택을 모두가 누릴 가능성은 제한적일 수 있다(Wajcman et al., 2020, Katyal & Jung 2021). 이를 뒷받침하듯이 유엔대학(UN University)은 "성별 정보 격차는 한 국가의 전반적인 ICT 접근 수준, 경제적 성과, 소득 수준 또는 지리적 위치에 관계없이 지속될 것이다"라고 전망하였다(Wacjman et al., 2020).

스마트시티를 설명할 때 거의 언제나 '시민 참여'가 핵심 요소라고 언급되지만 정확하게 '시민'은 누구를 일컫고, '시민 중심 도시'란 무엇을 뜻하는지에 대한 논의는 상대적으로 부족하다(Shelton & Lodato 2019). 디지털 기술에 점점더 의존하는 스마트시티에서 시민을 여성과 남성으로 구분하면 분명한 차이를 발견할 수 있다(Sangiuliano 2014, Wacjman et al., 2020). 스마트시티에 대한 기술중심적 접근은 데이터를 젠더 중립적 혹은 젠더 블라인드(gender blind)[1]로 생성, 수집, 분석하는 경향이 있다. 성별 구분이 없는 데이터 수집과 이를 통한 정책 수립은 도시를 중립적으로 만드는 것이 아니라 보편적인 주체인 남성에게만 성별을 적용하도록 한다.

스마트시티에서 도시 개방형 데이터가 더욱 활용되면서 데이터 수집과 분석에서 성별 구분의 부재는 양성평등하지 않는 스마트시티 정책으로 이어질수 있다. 그래서 스마트시티 운영에 필요한 데이터 수집과 분석에서 디지털기술에 대한 양성평등한 도시 비전이 어느 정도 반영되고 있는지, 또한 기술중심적으로 운영되는 스마트시티의 영향이 남성과 여성에게 무엇이며 어떻게 다른지에 대한 검토가 요구된다.

데이터 기반 기술이 스마트시티의 거의 모든 측면에 영향을 미치므로, 디지털 시대의 평등, 특히 여성의 권리를 증진하는 방안을 검토할 필요가 있다. 스마트시티를 연구하고 설계하면서 도시에서 성별에 따른 생활 방식의 차이나젠더 문제는 '젠더 블라인드 정책'에 따라 무시되어 왔다. 예를 들어 전통적인도시계획 분야에서 여성의 관점이 반영되거나 중대한 도시 차원 결정에 여성이 참여하는 경우는 드물다(Sangiuliano 2014). 이와 같이 스마트시티가 1990

년대부터 연구되기 시작한 이래로 스마트시티의 계획과 개발에서 양성평등이 고려된 논문은 많지 않다(Chang et al., 2020, Macaya et al., 2022).

인구의 절반을 구성하는 "여성은 남성에 비하여 보이지 않는 존재"로 가사와 양육을 도맡아 사적 영역에 머물러야 했다(Criado Perez 2019). 이러한 배경에도 불구하고 젠더 블라인드 정책을 통해 젠더 차이를 무시하는 것은 도시를 중립적으로 만드는 것이 아니라 보편적인 주체인 남성에게만 성별을 적용한다고 할 수 있다(Wajcman et al., 2020). 이러한 무시는 젠더 차이를 인지하기 어렵게 하며 젠더 문제를 제대로 다루지 못하는 결과를 초래할 수 있다. 이러한 기술중심적 접근으로 여성이 도시에서 겪는 잠재적인 불평등을 악화할 수 있기 때문에 스마트시티를 연구할 때 기술적 요소뿐만 아니라 사회·문화적 측면을 통합한 접근이 양성평등한 도시 실현을 위해 필요하다.

이 장에서는 문헌과 사례를 통하여 스마트시티의 공간에 초점을 두면서 스마트시티를 연구하고 설계할 때 젠더를 고려해야 하는 필요성을 제시한다. 이를 위하여 첫째, 스마트시티와 양성평등한 도시의 개념을 고찰하고, 우리나라 스마트시티와 양성평등한 도시 개념과 형성 배경을 살펴본다. 여기서 스마트시티에 담긴 기술중심적 담론을 그대로 받아들이기보다 도시를 여성과 남성에게 양성평등한 기준이 적용되고 있는지 확인해 본다. 둘째, 스마트시티의 배경과 기술을 검토하고 우리나라 스마트시티를 중심으로 얼마나 양성평등한지 살펴보기 위해 스마트시티의 주요 기술인 빅 데이터, 인공지능, 플랫폼 도시와 디지털 트윈(digital twin) 등을 젠더 관점에서 논의한다. 마지막으로 양성평등한 스마트시티 실현에 관한 시사점을 도출하여 앞으로 나아갈 방향을 모색한다.

▌스마트시티와 양성평등한 도시의 개념

스마트시티

스마트시티는 도시계획, 정보통신 기반 기술, 지속가능성, 에너지 등 다양한 측면에 초점을 두어 살펴볼 수 있다. 이에 따라 스마트시티의 개념도 다양하고 모호한 측면이 있어 정확한 정의를 내리기 어렵다(Nam & Pardo 2011, Albino et al., 2015). 그래도 이해하가 쉽게 정리한다면 스마트시티는 기본적으로 기술 중심적, 제도 중심적, 사람 중심적인 관점에서 정의되는 경향이 있다. 이 중에서 스마트시티는 기술 중심적 정의로 가장 먼저 이해되었다(Nam & Pardo 2011, Cocchia 2014, Albino et al., 2015). 스마트시티 기술에는 사물인터넷(IoT), 빅 데이터, 통합플랫폼, 인공지능 등이 포함된다. 이러한 기술의 핵심은 실시간 데이터를 수집·분석하여 신속한 활용과 공유가 가능한 데 있다.

따라서 스마트시티의 토양이라고 할 수 있는 자본주의 정보사회에서 데이터는 자본의 한 형태로 기술 분야, 도시 분야, 금융과 제조 산업 분야, 에너지 분야 등에 필수적인 역할을 하고 있다(Sadowski 2019). 정보사회에서 기업을 포함한 모든 조직이 '데이터 경제(data economy)'에 참여하면서 데이터는 자본 축적과 같은 논리로 이익과 밀접한 관계를 갖게 되었다. 데이터 경제를 돌아가게 하는 기업, 정부, 사회단체 등과 같은 조직들이 데이터 중심으로 움직이면서 데이터의 가치는 나날이 높아지고 있다. 데이터는 산업시대[2]에서와 다르게 과학을 포함한 학계에서뿐만 아니라 사회의 모든 주체들에게 혜택이나 이윤을 얻기 위한 필수 자원으로 여겨지게 되었다. 특히 스마트시티 데이터의 축적과 처리 기술이 산업혁명의 연료인 석유와 비유되고 있다.

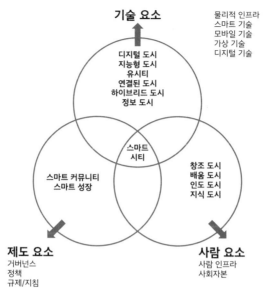

기술 요소

물리적 인프라
스마트 기술
모바일 기술
가상 기술
디지털 기술

디지털 도시
지능형 도시
유시티
연결된 도시
하이브리드 도시
정보 도시

스마트
시티

스마트 커뮤니티
스마트 성장

창조 도시
배움 도시
인도 도시
지식 도시

제도 요소
거버넌스
정책
규제/지침

사람 요소
사람 인프라
사회자본

그림 3. 스마트시티의 기본 요소

(출처: Nam & Pardo 2011, p.286)

2010년대의 스마트시티 문헌을 살펴보면, 스마트시티의 다양한 개념을 정리하고 분석하는 내용을 다수 찾아볼 수 있다. 그중 오스트리아의 빈 공과대학교 루돌프 기핑거 교수는 스마트시티를 크게 6개 차원으로 나누어 분석하였는데 이 분석의 틀이 유럽의 스마트시티 연구에도 반영되었다(Giffinger et al., 2007, Manville et al., 2014).

첫째, '스마트 환경'은 안전하게 관리되는 도시와 자연 환경을 뜻하며 사례로는 쓰레기 자동 집하 시스템, 인공지능 산불 예방 감시 카메라, 스마트 에너지 그리드 등이 포함된다.

둘째, '스마트 리빙'은 살기 좋은 사회를 만들기 위한 서비스와 시설로 무료 공공 와이파이, 스마트 홈, 고령자 웨어러블 헬스케어 등을 예로 들 수 있다.

셋째, 스마트 모빌리티는 'Maas(Mobility as a Service)'로 가장 쉽게 설명된다. Maas는 '서비스로서의 이동'으로 직역할 수 있는데 모든 교통수단을 스마트폰으로 서비스 받을 수 있는 개념이다. 예를 들면 카셰어링, 열차, 택시, 자전거, 스쿠터뿐만 아니라 차량 정비소, 주차장, 보험 등까지 차량과 관련된 포괄적인 이동 서비스이다.

넷째, 스마트 시민[3]은 일상에서 SNS을 포함한 정보통신 네트워크에 접속되어 각종 교육, 일자리, 오락 등에 관한 정보를 쉽게 찾아서 활용할 수 있으며 관심 있는 사회문제 해결에 참여한다. 예를 들어 암스테르담시는 스마트시티(Amsterdam Smart City) 플랫폼을 구축하여 6,000여 명의 시민혁신가와 민간 기업들이 200여 개에 이르는 시민의 아이디어를 프로젝트로 추진하고 있다[4].

다섯째, 스마트 경제는 창의적인 인재, 도시 경쟁력, 경제 성장을 확보하는 데 집중하며 편리한 인터넷 뱅킹, 스마트 유통물류 등과 같은 서비스를 제공한다.

마지막으로 스마트 거버넌스는 정부와 시민 간에 빠르고 효율적인 소통을 할 수 있는 전자정부(민원24), 국민비서 등과 같은 공공 정보통신 시스템의 사용으로 요약된다.

기술적인 차원이 아닌 사회적 차원에서 스마트시티에서 사람들이 어떤 역할을 하고 일상생활에서 무엇이 개선되는지 피부에 와 닿게 부각시키는 것이 중요하다. 스마트시티는 시민의 참여를 통해 더 나은 의사결정을 내리고, 시민들이 도시 발전에 기여할 수 있는 기회를 제공한다. 시민 참여는 앱이나 포털을 통해 이루어질 수 있으며, 이는 도시 관리의 투명성을 높인다. 그러나 우

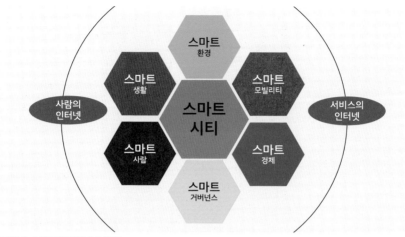

그림 4. 스마트시티의 6개 차원

(출처: Center of Excellence for NEOM Research at KAUST (https://cemse.kaust.edu.sa/cnr/news/smart-cities-concepts-architectures-research-opportunities))

리나라의 경우 스마트시티의 필요성에 대하여 시민들은 크게 느끼지 못하고 있다는 것이 조사되었다.

스마트시티의 사회 기반 시설은 첨단 기술로 구축되었다고 일반적으로 인식된다. 유럽연합은 "스마시티는 지속가능성, 경제발전 및 높은 삶의 질을 포함한 많은 요소에 의해 특성화되고 정의된다. 이러한 요소들은 사회 기반 시설(물리적 자본), 인적 자본, 사회적 자본과 정보통신기술(ICT) 사회 기반 시설을 통해 달성될 수 있다"라고 설명한다(Kotnala & Gosh 2018). 스마트시티에서 사회경제적으로 정보(데이터)를 가진 주체는 혜택이나 이익을 얻을 수 있어서 궁극적으로 힘과 기회를 갖게 된다. 따라서 누가 데이터를 어떻게 수집하고 활용하는지에 대한 사회적 논의와 합의가 필요하다고 할 수 있다.

서울시는 공공 데이터를 대중에게 제공함으로써 오픈소스 도시(open

Big data

활동인구 패턴이 범죄 발생 설명하고
있는 데 반해 CCTV설치지역은
활동인구 패턴과 일치 하지 않음

→ 활동인구 패턴과 같은 공간
빅데이터 활용하여 범죄다발 지역
가능성이 높은 지역 분석, 방범
CCTV 설치 방안 필요

출처 : 이재용, 김걸(2014) 범죄발생 공간
특성을 고려한 도시안전망 구축방안

Drone

미국
- 수색과 구조활동에 뛰어난
  역할
- 경찰권 보호
- 교통사고나 범죄현장
  수사에 유용
- 재난관리

출처 : 장재준(2018) 사물인터넷(IoT)의 지역대책
활용 방안

IoT

1. 행동인식 및 범죄경고 CCTV
   - 위험한 행위를 인식하여 관제
     시스템에 자료 전송
2. 범죄 발생시 범인특정을 위한
   CCTV
   - 얼굴, 키, 걸음걸이, 지문,
     DNA등 휴먼바이오 정보와
     문신, 안경, 신발, 옷 색상 등
     부가 정보를 종합하여
     용의자를 특정

출처 : 장재준(2018) 사물인터넷(IoT)의 지역대책
활용 방안

3. 범인 동선 추적을 위한 CCTV
   - 도주하는 테러 용의자를
     연속적으로 실시간
     추적가능
4. 웨어러블 기기
   - Wearable body camera
   - Smart glasses
   - Smart watch

장재준(2018) 사물인터넷(IoT)의 지역대책
활용 방안

그림 5. 스마트시티에서 활용되는 사물인터넷, 공간 빅데이터, 무인항공기(드론) 등

(출처: 필자)

source city)를 구현하고자 한다. 서울시는 정부가 수집한 지식보다 시민들이 자신의 생활권에 대한 지식이 훨씬 더 상세하고 미묘하다는 사실을 기반으로 기술 전문성과 집단지성 사이의 반응적(responsive)이고 적응적(adaptive)인 쌍방의 피드백 시스템으로 지역에 대한 데이터를 점진적으로 보완 또는 조율하고자 한다. 이는 시민의 참여에 의해 가능한 상향식 교류와 협력을 요구하며 스마트시티의 기능이 공급자인 정부 주도에서 사용자인 주민 주도로 전환되는 결과가 있다.

요약하면, 스마트시티는 도시의 모든 분야의 데이터를 통하여 다양한 도시 문제에 대한 기술 중심의 해결책을 찾는 통합 시스템이다. 그러나 정보 기술을 기반으로 하는 스마트시티는 성별, 연령 및 장애로 인한 차이를 인식하여 물리적 접근뿐만 아니라 정보 서비스에 대한 접근이 모두에게 보장되어야 한다(de Oliveira Neto & Kofuji 2016). 따라서 더 큰 보편적 포괄성을 위해서는 ICT 서비스, 디지털 애플리케이션 및 시스템에 초점을 두는 대신 시민의 다양한 요구에 초점을 두어야 한다는 시각에 무게가 실리고 있다(van Twist et al., 2023).

양성평등한 도시

양성평등한 도시는 남녀 모두가 동등한 권리와 기회를 누릴 수 있도록 설계된 도시를 의미한다. 물리적 차원에서 남녀가 안전하고 편리하게 도시에서 머물고 이동할 수 있으며, 사회적 차원에서 모두가 성별에 따른 차별과 편견 없이 공평한 사회 참여와 혜택을 누리는 것을 목표로 한다. 이를 위하여 도시는 기술주의(technocratic)적 관점에서 효율성과 생산성 위주로 계획되고 조성된 공간이 아닌 일과 일상생활의 균형(work-life balance)을 잘 이룰 수 있는 환경을 마련하는 것이 중요하다.

양성평등한 도시의 기준은 모든 국가에 보편적으로 적용될 수 있다. 유엔은 정부가 도시 정책에서 포용뿐만 아니라 정의와 지속가능성에 대한 개념을 장려하기 위한 목적으로 도시에 대한 권리를 광범위한 인권 의제에 포함시켰다(UNCHS 2000, United Nations 2002). 양성평등한 도시보다 포괄적인 개념으로 포용도시가 있다. 포용도시는 "재산, 성별, 연령, 인종 또는 종교에 관계없이 모든 사람이 도시가 제공해야 하는 기회에 생산적이고 긍정적으로 참여할 수 있는 권한을 가진 곳"이라고 정의할 수 있다(United Nations Settlements Programme 2002). 이 정의는 '사회적 배제'를 도시 차원에서 극복하는 것에 중점을 두며 여성과 함께 빈곤층, 장애인, 소수인종 등을 사회약자로 구분하였다.

우리나라 양성평등도시는 2014년 '양성평등기본법'을 통해 지역정책과 그 실행 과정에서 여성과 남성이 동등하게 참여하고 평등한 대우를 받으며 양성평등한 사회를 실현하는 것을 목적으로 한다. 양성평등도시 구현을 위한 '여성친화도시' 지역은 지자체의 신청으로 지정되어 국가로부터 지원을 받는다. 일상생활 단위로 운영되는 여성정책으로 기초자치단체 차원에서 젠더 관점을 반영한 도시 기반시설이 구축된다. 우리나라의 여성친화 기반시설로는 주로 보행친화적 가로, 안전한 대중교통, 친환경 공간 조성과 직장-가정 간의 일상생활의 균형을 확보하는 데 중점을 둔다(이승희 2020).

도시에 대한 권리의 개념은 프랑스의 철학자 앙리 르페브르의 글에서 비롯되었다(Lefebvre 1996). 르페브르의 핵심 개념은 도시는 도시에 사는 사람들

표 1. 도시계획 시설과 여성친화도시 기반시설

	기반시설	도시기반시설
교통	도로, 철도, 항만, 공항, 주차장 등	도로 및 교통
공간	광장, 공원, 녹지 등	공원 및 녹지
유통·공급	유통업무설비, 수도/전기/가스공급설비, 방송통신시설, 공동구 등	-
공공·문화체육	학교, 공공청사, 문화시설 및 체육시설	(공공시설)
방재	하천, 유수지, 방화설비 등	-
보건위생	장사시설 등	-
환경기초	하수도, 폐기물 및 재활용시설, 빗물저장 및 이용시설	-

(출처: 이승희 2020)

의 노동과 일상생활을 통해 만들어진 작품이기 때문에 사람들은 그곳에 거주할 권리, 생산할 권리, 사회로부터 소외되지 않을 권리가 있다는 것이다(Attoh 2011). 그러나 르페브르는 도시에 대한 권리의 개념에서 양성평등을 명시적으로 언급하지 않았다(Vacchelli & Kofman 2018). 그래도 '도시에 대한 권리'의 개념에는 도시에서 사는 여성이 일상생활에서 평등한 혜택을 누릴 권리와 사회에 참여할 권리가 다분히 내포되어 있다.

20세기 현대주의 도시계획에서는 도심은 주로 업무지역으로 직장을 다니는 남성의 공적(public) 활동 공간인 반면, 도시 외곽에 위치한 주거지역은 전통적으로 가사와 육아를 맡아온 여성의 사적(private) 공간으로 분류되었다. 따라서 도심과 도시 외곽, 공적과 사적 지역, 보수를 받는 일과 무보수 일은 양성평등도시 관점에서 중립적인 구분이 아닌 사회적 포용과 배제의 정도를 보

표 2. 성평등 도시공간 구성의 원칙

젠더이슈 (목표, 가치)	전략(방법)	도시공간의 구성 원칙
일·생활 통합 (Integration)	일과 돌봄을 병행할 수 있는 공간구조의 구축	돌봄활동을 지원하는 공간계획
		커뮤니티 허브를 통한 다양한 일상 활동 공간의 연계
열린 커뮤니티 (Access)	커뮤니티 서비스의 접근성 강화	다양한 커뮤니티 서비스의 집중
		지역 공동체 활성화 공간 마련
		근린 규모로 분절된 커뮤니티 서비스의 제공
생활안전 (Safety)	일상생활의 안전성을 강화하는 공간 구조	Public Eye를 통한 일상 공간의 안전성 확보
		오픈 스페이스의 안전성 확보
		이동의 안전성 확보
이동성 (Mobility)	일상의 영위를 위한 이동의 연속성 확보	커뮤니티 허브의 연계
		다양한 요구를 반영하는 교통시스템
다양성 (Diversity)	다양한 이용자를 고려한 도시공간 계획	다양한 이용자의 요구를 반영한 토지이용계획
		장소성과 주민특성을 살린 다양한 주거환경의 창출
		다양한 이용자를 고려한 공공서비스 시설 및 오픈 스페이스
참여와 제도 (Participation and system)	다양한 공간 이용자들의 참여와 소통 지원	도시공간 정책결정 과정의 참여 보장
		성평등 가치를 고려할 수 있는 법적 구속력 확보

(출처: 염인섭 2022, 51)

여준다(Vacchelli & Kofman 2018).

양성평등한 도시의 실현을 위하여 가장 기본적인 조건은 여성의 안전과 이동성을 확보하는 것이다. 도시에서 안전에 대한 두려움을 완화하고 일상생활에서 여성의 역량을 향상시킴으로써 도시에 대한 권리를 확보하여 성평등을 실현하는 것이다. 물리적인 공간과 가상공간에서 여성에게 안전은 우선이다. 물리적인 공간에서 괴롭힘 또는 폭행에 대한 두려움으로 주중에만 집 밖에 나가거나 조명이 어둡거나 고립된 거리를 피하는 행동은 여성의 이동성에게 영향을 미친다(Ceccato & Loukaitou-Sideris 2022). 남성보다 자전거 도로와 같은 도시 인프라를 사용할 때 안전에 대한 불안을 느끼기 때문에 여성은 일상적인 이동수단으로 자전거를 덜 탄다(Yuan et al. 2023).

비물리적인 디지털 공간에서도 여성은 괴롭힘과 성범죄의 대상이 된다. 2022년의 한국지능정보사회진흥원 통합데이터지도(2021) '카메라 이용촬영 범죄 현황 분석' 자료에 따르면, 2020년에 '몰카' 가해자의 96.4%가 남성이고 피해자의 93%가 여성이었다. 디지털 영상은 쉽게 디지털 공간으로 동의 없이 유포된다. 2022년에 불법촬영물과 함께 인공지능 기반 기술로 만들어진 합성 영상(허위영상물)은 전체 디지털 성범죄 건수의 절반 이상을 차지하였다. 우리나라 전체 디지털 성범죄 피해자의 74.25%는 여성이다.

전 세계에 특히 클라우드 컴퓨팅 같은 신기술에 직면한 데이터 보호 체제가 없기 때문에 스마트폰과 다른 장치를 사용하여 여성에 대한 IoT 공격이 녹화되고 있다. X(트위터)와 페이스북에서 여성을 대상으로 한 위협은 만연하다. 양성평등한 도시 관점에서 안전성 측면만 보아도 여성이 경계를 늦출 수 있는 물리적인 공간이나 디지털 공간은 아직 존재하지 않는다고 할 수 있다.

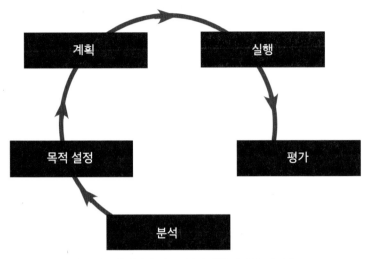

계획 　　　　　 실행

목적 설정 　　　　 평가

분석

초기 분석부터 평가에 이르기까지 계획 및 실행 과정의
모든 단계에서 젠더에 민감한 계획의 구현

그림 6. 공간의 계획에서의 젠더 주류화
(출처: Urban Development Vienna 2013)

　　그래서 '젠더 주류화(gender mainstreaming)'의 필요성이 대두된다. 젠더 주류화는 여성과 남성이 도시 환경을 다르게 인식하고 경험한다는 이해를 기반으로 한다. 유럽에서 1980년대에 시작된 성 주류화는 성, 인종, 종교적 신념, 장애, 나이 또는 성적 지향에 따른 어떠한 차별도 예방하려는 노력에서 비롯되었다(Amsterdam 1999 조약). 이러한 맥락에서, 성 주류화는 여성과 남성이 사는 일상 생활을 존중하기 위한 사회적 합의를 나타낸다. 도시계획 분야에서 젠더 주류화의 대표 정책은 여성친화도시이다.

한국 스마트시티

한국 스마트시티의 배경

스마트시티는 도시 관리 및 운영을 위해 데이터 기반 전략을 사용하는 기술중심적 접근으로 센서, 네트워크를 통해 데이터를 수집한다. 한국 정부는 2008년에 스마트시티를 세계 최초로 법제화하며 스마트시티를 '유비쿼터스 시티(ubiquitous city, u-city, 이하 유시티)'라는 명칭으로 미래 도시 성장 모델로 도입하였다. 정부는 2000년대 초반부터 유시티를 전국에 대대적으로 구축하기 시작하였다. 2013년에 한국에서 진행 중인 스마트시티 프로젝트가 약 70개였으며 여기에는 인천 송도와 신행정수도인 세종시도 포함되었다. 동시에 서울시는 혁신지구와 첨단도시 기반시설을 개발하는 데 다방면으로 국가 지원을 받았다. 전 세계적으로 스마트시티에 대한 수요가 급증함에 따라 서울을 더욱 스마트하고 경쟁력 있게 만드는 것이었다.

유시티는 1980년대에 주거 분야에서 발전한 홈 오토메이션(home automation)으로 시작하여 정보통신기술이 건물에 체계적으로 접목되면서 스마트 홈, 홈 네트워크, 지능형 건물 등이 등장했다. 이러한 첨단 기술을 보유한 한국에서 1994년 12월과 1995년 4월에는 대형 폭발사고가 잇달았다. 도시에 매설된 가스관들의 위치가 체계적으로 기록되지 않아 서울 아현동에서는 도시가스 공사로 사상자가 122명 발생하였고, 5개월 만에 대구 달서구 지하철 공사 중 가스관이 파손되어 사상자가 303명이나 발생하였다. 이러한 대형 사고를 통하여 도시의 인프라 시설물이 제대로 관리되지 않고 있으며 이에 대한 체계화의 필요성이 절실하게 부각되었다(박찬호 외 2022).

구분	기존도시 대응	스마트도시 대응(솔루션)	효과 분석
교통 혼잡	교통이 혼잡한 도로를 확장 또는 신규 도로를 건설	· 혼잡한 도로에 대한 정보를 운전자에게 실시간으로 전달하여 혼잡하지 않은 도로로 우회할 수 있도록 유도 · 실시간 교통량에 따라 교통신호를 제어하여 원활한 교통흐름 유도	· 도로 확장 및 신규도로 건설 등 투자비용 절감 · 차량정체로 인해 발생하는 환경오염 및 차량 연료 절감 * 영국 M42 고속도로의 스마트교통시스템 적용 후 통행소요시간 25%, 교통사고 50%, 대기오염 10% 감소
주차 문제	새로운 신규 주차장의 건설	· 빈 주차공간을 운전자에게 실시간으로 전달하여 주차할 수 있도록 유도 · 도시의 특정 행사장이나 기상상태정보에 따른 사전 수요예측정보로 대중교통이용 유도 · 카셰어링 등의 서비스를 활용하여 차량의 도심진입을 최소화	· 주차공간을 찾기 위하여 헤맬 필요가 없어 시간, 차량 연료 절감 및 환경오염 해결 * CISCO에 의하면 향후 전 세계 410억 달러 이상의 수익이 스마트주차에서 발생할 것으로 예측
방범 문제	경찰 인력의 전지역적 투입	· 방범 CCTV와 교통용 CCTV의 복합화로 작성규모의 범죄 발생시 경찰인력의 즉각적 투입 · 스마트 범죄 관련 앱 활용을 통하여 범죄 발생 시 인근 경찰에게 연락	· 범죄 발생 시 경찰인력의 즉각적 투입으로 국내의 경우 지자체 대부분이 스마트 방범 시스템 도입 후 20% 정도 범죄 발생율 감소
가로등	저녁 일정시간 동안 가로등 점등	· 가로등에 센서를 부착하여 사람들이 가로등 근처에 접근할 경우만 점등	* 스페인 바로셀로나의 경우 연간 30% 정도의 에너지 절감효과

자료: 이재용 외 5인(2016)

Top-down
"모든 시민을 위한 스마트시티 인프라 제공"
젠더 관점의 부재(Gender-blind)

젠더 관점

Bottom-up
시민이 일상생활에서 겪는 문제
개인/맞춤형(Gender-specific)

그림 7. 기존도시와 스마트시티

IT의 적용이 다른 분야로 확산되면서, 1996년 정부는 '정보화촉진기본법'을 제정하여 정보화 사회로의 첫걸음을 내디뎠다. 예를 들어 대중교통 분야에서는 ITS(지능형 교통 시스템, Intelligent Transport System)가 도입되었고, 보안 및 감시 분야에서는 CCTV가 설치되었으며, 에너지 분야에서는 기존 전력망에 재생에너지를 접목하여 스마트 그리드를 구축하는 과정에 있다(그림 7).

한국의 첫 번째 디지털 도시는 서울의 디지털 미디어 거리를 중심으로 하는 디지털 미디어 시티(DMC, Digital Media City)이다(박찬호 외 2022). DMC는 초기에 서울연구원(전 서울개발연구원)이 서울시와 협력하여 구상되었으며 서울시로부터 예산을 지원받았다. 당시에 폐쇄될 예정이었던 난지도 쓰레기장 주변 지역을 활성화하기 위한 해결책으로 넘치는 서울시 쓰레기장을 생태공원으로 바꾸는 것, 첨단 사업 지구의 조성, 그리고 주변 주택을 환경 친화적인 주거 지역으로 조성하는 것이 서울의 첫 번째 도시 개발 프로젝트였다.

DMC는 처음에는 서울의 '새천년 개발'(1998)로, 나중에는 '상암 새천년 신도시 계획'(2000)으로 구상되었다. 비전은 한국의 최우선 정보 도시로서 경제, 문화, 환경 개발의 중심지가 되는 것이었다. 서울시는 빠르게 'DMC 계획'(2001), 'DMC 지구 계획'(2001), '디지털 미디어 도시 시행 계획'(2002, MIT와 협력)을 추가하였다. 이 계획들은 도시 환경을 ICT와 융합하려는 첫 번째 시도였다. 한국의 통신과 인터넷 회사들은 디지털 미디어 거리를 걷는 사람들에게 반응할 수 있는 혁신적인 환경을 만들기 위해 기업과 기초단체가 협력하였다. 초기의 주요 특징은 첨단 거리 조명, 정보 부스, 미디어 보드, 자동 정보 키오스크를 포함하였다. 서울주택도시공사(SH공사)는 DMC 프로젝트의 시행을 맡았다.

2003년 서울시가 디지털시티를 개발하는 과정에서 국가와 한국토지주택공사가 '디지털시티 실행전략'을 수립하고 1년 뒤 유시티 건설을 위한 입법을 추진하였다. 2003년 한국유비쿼터스시티협회가 발간한 '송도정보 유시티 모델'이라는 보고서에서 '유비쿼터스시티'라는 용어가 처음으로 사용되었다(김도년 2015).

유시티는 처음부터 기술을 통한 효율성과 경제성을 강조하였다. 이는 정부가 유시티를 "시민의 삶의 질과 도시 경쟁력을 향상시키기 위해 ICT 기기를 통해 시민 누구나 언제 어디서나 어떤 서비스도 얻을 수 있는 구축된 환경"으로 정의한 것에서 알 수 있다(국토교통부 2008). 세계를 선도하는 ICT 인프라와 모바일 기기 제조 역량을 바탕으로 전략적으로 '유시티'라는 용어로 자체 브랜드를 만들고 환경과 사회적 측면을 상대적으로 더 강조하는 '스마트시티'라는 용어를 채택하지 않았다(Caragliu et al., 2011; Yigitcanlar & Lee 2013).

유시티 개념에서 기술력을 강조한 것은 2006년 유시티 형성 초기에 정보통신부가 유시티와 관련된 서비스, 기술표준, 자금조달 등을 주로 담당하였다는 데서 비롯되었다. 정보통신부는 기술적 측면에서 정부 지원을 하면서 건설교통부(현 국토교통부)와 협력하여 유시티의 필수요소로 법·제도적 기반을 마련하고 표준을 명시하며 통합관제센터를 통합한 'u-Korea Plan'을 작성하기도 하였다. 2008년 '유시티 건설법'이 시행되었고, 2009년 '1차 유시티종합계획'이 시행되었다. 하지만 2010년 LH공사의 구조조정으로 유시티 신규 벤처 투자가 감소하면서 유시티 시장이 침체되었고, 여러 개의 유시티가 건설되었음에도 불구하고 2010년 LH공사의 구조조정으로 유시티 사업은 실패인 듯 보였다.

2010년 스마트폰의 도입은 유시티의 환경을 변화시켰다. 모든 사람들이 휴대용 컴퓨터를 손에 들고 있을 때 유비쿼터스, 즉 언제 어디서나 인터넷에 접속할 수 있는 것만으로는 존재성이 떨어졌다. 또한 세계적인 ICT와 기술 기업들은 스마트시티 솔루션을 마케팅하고 설정하기 시작했다. 스마트 그리드는 스마트시티와 더 잘 어울린다고 생각되었고, 정부 기관들과 싱크탱크들은 유시티를 선호하는 스마트시티 개념을 채택하기 시작하였다.

스마트시티 기술과 모델링은 서로 비교적 분리되고 독립적으로 건설되고 관리되어 온 물, 에너지, 교통, 안전 등 도시 기반 시설을 통합하는 데 중점을 둔다. 동시에 통합 플랫폼은 공공 부문에 의한 의사결정의 정확성과 속도를 향상시키기 위해 도시 전체의 정보를 실시간으로 수집하고 분석할 수 있게 한다. 한국의 스마트시티 초기 단계에서 ICT 인프라와 구축된 환경에 대한 정부 부처 간의 원래의 책임 분담은 아직 성공적으로 융합되지 못하고 있다. 정보통신부는 공간적 이해가 부족했고, 국토교통부는 기술적 이해가 부족했는데, 이는 여전히 더 긴밀한 협업과 소통을 통해 해결해야 한다.

▌스마트시티의 기술과 젠더

스마트시티는 데이터, 인공지능 등과 같은 첨단기술로 구성되었으며 이들은 모두 STEM(과학, 기술, 공학, 수학) 분야에 속한다. 기술은 남성과 여성에게 다른 영향을 미칠 수 있어서 이미 존재하는 성별 격차를 더욱 키우거나 새로운 격차를 만들어낼 우려가 있다. 이런 우려는 현재 STEM 분야에 여성을 참여시키고 성장시키는 문제에서부터 현실화되고 있다. 많은 학자들은 기술 집약적인 산업에서 일하는 전문 여성의 수가 적은 점과 여성이 저평가되는 현상을 지적하고 있다(Sangiuliano 2014, Wacjcman et al., 2020, Young et al., 2023). 이는 통계로도 입증된다.

예를 들면 급속하게 성장하는 인공지능 분야에서 선두에 있는 기계학습 연구원의 12%만이 여성이며, 기술 회사의 신입 직원 3명 중 한 명만이 여성이다(UNCTAD 2019). 또한 STEM 분야 전문직 신입으로 입사하더라도 직급이 높아질수록 여성의 수가 감소한다. 컴퓨터 프로그래밍 전문 출판사 오라일리(O'Reilly Newsletter)의 '데이터와 인공지능 분야' 급여 조사에 따르면 여성의 급여는 학력이나 직책에 관계가 없이 남성보다 84% 낮다(Loukides 2021).

그 이유로 STEM 분야에 남성과 다른 여성의 특성이 잘 반영되지 않아 일상에서 의도하지 않은 편견을 당하기 때문일 수 있다. STEM 분야는 남성의 영역으로 여겨져 왔으며 '남성 디폴트'는 특히 기술적 참여를 좌우한다(Cheryan & Markus 2020). 여성에게는 이러한 기술 중심의 문화는 여성을 데이터 분야와 인공지능 분야에서 멀어지게 하고 궁극적으로 떠나게 한다. 미국의 경우 기술 분야의 높은 이직률에 대한 이유를 조사한 결과 여성은 남성보다 더 많은 불공평한 상황을 겪거나 목격한 것으로 나타났다(Young et al., 2023). 이와 비슷하게 유럽 기술 현황 조사 결과를 보면 여성의 67%가 성차별을 경험한 반면 남성은 26%에 그쳤다.

한국여성정책연구원의 성인지통계(조선미 2018)에 따르면, 2017년 우리나라 ICT 기업에서 여성 일자리가 952.5만 개, 남성 일자리가 1,363,9만 개이며 성비는 여성 29% 대비 남성 71%로 남성 일자리가 여성 일자리보다 약 2.5

배 더 많았다. 1년 단위로 계속 근무자(지속일자리)의 성비가 여성 2명 대 남성 7명으로 나타났으며, 신규채용은 여성 3.1명 대 남성 6.9명으로 조사되었다. 여성인력은 ICT 분야 중소기업에 근무하며 데이터 서비스직인 반면, 남성인력은 대기업과 높은 급여를 받는 전문직에 집중되어 있었다.

성별 격차는 기회 균등 문제일 뿐만 아니라 여성이 경험하는 환경의 문제를 나타낸다고 할 수 있다. 환경을 누가 어떻게 설계했는지에 따라 경험이 달라진다. 기술도 사회적으로 형성되어 권력 관계와 문화적 관습에 따라 영향을 받는다. 따라서 스마트시티에서 인공지능으로 자동화된 의사결정을 할 때 이미 존재하는 여성에 대한 차별과 편견이 감소하거나 증폭될 수 있다. 기술과 젠더의 관계를 연구한 학자들은 기술 분야의 '남성 디폴트'에 의하여 성별 편

스마트보안등 개선 전→ 후

어두운 밤 귀가하는 시민들이 안심할 수 있도록 '스마트보안등'이 주택가 골목에 설치됩니다. IoT 기술 을 입은 LED 조명인 스마트보안등은 '안심이앱'과 연동해 작동하는데요. 사람이 가까이 다가가면 밝아지고 긴급상황엔 깜빡거려 위치를 알려주기도 합니다. 서울시는 올 연말까지 13개 주택가에 스마트보 안등 2,941개를 설치하고, 내년에도 확대 설치해 안전한 골목길 환경을 만들 계획입니다.

그림 8. 서울의 스마트 보안등 귀갓길
(출처: 서울특별시 2021)

향이 기계 학습으로 증가되어 반복적으로 표출될 가능성을 지적한다(Young et al., 2023).

디지털 혁명의 초기에 여성들은 정보통신기술이 차별 없는 새로운 세상을 만들어 나가는 길을 열어줄 것을 기대하였다. 실제로 오프라인에서 새로 구축되는 공간은 특히 여성들에게 정보에 대한 접근성을 높이고 휴대폰 기술은 집단행동을 촉진하는 데 도움이 되었다. 예를 들어 서울시는 스마트시티 안전귀가 앱과 연동된 스마트 보안등을 설치하여 밝고 안전한 야간 귀갓길을 조성하고 있다. 스마트 보안등은 기존 LED 보안등에 사물인터넷과 블루투스 기능이 추가되는 방법으로 서울시 '안심이' 앱과 연결된다. '안심이' 앱에서 안심귀가 추적 서비스를 실행하고 스마트 보안등 아래를 걸으면 이용자 위치정보를 실시간 파악하여 조명 조도가 자동으로 밝아진다. 한 단계 더 나아가, 사고나 긴급 상황이 발생할 경우 안심이 앱 기능 중 긴급신고 메뉴를 누르면 신고자와 가까운 보안등이 깜박거려서 출동한 경찰이 여성의 위치를 정확하게 알 수 있다.

▌ 데이터

스마트시티에서 수집되는 다양한 도시 데이터는 공공 안전, 교통안전을 위해 CCTV를 통하여 정보통합센터와 연계되어 실시간 감시, 번호판 추적, 안면인식 등과 같은 데이터 기반 치안 및 최적화된 비상 대응 규칙체계로 시민을 보호할 수 있다. 스마트시티 애플리케이션(application, 이하 앱)과 실행의 가장 중요한 결과 중에 하나는 대규모 데이터베이스를 구축하는 것이다. 인공지능과 머신러닝과 관련된 다양한 알고리즘을 통합하기 위한 대용량 데이터는 신속한 처리가 필요하다. 따라서 스마트시티에서는 응용과 유용성이 중요하며 이를 위하여 정보인 데이터의 연결과 보급성에 전적으로 의존한다.

스마트시티 프로젝트에 설치된 센서 및 기타 기술에 의해 수집된 데이터와 그 데이터로부터 도출된 정보를 스마트시티 데이터라고 정의된다(OECD 2023). 스마트시티와 (빅)데이터는 종종 논의되지만, 비전문가는 데이터가 정확하게 무엇인지, 그리고 데이터가 어떻게 사용되는지에 대하여 구체적인 설명이 필요하다. 데이터는 스마트폰, 웹사이트 또는 센서 등에서 생성된 데이터를 말한다. 빅 데이터를 효율적인 방식으로 수집, 정리, 관리, 분석하기 위하여 IoT 또는 인공지능 기술이 필요하다. 빅 데이터는 디지털 활동의 부산물로 일상생활에서 사람, 시스템, 기계 등의 상호 작용을 할 때 남겨진다. 빅 데이터는 스마트폰 데이터를 분석하는 것부터 도시 이동성의 성별 격차를 이해하는 것까지 모든 것에 적용되고 있다. 빅 데이터의 기반이 되는 데이터 소스는 인간(SNS, 블로그, 크라우드소싱 등), 프로세스 매개(금융 거래, 디지털 건강 기록,

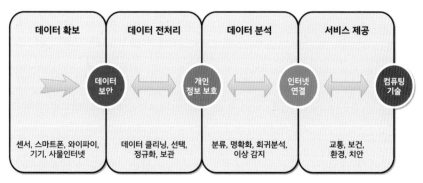

그림 9. 스마트시티 데이터의 흐름도
(출처: Ullah et al., 2024)

세무 기록 등), 기계 생성(CCTV 이미지, IoT 기기의 데이터 등), 미디어 소스(방송, 디지털 뉴스, 라디오 등)로 구분할 수 있다(Lopes & Handforth 2020).

이러한 모든 데이터 소스는 특히 도시 환경에 존재하며, 이를 활용하여 도시의 삶의 질을 높일 수 있다. 예를 들면 모바일 네트워크 데이터는 사람들이 도시 시설을 어떻게 이용하는지 이해하는 데 사용된다. 이러한 데이터를 다수 결합하여 보다 자세하고 실시간으로 관련성 있는 정보를 생성하는 데 쓰인다. 그러나 빅 데이터의 한계는 완전한 데이터 소스가 없어서 수집되지 않은 데이터들이 있다는 데 있다. 특히 민간 기업이 소유하거나 관리하는 데이터에 접근성이 떨어진다. 따라서 완전한 데이터가 없어서 보이지 않는 부분에 대한 무관심이나 무지는 소외된 집단에 대한 편향이 생길 우려가 있다.

빅 데이터는 배제된 부분을 포함하지 않기 때문에 사회경제적 자원이 많아서 '보이는' 사람에게 치우쳐 있으며, 디지털 사회에서 소외된 '보이지 않는' 사람은 빅 데이터에서 상대적으로 찾아보기 어렵다. 역사적으로 데이터를 가진 자는 데이터를 갖지 못한 자에 비하여 유리했다. 데이터를 가진 자는 데이터를 갖지 못한 자들을 상대로 비용과 조건을 협상하는 데 우위에 있다. 여성의 경우 가사와 양육을 통하여 얻은 지식과 경험은 데이터로 무시되는 경향이 있다. 또한 여성의 안전 문제를 해결하는 데에 도시 정책에 대한 성별 모니터링이 적극적으로 추진되지 않고 있다(Lopes & Handforth 2020). 따라서 수집된 정보는 '남성 디폴트'인 기존 지식의 유형을 반영하며, 동시에 왜곡된 관점을 유지한다.

데이터의 가치를 높이는 주요 요인은 데이터를 정책 수단으로 사용하는 것이다. 도시가 점점 더 데이터 중심이 되면서 데이터는 도시 정책을 결정하는 데 더 중요한 역할을 한다. 데이터는 정비가 필요한 도로 구간, 버스노선이 통과해야 하는 지역 등을 결정하는 데 중요한 영향을 미친다. 궁극적으로 도시 데이터는 도시 인프라와 사람들에 의하여 생성된다. 도시 인프라는 세금으로 마련되었으며 사람들은 인프라와 상호 작용하여 데이터를 생성한다. 따라서 데이터는 세금에 의해 만들어지며 데이터를 가진 자들의 수익 창출로 쓰이고 있다. 따라서 공공은 데이터를 소유하고 그 데이터가 창출하는 가치를 포착하여 공익에 사용되도록 하는 것이다.

민간 기업의 이익에 의해 접근성이 통제되는 데이터에 대하여 국가와 국민들이 어느 정도까지 받아들일 수 있는지, 아니면 데이터에 대한 접근성을 높이는 정책적 방안이 무엇인지 고려해야 한다. 데이터 기업은 무료로 수집할 수 있는 소비자 데이터에서 매년 수백 달러의 수익을 창출한다. 페이스북, 구글, 아마존과 같은 기업은 그 데이터로 수익을 늘리면서 공익을 위하여 공유하지 않는다. 민간 부문 기업이 표준과 거버넌스가 명확한 데이터 전략이 없는 도시나 국가에 스마트시티 인프라를 구축한다면 데이터 접근성이 높은 회사의 수익을 늘릴 가능성이 다분하다.

스마트시티에서 데이터를 활용하는 것은 도시를 여성들에게 더 매력적이고 포용적으로 만드는데 도움이 될 수 있다. 빅 데이터와 IoT는 누가 도시를 사용하는지, 어디가 안전한지, 그들이 어떤 문제를 경험하는지에 대한 더 상세하고 실시간적인 그림을 제공한다. 데이터로 '보이기' 위하여 가장 단순한 해결책은 데이터의 성별 구분이다. 누가 어떤 도시 서비스를 어떻게 사용하고 이에 따라 누가 영향을 받았는지를 구분한다면 스마트시티에서 젠더 불평등을 좀 더 구체적으로 완화할 수 있는 기반이 된다.

인공지능(AI)

스마트시티는 스스로 학습하는 시스템이다. 예를 들어 교통 흐름이나 주변 개발을 인공지능으로 제어하는 데 이런 제어는 알고리즘, 데이터, 프로그램을 기반으로 한다. STEM 분야에서 여성의 수가 꾸준히 증가하고 있지만 여성은 여전히 STEM 인력의 약 27%를 차지한다. 현재 컴퓨터 프로그램을 개발하고 도시를 계획하는 전문가 열 명 중 아홉 명 이상이 남성이다. IT 산업에서 일하는 남성과 여성의 심각한 불균형은 전 세계적인 현상이다.

예를 들어 미국에서 IT 산업에 종사하는 여성의 비율은 25%이다. 영국에서 16%, 싱가포르에서 30%, 홍콩에서 17%이다. 이 과정에서 여성의 요구와 관점이 고려되지 않을 위험이 있음은 분명하다. 도시는 남성이 남성을 위해 만들어 가고 있고, 데이터를 현실로 바꿀 수 있는 여성의 잠재력은 거의 적용되지 않는다. 이러한 성별 데이터 격차는 여성뿐만 아니라 남성과 사회 전반에도 부정적인 영향을 미친다.

데이터의 성별 데이터 격차는 애초에 공개되지 않은 데이터나 수집되지 않았기 때문에 AI 시스템에 성 편향적 데이터가 입력되어 축적되고 있다(Aldasoro et al 2024). 그 원인은 STEM 분야 전문직에서 여성의 대표성이 부족한 점에서도 일부 찾을 수 있다(Blackburn, 2017). 버클리 하스 평등, 젠더 및 리더십 센터(Berkeley Haas Center for Equity, Gender and Leadership)의 연구에 따르면 다양한 산업 분야에 걸쳐 133개의 AI 시스템을 분석한 결과 약 44%가 성별 편견을 보였고 25%는 성별과 인종 편견을 모두 나타냈다(UN Women 2024).

AI의 성별 편견을 제거하는 것은 AI 시스템이 개념화되고 구축됨에 따라

페이스북 데이터를 기반으로 한
글로벌 AI 인력

여성

15%

남성

Source: Simonite 2018.

구글 데이터를 기반으로 한
글로벌 AI 인력

여성

10%

남성

Source: Simonite 2018.

LinkedIn 데이터를 기반으로 한
글로벌 AI 인력

여성

10%

남성

Source: World Economic Forum 2018

그림 10. 글로벌 AI 인력의 성별
(출처: Wajcman et al., 2020)

목표로서 양성평등을 우선시하는 것에서 시작된다. 여기에는 잘못된 표현에
대한 데이터를 평가하고, 다양한 성별 및 인종 경험을 대표하는 데이터를 제
공하고, AI를 개발하는 팀을 재구성하여 더 다양하고 포괄적으로 만드는 것이
포함된다. 2023년 글로벌 성별 격차 보고서에 따르면 현재 AI에서 일하는 여
성은 30%에 불과하다.

　압도적으로 남성으로 구성된 인공지능 전문가들은 야기될 수 있는 잠재적
인 성차별 또는 편견 피해를 예측하고 식별하지 못할 뿐만 아니라, 인공지능
기술은 여전히 신비에 싸여 있다. 영향을 받을 수 있는 지역사회 구성원은 모
두 이 과정에 참여하지 않는다. 새로운 기술의 구현은 종종 기존의 불평등을
강화하거나 악화시키는 역할을 할 수 있다. 특정 젠더의 요구와 성 불평등을
유지하는 사회 구조 측면에서 계획 단계부터 성별을 고려하지 않음으로써 스
마트시티는 여성에게 더 불이익을 줄 가능성이 높다.

■ 결론

우리나라 스마트시티 정책은 전반적으로 기술적 혁신과 효율성을 강조하고 있어, 양성평등을 구체적으로 명시하는 정책이나 사업은 부족하다. 그러나 여기서 예외는 여성이 주 대상인 안전 관련 정책 사업으로 주로 안전귀가 앱, 안전 귀갓길, 안전 스카우트 서비스 등으로 나타난다.

여성의 안전 보장 차원에서 유시티의 스마트 CCTV, 긴급호출 시스템 등은 여성의 안전을 보장할 수 있는 중요한 요소이다. 이러한 기술이 여성의 안전 문제 해결에 얼마나 효과적인지는 지속적인 평가와 개선이 필요하다. 스마트시티의 배경을 보면 스마트시티의 계획은 국가가 지방정부가 따라야 할 표준화된 계획을 제공한다. 이처럼 동일한 기준을 획일적으로 적용함으로써 근본적으로 동일한 스마트시티 인프라가 반복적으로 조성되었다. 스마트시티 제도 및 사업, 통합 플랫폼 기반 연계 서비스 등 모두 양성평등을 반영한 정책 수립과 실행이 필요하다. 성별 영향을 평가하고, 여성과 남성의 요구를 반영한 서비스 디자인을 통해 더욱 포괄적이고 공평한 스마트시티를 실현하는 것이다.

스마트시티 (빅)데이터는 해석하기에 따라 알고리즘을 비롯한 다양한 모델에 맞게 처리되어 맞춰진다. 이러한 각 단계에서는 누군가가 데이터에 대한 결정을 내려야 하며 이러한 결정은 중립적이지 않다. 예를 들면 (빅)데이터 중 필요한 부분과 불필요한 부분을 구성하는 요소를 구분하여 데이터를 식별하고 처리하는 결정이 중요하다. 이러한 모든 결정은 결정권자의 세계관, 관점과 편견에 의해 결정된다. 따라서 편향된 결정을 방지하기 위하여 데이터 분야에 남성과 여성이 함께 작업할 필요성이 있다.

데이터의 구성은 규모보다 더 중요하다. 남성과 여성이 함께 스마트시티 계획 과정부터 참여한 플랫폼을 통해 수집된 데이터는 사회에서 잘 '보이지 않는 것'까지 담을 가능성이 커진다. 이런 정보를 읽어 만든 스마트시티 솔루션은 더 양성평등할 것이고 편향된 데이터를 기반으로 불공정한 알고리즘이 감소할 수 있겠다.

도시의 여성에 대한 데이터와 사회적 영향 평가를 일반화하는 것도 중요하다. 결국 ICT는 사람들이 그것들을 통제하는 것만큼 좋을 뿐이고, 기술 분야에서 일하는 것은 주로 남성이다. 스마트시티와 양성평등한 도시 사이에서 스마트 요소에만 집중하는 것이 배제되거나 소외된 사람들에게 해를 끼칠 수 있는 반면, 평등에 집중하는 것은 스마트 기술이 사회 정의를 어떻게 증진시킬지에 대한 잠재력을 고려하지 못할 수 있다는 것을 보여준다. 첨단기술의 이해관계자 중 여성을 포함하는 것이 혁신의 견고성을 높일 것으로 인식된다.

스마트시티는 첨단 기술을 활용하여 도시 문제를 해결하고 주민의 삶의 질을 높이는 것을 목표로 한다. 스마트시티는 양성평등을 증진시킬 잠재력을 가지고 있지만, 이를 완전히 실현하기 위해서는 다양한 도전과 과제가 존재한다. 우리나라의 경우 스마트시티의 계획 과정에서 결정권자들은 대다수가 남성이다. 기술은 사회적으로 형성되었기 때문에 성주류화가 되지 않은 결정 과정은 도시에 살고 있는 사람들에게 예상하지 못한 영향을 미칠 수 있다. 보이지 않는 효율성에 기반한 도시 시스템을 만드는 대신, 여성과 남성의 다양한 필요와 상황에 따라 조율하고 목소리가 반영될 기회를 줌으로써 양성평등한 도시 조성에 초점을 맞출 필요가 있다.

참고
문헌

김도년.(2015). 서울 상암디지털 미디어시티(DMC)의 조성. Seoul Solution 웹페이지. https://www.seoulsolution.kr/ko/content/%EC%84%9C%EC%9A%B8-%EC%83%81%EC%95%94%EB%94%94%EC%A7%80%ED%84%B8%EB%AF%B8%EB%94%94%EC%96%B4%EC%8B%9C%ED%8B%B0dmc%EC%9D%98-%EC%A1%B0%EC%84%B1

박찬호, 이상호, 이재용, 조영태.(2022). 스마트시티 에볼루션. 북바이북.

서울대학교 아시아도시사회센터.(2024). 기술주의 너머의 스마트 도시. 한울.

서울특별시. 2021. 긴급상황에 깜빡깜빡 스마트보아는 귀갓길 안전지킨다. 내 손안에 서울. 10월 8일 발행. https://mediahub.seoul.go.kr/archives/2002891

염인섭.(2022). 대전시 성평등 도시계획기법 도입에 관한 연구. 기본연구 2022-22. 대전세종연구원.

오세진.(2024). 디지털 성범죄 피해자 절반 이상이 1020 여성 … '딥페이크' 피해 늘어. 한겨레 4월 2일. https://www.hani.co.kr/arti/society/women/1134850.html

이승희.(2020). 여성친화도시와 기반시설. 도시정보(486), 22-24.

임서환.(2024). 스마트 도시 이야기: 허의와 실제 사이. In: 서울대학교 아시아도시사회센터(기획). 기술주의 너머의 스마트 도시. 한울.

정원호.(2018). 4차 산업혁명이 만드는 포용도시: 도시의 혁신, 스마트시티. 교학사.

정희훈.(2021). 국내 스마트시티 현황과 시사점. KDB산업은행 미래전략연구소 산은조사월보 792, 31-47.

조선미.(2018). 통계로 본 ICT 산업의 여성인력 현황과 디지털정보화 수준의 성별 격차. KWDI 성인지통계 리포트 21-1. 한국여성정책연구원.

통합데이터지도.(2021). https://www.bigdata-map.kr/datastory/new/story_37

Aldasoro, I., Armantier, O., Doerr, S., Gambacorta, L., & Oliviero, T.(2024). The gen AI gender gap. Economics Letters 241. https://doi.org/10.1016/j.econlet.2024.111814

Albino, V., Berardi, U., & Dangelico, R. M.(2015). Smart cities: Definitions, dimensions, performance, and initiatives. Journal of Urban Technology, 22(1), 3-21. https://doi.org/10.1080/10630732.2014.942092

Alliance for Automotive Innovation (AAI).(2024.8.1. 접속). https://www.autosinnovate.org/initiatives/innovation/autonomous-vehicles/benefits-of-havs

Attoh, K. A.(2011). What kind of right is the right to the city? Progress in Human Geography 35(5), 669-685.

Blackburn, H.(2017). The status of women in STEM in higher education: A review of the literature 2007-2017. Science & Technology Libraries 36(3), 235-273.

Calvi, A.(2022). Gender, data protection & the smart city: Exploring the role of DPIA in achieving equality goals. European Journal of Spatial Development, 19(3), 24-47. https://doi.org/10.5281/zenodo.6539249

Caragliu, A., del Bo, C. and Nijkamp, P.(2009). Smart cities in Europe, 3rd Central European Conference in Regional Science(CERS), 45-59.

Center of Excellence for NEOM Research at KAUST(2024.8.15. 접속).

(https://cemse.kaust.edu.sa/cnr/news/smart-cities-concepts-architectures-research-opportunities)

Chang, J., Choi, J., An, H., & Lee, J.(2020). Perception analysis of pedestrian environment in the smart city from a gendered perspective: Case of Sejong City's 2-2 District (Saerom-dong) Special Design Zone for Women. Journal of Korean Urban Management Association 33(2), 81-98.

Cheryan, S. & Markus, H. R.(2020). Masculine defaults: Identifying and mitigating hidden cultural biases. Psychological Review 127(6), 1022-1052. https://doi-org.libproxy.hongik.ac.kr/10.1037/rev0000209

Cocchia, A.(2014). Smart and digital city: A systematic literature review. In R. P. Dameri & C. R. Sabroux (eds.) Smart City. Springer International Publishing.

Criado Pérez, C.(2019). Invisible Women: Exposing Data Bias in a World Designed for Men. Chatto & Windus.

Dauvergne, P.(2020). AI in the Wild: Sustainability in the Age of Artificial Intelligence. MIT Press.

Fortune Business Insigths.(2024). IoT in smart cities market.(2024.8.25. 접속).

(https://www.fortunebusinessinsights.com/ko/iot-in-smart-cities-market-105029)

Frank, E., & Fernández-Montesinos, G. A.(2020). Smart city = smart citizen = smart economy? An economic perspective of smart cities. In G. Cornetta, A. Touhafi, G. Muntean (eds.), Social, Legal, and Ethical Implications of IoT, Cloud, and Edge Computing Technologies. IGI Global Publishing House.

Giffinger, R., Fertner, C., Kramar, H., & Meijers, E.(2007). Smart Cities: Ranking of European Medium-Sized Cities. Centre of Regional Science. http://www.smart-cities.eu/download/city_ranking_final.pdf

Green, B (2019). The Smart Enough City: Putting Technology in its Plac to Reclaim Our Urban Future. The MIT Press.

Hollands, R. G.(2008). Will the real smart city please stand up? Intelligent, progressive or entrepreneurial? City 12(3), 303-320.

IBM.(2009). A vision of smarter cities: How cities can lead the way into a prosperous and sustainable future. IBM Institute for Business Value. IBM Global Business Services.

Katyal, S. K., & Jung, J. Y.(2021). The gender panopticon: AI, gender, and design justice. UCLA Law Review 68(3), 692-785.

Kotnala S., & Ghosh, R.(2018). Calling for a gender approach to 'smart' and 'resilient' cities. UN Women. https://wrd.unwomen.org/explore/insights/calling-gender-approach-smart-and-resilient-cities

Lefebvre, H.(1996). Writings on Cities. Edited and translated E. Kofman, E. Lebas; Blackwell: Oxford.

Lopes, C. A., & Handforth, C.(2020). What big data means for smart cities. https://ourworld.unu.edu/en/what-big-data-means-for-smart-cities

Loukides, M.(2021). 2921 Data/Ai Salary Survey. O'Reilly Media. https://www.oreilly.com/radar/2021-data-ai-salary-survey/

Luqman, M., Rayner, P.J., & Gurney, K.R.(2023). On the impact of urbanisation on CO2 emissions. Urban Sustainability 3(6). DOI: 10.1038/s42949-023-00084-2

Macaya, J. F. M,, Dhaou, S., & Cunha, M. A.(2022). Gendering the smart cities: Addressing gender inequalities in urban spaces. In Proceedings of the 14th International Conference on Theory and Practice of Electronic Governance (ICEGOV '21). Association for Computing Machinery, New York, NY, USA, 398-405. https://doi.org/10.1145/3494193.3494308

Manville, C., Cochrane, G., Cave, J., Millard, J., Pederson, J. K., Thaarup, R., Liebe, A., Wissner, M., Massink, R., & Kotterink, B.(2014). Mapping Smart Cities in the EU. European Parliament

Marketsandmarkets(2021). Smart cities market.

https://www.marketsandmarkets.com/Market-Reports/smart-cities-market-542.html?gad_source =1&gclid=CjwKCAjw_Na1BhAlEiwAM-dm7HA_EA13umFpyVwsId7rIIjtrqYl_Kvpc9v6_XCTWK9q-1yUW7wEnRoCxB8QAvD_BwE

Microsoft & PwC.(2019) How AI can enable a sustainable future. (2024.8.1. 접속) https://news.microsoft.com/ wp-content/uploads/prod/sites/53/2019/04/PwC-Executive-Summary.pdf

National Research Foundation of Singapore, "Virtual Singapore", 2020, https://www.nrf.gov.sg/programmes/ virtual-singapore

OECD.(2023). Smart City Data Governance: Challenges and the Way Forward. OECD Urban Studies. https://www.oecd.org/en/publications/smart-city-data-governance_e57ce301-en.html

de Oliveira Neto, J. S. & Kofuji, S. T.(2016). Inclusive smart city: an exploratory study. In UAHCI, Part II, LNCS 9738, 456-465. DOI: 10.1007/978-3-319-40244-4_44.

Reportlinker.(2021). Global smart cities market to reach $2.5 trillion by 2026. https://www.globenewswire. com/news-release/2021/07/12/2260896/0/en/Global-Smart-Cities-Market-to-Reach-2-5-Trillion-by-2026.html

Rose, G, Raghuram, P, Watson, S,, & Edward W.(2021). "Platform urbanism, smartphone applications and valuing data in a smart city." Transactions of the Institute of British Geographers, 46 (1): 59-72.

Sadowski, J.(2019). When data is capital: Datafication, accumulation, and extraction. Big Data & Society, 6(1), 1-12.

Sadowski, J.(2020). Cyberspace and cityscapes: On the emergence of platform urbanism. Urban Geography, 41(3), 448-452.

Sangiuliano, M.(2014). Gender and social innovation in cities. SEISMiC Gender Action Plan & Toolkit, Deliverable no. 2.2. European Center for Women and Technology. https://www.academia.edu/10769259/ Gender_and_Social_Innovation_in_Cities_SEiSMiC_Gender_Action_Plan_and_Toolkit

Seto, K. C. et al.(2014). Human Settlements, Infrastructure and Spatial Planning. Cambridge University Press.

Shelton, T., & Lodato, T.(2019). Actually existing smart citizens: Expertise and (non)participation in the making of the smart city. City 23(1), 35-52.

Townsend, A.(2013). Smart Cities: Big Data, Civic Hackers, and the Quest for a New Utopia. 1st edition. W.W. Norton & Company,

Treaty of Amsterdam.(1999). (cf. Treaty of Amsterdam 1997, Article 13, para 1).

van Twist, A., Ruijer, E., & Meijer, A.(2023). Smart cities & citizen discontent: A systematic review of the literature. Government Information Quarterly 40(2). DOI: 101799

UK Department for Business Innovation & Skills. 2013. Smart cities: Background paper. Ref: BIS/13/1209. https://assets.publishing.service.gov.uk/media/5a74847740f0b61938c7e15b/bis-13-1209-smart-cities-background-paper-digital.pdf

Ullah, A., Anwar, S.M., Li, J. et al. Smart cities: the role of Internet of Things and machine learning in realizing a data-centric smart environment. Complex Intell. Syst. 10, 1607-1637(2024). https://doi.org/10.1007/

s40747-023-01175-4

United Nations Human Settlements Programme.(2002). The Global Campaign on Urban Governance: Concept Paper, 2nd Edition. Nairobi, Kenya: UN-HABITAT. Available online on: https://unhabitat.org/global-campaign-on-urban-governance-the (accessed on June 10, 2020).

United Nations.(2018). World Urbanization Prospects 2018. United Nations Population Division of the UN Department of Economic and Social Affairs (UN DESA).

UNCHS.(2000). UNCHS (Habitat): the global campaign for good urban governance. Environment and Urbanization 12(1), pp. 197-202.

UNCTAD.(2019). Workshop on Applying a Gender Lens to Science, Technology and Innovation. https://unctad.org/system/files/official-document/CSTD2018-19_r01_GenderWorkshop_en.pdf

UN Women UK.(2021). Prevalence and reporting of sexual harassment in UK public spaces. A report by UK All-Party Parliamentary Group (APPG) for UN Women. March. https://publications.parliament.uk/pa/cm/cmallparty/rules/guide.html

UN Women UK.(2024). Artificial Intelligence and gender equality. https://www.unwomen.org/en/news-stories/explainer/2024/05/artificial-intelligence-and-gender-equality

Urban Development Vienna.(2013). Gender Mainstreaming in Urban Planning and Urban Development. Werkstattbericht Nr. 130 A. Manual for Gender Mainstreaming in Urban Planning, 17.

Vacchelli E., & Kofman, E.(2018). Towards an inclusive and gendered right to the city. Cities 76, 1-3.

Wajcman, J., Young, E., & Fitzmaurice, A.(2020). The Digital Revolution: Implications for Gender Equality and Women's Rights 25 Years after Beijing. Discussion Paper 36, UN Women.

Wiig, A.(2015). IBM's smart city as techno-utopian policy mobility. City 19(2-3), 258-273.

World Economic Forum.(2020). We have a business and social imperative to transform equity, inclusion and social justice. Available online: https://www.weforum.org/agenda/2020/10/we-have-a-business-and-social-imperative-to-transform-equity-inclusion-and-social-justice/ (accessed on 5 December 2020).

Yigitcanlar, T., & Lee, S. H.(2014). Korean ubiquitous-eco-city: A smart-sustainable urban form or a branding hoax? Technological Forecasting and Social Change 89, 100-114.

Yuan, Y., Masud, M., Chan, H., Chan, W., & Brubacher, J. R.(2023). Intersectionality and urban mobility: A systematic review on gender differences in active transport uptake. Journal of Transport & Health 29. 101572.

1 남성과 여성을 동일한 방식으로 대하려는 의도를 '젠더 블라인드'라고 하는데 이 접근 방식은 여성의 특수성을 무시하고 존재하지 않은 중립성을 주장한다. 남성이 디폴트(default)로 기준이 되어 여성이 '타자'로 존재하는 권력 관계의 복잡성을 무시하고 도시에 존재하는 불평등(이동성, 여가, 주거 접근성, 폭력 등)을 간과한다(Macaya et al. 2021).

2 산업시대는 산업혁명이 영국에서 시작한 약 1760년부터 20세기 후반까지의 기간을 말한다(Wikipedia https://en.wikipedia.org/wiki/Industrial_Age)

3 스마트 시민(Smart Citizen)은 지역 사회에서 삶의 질을 향상시키기 위해 기술과 데이터를 사용하는 데 적극적으로 참여하는 개인으로 디지털 기술을 활용하여 스마트 시티 환경에 참여하고 지역 문제를 해결하며 의사 결정에 참여하는 디지털 지식을 갖춘 사람이다(Frank & Fernández-Montesinos 2020, 20).

4 스마트 암스테르담: https://lab.ih.co.kr/reference/detail?IDX=116&board_type=2&page=1

7

기후위기 시대:
재해 취약계층의 인권이 위험하다

기후위기 시대:
재해 취약계층의 인권이 위험하다

▋ 기후변화와 기후위기란?

영화 「투모로우(The Day After Tomorrow)」의 포스터는 꽁꽁 얼어붙은 자유의 여신상과 뉴욕시를 배경으로 하고 있다. 지구가 따뜻해지면서 북극의 빙하가 녹아 대량의 민물이 바다로 유입되어 바닷물의 순환이 멈추고, 그 결과 뉴욕시를 비롯한 북반구가 빙하기를 맞이하게 된다는 내용을 다룬다. 해수 순환은 적도의 따뜻한 바닷물이 극지방으로 이

그림 1. 영화 「투모로우」의 포스터(2004)

동해 차가워진 후 심해로 가라앉고, 다시 적도로 돌아오는 과정이다. 이 순환 덕분에 북위 51°임에 위치한 영국 런던도 비교적 따뜻한 기후를 유지한다.

정말 지구는 따뜻해지고 있으며, 기후가 변화하고 있는 것일까?

우리나라의 2024년 여름은 기온, 열대야 일수, 시간당 강수량, 해수면 온도 모두 기록적인 수치를 보였으며, 9월 말까지 이어진 더위로 인해 9월 17일 추석에도 다수의 지역에서 폭염경보 기준인 35℃를 넘겼다. 이는 기상 관측 이래 가장 더운 추석 연휴로 기록되었다.

기상청의 '종합 기후변화감시정보'에 따르면, 1973년부터 2023년까지 전국적으로 평균 기온이 상승하는 경향을 보였다. 예를 들어, 10년 동안 원주는 0.64℃, 청주는 0.59℃, 구미는 0.5℃, 서울은 0.34℃씩 상승했다. 특히 서울의 연평균기온은 1980년대 중반 이후부터 더욱 급격하게 상승하고 있으며, 이는 기후변화의 영향이 지속적으로 가속화되고 있음을 보여준다.

우리나라의 기후 분석인 대한민국정부(2023)의 〈대한민국 기후변화 적응

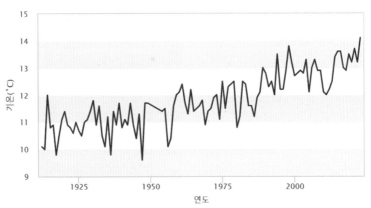

그림 2. 서울의 연평균 기온 변화(1973-2023)
(출처: 기상자료개방포털)

보고서〉에 따르면, 우리나라는 전 세계 평균보다 더 빠른 온난화 속도를 보이며, 지난 109년간(1912-2020) 연평균기온이 약 1.6℃ 상승하여 전 세계 평균인 1.09℃ 상승보다 빨랐다. 표층 수온 역시 최근 50년간(1968-2017) 1.23℃ 상승하여, 전 세계 평균인 0.48℃를 약 2.6배 상회하였다. 최근 30년간(1989-2018) 해수면 상승도 전 세계 해수면 연간 평균 상승폭인 1.7mm보다 더 큰 2.97mm였다.

우리나라만 이런 현상을 겪는 것이 아니다. 전 세계적으로도 이상기후와 기후변화에 대한 우려가 지속되고 있다.

2024년 6월, 인도 델리에서는 40℃ 이상의 고온이 40일 연속으로 이어져 100명 이상의 사망자가 발생했으며, 물과 전력 부족 사태가 발생했다. 사우디아라비아에서도 하지 순례 기간 동안 50도 이상의 폭염으로 1,300명 이상의 사망자가 발생했다. 또한 중국, 멕시코, 미국 등에서도 폭염으로 인한 사망자가 잇따랐다. 이러한 현상은 올해에만 국한된 것이 아니다. 1979~2020년 유

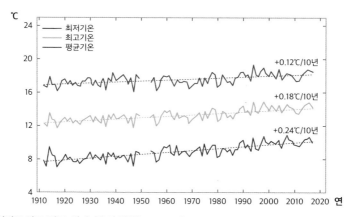

그림 3. 연평균 최고, 평균, 최저기온의 변화(1912-2017)
(출처: 한반도 100년의 기후변화(국립기상과학원, 2018, 그림2, p.7))

럽 지역의 폭염 발생 빈도와 강도는 북반구 중위도 지역의 다른 지역에 비해 3~4배 더 높아졌다. 특히 2022년 미국 캘리포니아 데스밸리에서는 1300년 이후 가장 심각한 폭염이 발생하기도 했다.

기후변화에 관한 정부 간 협의체(IPCC)는 1850년 이후 육지와 해양의 온도 그리고 이산화탄소와 메탄가스 같은 온실가스 농도를 분석한 결과, 산업화 이후 이산화탄소 배출량이 급격히 증가하면서 1950년대 이후 지구의 온도가 매우 빠른 속도로 상승하고 있다고 보고했다(IPCC 제5차 기후변화 보고서, Working Group I). 이 보고서는 21세기 후반에 남한 대부분 지역이 아열대 기후로 변화할 것이라고 예상했으며, 폭염·집중호우·태풍 같은 기상이변으로 인한 인명 및 재산 피해가 발생할 수 있다고 경고했다.

IPCC의 최근 보고서인 제6차 보고서 AR6(IPCC, 2023)에 따르면, 기후변화는 이미 전 세계적으로 인간 사회와 육상, 담수, 해양 생태계에 광범위한 피해와 손실을 초래하고 있다고 밝혔다. 특히 아프리카와 같이 역사적으로 기후변화에 적게 기여한 지역의 사람들이 기후변화로 인해 더 큰 취약성을 겪고 있다고 지적했다. 2011~2020년의 전 세계 지표면 온도는 1850~1900년보다 1.09°C 더 높았으며, 해양(0.88°C)보다 육지(1.59°C)에서 더 크게 상승했다. 전 세계 지표면 온도는 1970년 이후 계속해서 더욱 빠르게 증가하고 있다.

여기서 잠깐, 우리가 흔히 이야기하는 기후, 기후변화, 기후위기는 정확하게 어떤 것을 의미하는지 짚어보자.

기후(Climate)는 특정 지역에서 여러 해에 걸쳐 나타난 날씨의 평균적인 상태를 뜻한다. 이는 지역의 위도, 해발고도, 산맥과 바다의 분포, 해류, 식생 등 다양한 요소에 의해 결정된다. 예를 들어 우리나라는 중위도에 있으며, 3면이

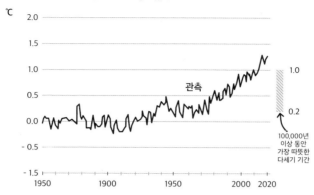

전 세계 표면 온도는 1850~1900년도에 비해서
2011~2020년까지 1.1℃ 증가했다

그림 4. 1850~2019년 사이 전 지구 지표면 온도 변화
(출처: IPCC(2023), 그림 2.1, p.43)

바다로 둘러싸여 있어 겨울에는 한랭건조하고 여름에는 온난다습한 사계절
이 뚜렷한 온대성 기후이다. 날씨는 매일매일의 기상 상태를 의미하며, 우리
는 날씨에 따라 옷을 고르거나 활동 계획을 세운다. 반면 기후는 긴 시간 동안
축적된 날씨의 평균적인 상태로 우리가 장기적으로 어떻게 생활해야 할지에
영향을 미친다. 예를 들어 남아프리카공화국 사람들은 겨울 털모자를 살 필요
가 없고, 그린란드의 여름을 대비해 반팔 티셔츠를 구입할 필요도 없다. 물론
기후변화가 지속된다면 앞으로는 그린란드의 여름이 달라질 수도 있겠지만
말이다.

기후변화(Climate Change)는 말 그대로 기후가 변화하는 현상을 뜻한다.
더 공식적인 정의로는, 「기후위기 대응을 위한 탄소중립·녹색성장 기본법(탄
소중립기본법)」 제2조에서 "기후변화란 인간의 활동으로 인해 온실가스 농도
가 변하면서 자연적인 기후변동에 추가적으로 일어나는 기후체계의 변화를

그림 5. '원주 국지성 집중호우'라는 제목으로 인터넷 커뮤니티 등에서 회자되는 사진
(출처: 출처: 인터넷 커뮤니티 갈무리(오마이뉴스, "원주 국지성 집중호우" 기이한 사진, 기상청에 확인하니, 2024.7.11.,
https://www.ohmynews.com/NWS_Web/View/at_pg.aspx?CNTN_CD=A0003045507))

의미한다"라고 설명하고 있다. 사실 기후는 항상 변화했다. 예를 들어 지구는 과거에 적어도 네 번 이상의 대규모 빙하기를 겪었으며, 마지막 빙하기는 약 115,000년 전에 시작되어 11,700년 전에 종료되었다. 현재 우리는 간빙기에 살고 있다. 하지만 인간의 활동으로 인한 온실가스 배출이 기후변화에 추가적인 영향을 미치면서, 기후변화는 더이상 자연적인 현상만이 아닌 인간의 영향을 받은 변화로 인식되고 있다.

최근에는 기후위기(Climate Crisis)라는 용어도 자주 사용된다. 「탄소중립기본법」 제2조에서는 기후위기를 "기후변화가 극단적인 날씨뿐만 아니라 물 부족, 식량 부족, 해양 산성화, 해수면 상승, 생태계 붕괴 등 인류 문명에 회복할 수 없는 위험을 초래하는 상태"로 정의하며, 이를 해결하기 위해서는 획기적인 온실가스 감축이 필요하다고 명시하고 있다. 즉 기후변화로 인해 폭염이나 홍수 같은 자연재해가 발생할 뿐만 아니라, 물과 식량의 부족, 생태계의 붕괴로 인해 인류에게 직접적인 영향을 미치는 상태를 기후위기로 정의하고 있다.

실제로 우리가 경험하고 있는 폭염, 폭우, 물 부족, 식량 부족 등이 모두 기후위기의 일환으로 볼 수 있다. 우리나라도 최근 여름철 폭염과 국지성 호우 등 예전에는 보기 드물었던 기상현상이 나타나고 있으며 이로 인한 인명 및 재산 피해가 매년 발생하고 있다. 예를 들어 2024년 원주 지역에 내린 국지성 호우가 큰 화제가 되었다. 한여름 기록적인 폭염 속에서 뜨겁게 달궈진 지면의 공기가 상층의 차가운 공기와 만나면서 대기 불안정이 발생하고 국지적인 소나기가 내린 것이다. 이처럼 폭염과 홍수는 기후변화의 결과로 나타나는 다양한 위기 상황 중 일부에 불과하다. 우리는 이러한 위기 상황들이 실제로 우리의 생활에 어떤 영향을 미치고 있는지 충분히 인식하지 못한 채 매년 같은 피해를 겪고 있는 것이다.

▪ 폭염과 온열질환: 재해 취약계층의 인권

'폭염'은 매우 심한 더위를 뜻하며(기상청, 2020), 우리나라 기상청에서는 일 최고체감온도 33℃ 이상인 날을 정의하지만, 나라와 연구마다 수치적인 정의가 다양하다. 우리나라는 2020년 5월부터 기온과 습도를 고려하는 체감온도 기준으로 33℃ 또는 35℃ 이상이 2일 이상 지속이 예상되거나, 중대한 피해 발생이 예상될 때 폭염특보(폭염주의보와 경보)를 발표한다.

표 1. 폭염특보 발효 기준

폭염주의보	폭염경보
폭염으로 인하여 다음 중 어느 하나에 해당하는 경우	폭염으로 인하여 다음 중 어느 하나에 해당하는 경우
• 일최고체감온도 33℃ 이상인 상태가 2일 이상 예상될 때 • 급격한 체감온도 상승 또는 폭염 장기화 등으로 중대한 피해 발생이 예상될 때	• 일최고체감온도 35℃ 이상인 상태가 2일 이상 예상될 때 • 급격한 체감온도 상승 또는 폭염 장기화 등으로 광범위한 지역에서 중대한 피해 발생이 예상될 때

(출처 : 기상청 누리집)

폭염특보는 폭염주의보와 폭염경보로 구분되며, 폭염주의보는 일최고체감온도가 33℃ 이상인 상태가 2일 이상, 폭염경보는 일최고체감온도가 35℃ 이상인 상태가 2일 이상 예상될 때 발표된다.

우리나라에서는 매년 폭염으로 인한 인명피해가 발생하고 있다.

지구 온난화로 인해 폭염의 빈도와 강도가 증가하면서 우리의 일상생활에도 큰 영향을 미치고 있다. 특히 폭염의 피해는 주로 경제적으로 취약한 계층과 야외에서 일하는 노동자들에게 집중된다. 이들은 에어컨이 없는 환경에서 생활하거나 작업하는 경우가 많아, 폭염으로 인해 열사병과 같은 온열질환에 더욱 취약해질 수밖에 없다.

질병관리청은 이러한 폭염 피해에 대비해 매년 6월부터 9월까지 '온열질환 응급실 감시 체계'를 운영하고 있다. 이를 통해 전국 500개 이상의 의료기관에서 응급실을 찾는 온열질환자 사례를 수집하고 분석한다.

일반적으로 사람들은 높은 온도에 노출되면 열사병, 열탈진, 두통, 무기력

그림 6. 연도별(2011-2023) 온열질환자 수, 폭염일수 및 서울의 연평균 기온
(출처: 여성가족부, 2023)

등 다양한 온열질환 증상을 겪을 수 있으며, 심한 경우 탈수, 뇌혈관질환, 심혈관질환으로 이어져 치명적일 수 있다. 특히 만성질환자, 노인, 소아 같은 취약계층은 폭염 때문에 사망할 위험이 더욱 크다. 응급실을 방문한 온열질환자 대부분은 치료 후 호전되어 퇴원하지만, 일부는 사망에 이르는 경우도 있으며, 이를 '온열질환 추정 사망자'로 분류한다.

2023년 여성가족부의 보고서 〈2023년 글로벌 성평등 의제 및 정책사례 연구: 기후변화와 양성평등(이하, 여성가족부, 2023)〉에 따르면 연도별 온열질환자 수와 폭염일수를 비교할 때, 2011년 감시 체계 시작 이후 가장 많은 온열질환자가 발생한 해는 2018년으로, 당시 폭염일수가 31일에 달해 4,526명의 온열질환자가 발생했다. 2011년부터 2023년까지 서울의 연평균 기온은 점차 상승하는 경향을 보이지만, 온열질환자 수는 이러한 기온 상승과 직접적인 상관관계가 있는 것은 아니다. 평균 기온이 높아져도 일정한 수준에서 적응할 수 있지만, 일최고기온이 33℃를 넘는 '폭염일수'와 온열질환자 수는 매우 강력한 상관관계를 보인다. 즉, 폭염이 발생할 때는 온열질환 예방을 위해 각별한 주의가 필요하다는 것을 시사한다.

성별과 연령에 따른 폭염 피해

온열질환 사망자의 80% 이상은 60대 이상이다. 그러나 이 통계를 성별과 연령으로 나누어 보면 다소 다른 양상을 보인다. 40~60대 중장년층에서는 남성 사망자가 더 많은 반면, 80대 이상의 경우 여성 사망자가 월등히 많다. 즉 성별에 따라 연령대별 사망자 수가 크게 달라진다는 것을 알 수 있다. 2024년 8월에 발생한 폭염으로 인한 사망자 사례도 이러한 경향을 반영한다. 한 60대 남성 근로자가 건설 현장에서 열사병으로 사망한 반면, 80대 여성노인이 밭일을 하다가 열사병으로 사망한 사고가 발생했다.

연령대별로 특정 성별이 더 취약한 이유는 무엇일까?

폭염이 유발하는 온열질환 피해는 나이, 기저질환 유무, 소득과 교육 수준, 지역 등 다양한 요인에 따라 달라진다. 고령화, 도시화, 기후변화가 이러한 위험을 더욱 악화시키고 있다. 신체적으로 취약한 조건을 지녔어도 경제적 여유가 있어 냉방 시설이 잘 갖춰진 실내에서 생활할 수 있다면 폭염으로 인한 온열질환에 덜 취약할 것이다. 반면 야외에서 작업을 해야 하는 직업군이나 신체적 취약성을 가진 사람들은 폭염에 더 큰 위험에 노출된다.

많은 연구에서 폭염 발생 시 여성이 남성보다 더 취약하다는 결과가 나타나고 있다. 이는 여성의 체지방률이 상대적으로 높고 체내 수분 비율이 낮아 체온 조절이 남성보다 어렵기 때문일 수 있다. 특히 고령 여성의 경우 경제적 여건이 좋지 않아 적절한 냉방 시설을 갖추지 못한 경우가 많아 폭염으로 인한 사망 위험이 높다. 예를 들어 2003년 유럽 폭염 기간 동안 프랑스에서는 65세 이상 여성의 사망률이 남성보다 15% 더 높았다는 연구 결과가 있다(van Steen, et. al., 2019). 또한 인도에서도 2000~2019년 여성의 폭염 관련 사망률이 남성보다 크게 증가했으며, 특히 2010년 이후 여성 사망률이 남성보다 9.84% 더 높았다(Lin, et. al., 2024).

2023년 스페인 바르셀로나 세계보건연구소(ISGlobal)에서 발표한 논문에 따르면, 2023년 유럽 폭염으로 약 50,000명이 사망했으며, 여성과 노인이 특히 취약한 것으로 나타났다. 연구에 따르면 여성의 사망률은 남성보다 1.55배 높았고, 80세 이상의 고령층은 65~79세보다 8.68배 높은 사망률을 보였다.

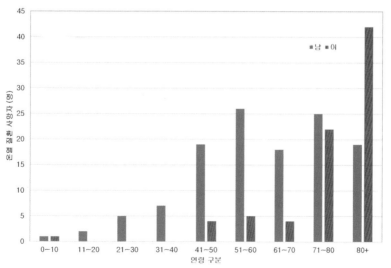

그림 7. 온열질환 사망자 연령별 성별 구분(2011-2023)
(출처: 여성가족부, 2023)

우리나라에서도 폭염이 고령층, 특히 노인 여성들에게 더욱 치명적인 영향을 미칠 수 있을까?

연도별로 성별과 고령자(65세 이상) 비율을 분석한 결과 응급실을 방문한 온열질환자 중 남성의 수는 매년 여성의 두 배 이상이었다. 그러나 고령자의 비율에서는 큰 차이가 있었다. 여성 환자 중 약 50%가 고령자였던 반면 남성의 경우 약 20%만이 고령자였다. 이는 남성 환자들이 주로 젊은 연령층에서 발생해 응급실 치료 후 회복될 가능성이 높은 반면, 여성 온열질환자는 고령자의 비율이 높아 더 위험한 상황에 처할 가능성이 크다는 것을 보여준다.

매년 응급실을 방문하는 온열질환자는 1,000명을 넘는 경우가 많으며, 그 중 약 0.5~1.5% 정도가 사망한다. 예를 들어 2018년처럼 폭염이 극심했던 해에는 4,526명이 응급실을 방문했으나, 그중 약 1.0%에 해당하는 48명이 사망했다. 남성과 여성의 사망률도 차이가 있었다. 남성 응급실 방문자 중 약 0.5~1.0%가 사망한 반면 여성의 경우 1.0~2.3%가 사망했다. 이는 여성 응급실 방문자 중 고령자의 비율이 더 높기 때문이다.

결국, 우리나라에서도 고령 여성에게 폭염은 특히 더 치명적인 재난으로 작용하는 것으로 보인다. 이는 고령 여성들이 경제적 여건이나 신체적 취약성으로 인해 폭염에 더 많이 노출되고, 적절한 대응을 하지 못해 심각한 피해를 입을 가능성이 크다는 것을 시사한다.

폭염 발생 시 온열질환 사망자 발생 장소를 조사한 결과 역시 흥미롭다. 논이나 밭, 비닐하우스와 같은 농업지역에서 일을 하다가 사망하는 경우가 가장 많았으며, 건설 현장이나 물류센터 등과 같은 작업장 그리고 실외에서 사망하는 경우가 많았다.

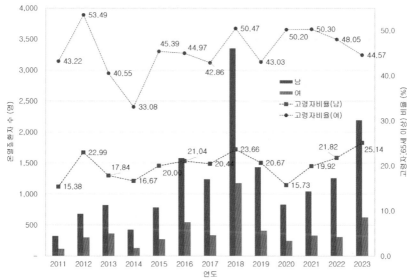

그림 8. 연도별 온열질환자 수 및 고령자(65세 이상) 비율
(출처: 여성가족부, 2023)

농업지역에서는 남성보다 여성의 사망자 수가 더 많았다. 여성이 밭이나 비닐하우스와 같은 농업지역에서 일할 확률이 높기 때문이며, 농촌지역 고령화도 영향이 있어 보인다. 그러나 작업장이나 실외에서 사망하는 경우는 여성보다 남성의 비율이 월등히 높다. 이는 폭염 시 외부 작업장에서 적절한 조치 없이 작업하는 노동자들이 대부분 남성이기 때문에 그 피해가 크게 나타난 것으로 보인다. 마지막으로 경제적으로 취약계층인 여성 노령인구가 냉방 시설이 갖춰지지 않은 집에 거주할 가능성이 높기 때문에 실내 사망자 수는 여성이 더 많은 것으로 보인다.

성별에 따라 특정 성별이 폭염 시 온열질환 발생에 더욱 취약하다고 단정적으로 이야기하기는 어렵다. 다만, 사회적인 환경에 의해 연령대별로 폭염에

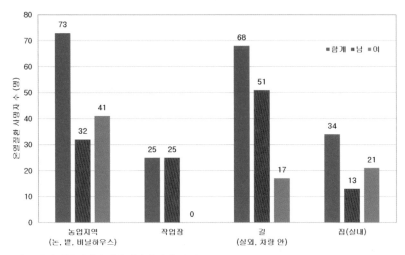

그림 9. 온열 질환 사망자 발생 지역별 성별 구분(2011-2023)
(출처: 여성가족부, 2023)

노출되는 양상이 다르고 그 정도가 성별에 따라서도 달라질 수 있다는 것을 인지해야 정확한 피해 저감 정책 수립이 가능할 것이다.

초고령화 사회로의 진입: 여성 노인 인구의 증가

우리나라는 이미 초고령화 사회에 진입했으며, 60세 이상 인구 중 여성의 비율이 높다. 특히 50대 인구가 가장 많고 연령대별로는 남성의 비율이 약간 더 높은 편이지만, 60대 이후부터는 여성의 비율이 점차 증가하며 80대 이상에서는 여성의 비율이 현저히 높아진다. 이는 여성의 평균 수명이 남성보다 길기 때문이다. 2022년 기준으로 여성의 평균 수명은 85.6세로 남성의 79.9세보다 5.7년 더 길다.

기대 수명의 성별 차이는 1인 가구 수에서도 뚜렷하게 드러난다. 20대 이후부터 1인 가구 수가 급격히 증가하는데, 20대와 30대의 1인 가구는 주로 결혼 전 독립한 가구로 이 연령대에서는 남성 1인 가구의 수가 더 많다. 40대에는 1인 가구 수가 줄어들지만 50대와 60대에 들어서면서 배우자의 사망이나 자녀의 독립 등의 이유로 1인 가구 수가 다시 증가한다. 60대 이후에는 여성 1인 가구 수가 남성보다 많아지며 70대 이상에서는 여성 1인 가구 수가 남성보다 현저히 많아진다.

고령 인구와 고령 여성의 증가 추세는 고령화 사회의 전형적인 특징으로 이에 따른 사회적 지원과 정책의 필요성을 보여준다. 이러한 인구와 세대 구성 변화를 고려한 정책 수립이 필수적이라는 점을 시사한다.

2023년 스위스의 여성 연금 생활자들과 환경단체 그린피스가 스위스 정부를 상대로 기후변화 대응을 문제 삼아 소송을 제기했다. 소송을 제기한 원고인 고령 여성들은 스위스 정부의 기후변화 대응이 부족하다고 주장했으며, 온실가스 감축 노력이 충분하지 않아 발생하는 폭염의 빈도와 강도가 증가하고 있어, 이로 인해 그들의 생명과 건강을 위협받고 있다고 강조했다. 이들은 스위스 정부의 기후 정책이 국제 인권 기준에 부합하지 않는다고 주장하며 이는 생명권과 건강권을 침해한다고 주장했다. 2023년 3월 유럽 인권 재판소에서 첫 심리가 이루어졌다. 이 과정은 기후변화를 인권 문제로 해석할 법적 기준을 마련하는 데 중요한 역할을 했다. 심리는 스위스 정부의 기후 정책이 충분한지 그리고 국제 인권 표준에 부합하는지를 중심으로 진행되었다. 이 사건을 기후변화가 단순한 환경 문제를 넘어 심각한 인권 문제로 인식되어야 함을 보여주는 계기가 되었다.

이처럼 우리나라뿐만 아니라 해외에서도 고령화 사회에 대비하고, 노인들

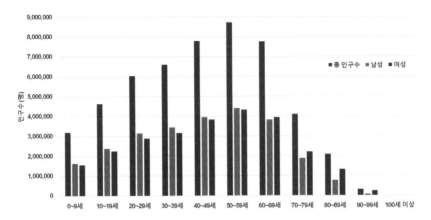

그림 10. 연령별 성별 인구수
(출처: 행정안전부 주민등록 인구통계, 2024년 8월 기준)

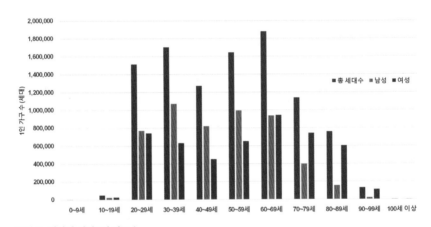

그림 11. 연령별 성별 1인 가구수
(출처: 행정안전부 주민등록 인구통계, 2024년 8월 기준)

의 재해 취약성을 줄이기 위한 다양한 정책이 마련되고 있다.

일본은 우리나라와 유사하게 초고령화 사회에 속해 있으며 고령화 문제 해

결을 위한 다양한 정책을 시행하고 있다. 일본은 65세 이상 인구가 전체 인구

의 약 29%에 달할 정도로 세계에서 가장 빠르게 고령화가 진행되고 있다. 여성의 평균 수명은 남성보다 더 길며 이는 고령 여성 1인 가구의 급격한 증가로 이어졌다. 이에 따라 일본 정부는 고령 여성의 사회적 고립을 방지하기 위해 '노인 커뮤니티 지원 프로그램'을 운영하고 있으며, 독거노인을 위한 공동 주거 시설과 지역 사회와의 연계를 강화하는 정책을 펼치고 있다. 또한 일본에서는 고령 여성의 안전 문제를 해결하기 위해 공공 주택과 생활 지원 서비스를 강화하는 등 다양한 정책적 노력이 이루어지고 있다.

일본은 폭염 피해를 줄이기 위한 대책도 활발히 추진 중이다. 일본 정부는 폭염 기간 동안 고령층이 폭염을 피할 수 있도록 공공장소에 냉방시설이 갖춰진 '쿨링 센터'를 운영하고 이를 적극 홍보하고 있다. 또한 고령자들이 폭염에 더 잘 대응할 수 있도록 물 공급과 냉방 용품을 제공하며, 폭염경보 시 문자나 알림 서비스를 통해 신속히 대처할 수 있는 시스템도 마련되어 있다.

유럽에서도 고령화 문제가 심각하게 대두되고 있다. 이탈리아와 독일 같은 국가들은 60세 이상 인구가 급증하면서 고령 인구에 대한 복지 시스템을 강화하고 있다. 특히 이탈리아는 초고령 여성 인구가 증가하면서 고령 여성의 경제적 취약성을 해결하기 위한 연금 제도 개편을 추진하고 있으며, 주거와 의료 서비스를 결합한 '통합 복지 시스템'을 도입해 고령 여성들의 삶의 질을 향상시키고 있다. 독일은 고령화에 대비해 건강보험 시스템을 개편하고 고령자 돌봄 서비스에 대한 재정적 지원을 강화해 고령 여성의 생활을 지원하고 있다.

미국도 고령화 사회로 빠르게 진입하고 있으며 여성 고령층의 증가가 뚜렷하다. 미국은 65세 이상 여성 인구가 증가함에 따라 여성 고령층의 경제적 안정을 도모하기 위해 사회보장제도를 강화하고 있다. 특히 1인 가구로 살아가는 고령 여성이 증가함에 따라 저소득층 노인 여성들을 위한 주거 보조 프로그램과 의료 지원 정책이 강화되고 있다. 미국은 노인 여성의 재취업 기회를 늘리기 위한 프로그램도 운영되며, 이들을 위한 일자리 창출 및 기술 교육을 통해 경제적 자립을 도울 수 있는 다양한 정책이 시행되고 있다.

■ 포용적인 기후 정책 수립으로 재해 취약계층의 인권 보호

지구 온난화는 점점 심각해지고 있으며 폭염·집중호우·태풍 같은 극단적인 기상 현상의 빈도와 강도가 계속해서 증가하고 있다. 이러한 기후변화는 단순한 환경 문제가 아니라 사회적 취약계층의 생존을 위협하는 중대한 문제로 부각되고 있다. 특히 쪽방촌과 반지하 등 취약지역에 거주하는 사람들, 저소득층·고령자·외국인 노동자·장애인·만성질환자 등 사회적 취약계층은 기후변화에 더욱 큰 영향을 받는다. 따라서 기후변화 대응 정책은 모든 계층과 성별을 고려한 다층적인 접근이 필요하며, 고령화 사회와 성별에 따른 취약성을 반영한 포용적인 기후 정책 수립이 절실하다.

폭염 기간 동안 실외에서 일하는 노동자들은 고위험군에 속하기 때문에 이들을 보호하기 위한 정책 강화가 필요하다. 예를 들어 폭염이 예상되는 날에는 실외 작업을 제한하거나, 작업 시간을 조정해 상대적으로 기온이 낮은 오전이나 저녁 시간대에 배치하도록 해야 한다. 또한 모든 실외 노동자에게 냉각 팩, 충분한 물 공급, 휴식 공간을 제공하는 것을 의무화하는 법적 규제를 강화해야 한다. 건설 현장이나 농업 노동자들이 쉴 수 있는 그늘막 설치를 의무화하고, 일정 시간마다 휴식을 취할 수 있도록 하는 규칙도 도입해야 한다.

마지막으로, 폭염경보 시스템을 도입하여 실외 노동자들에게 신속하게 폭염경보를 전달하고 실시간으로 기온을 확인할 수 있는 시스템을 강화하는 것도 효과적인 대책이 될 수 있다. 이러한 경보에 따라 작업 중단이나 대체 작업을 권고하는 정책도 마련해야 하며 이를 통해 폭염으로 인한 노동자의 건강과 안전을 보장할 수 있다.

고령화 사회에서 고령자들은 기후변화로 인한 피해를 가장 크게 받는 계층이다. 특히 독거노인이나 경제적으로 어려운 고령자들은 냉방 시설이 갖춰지지 않은 열악한 주거 환경에 거주할 가능성이 높기 때문에 폭염 시 사망 위험이 크다. 그러므로 독거노인과 경제적 취약계층에게 냉방기기 설치를 지원하고 여름철 전기료 부담을 줄이기 위한 보조금을 확대해야 한다. 특히 폭염 기간 동안 냉방기기를 제대로 사용할 수 있도록 전기료 감면 혜택을 제공할 필요가 있다.

지역사회를 중심으로 폭염 시 노인들이 안전한 곳에서 생활할 수 있도록 무더위 쉼터를 확충하고 노인 돌봄 서비스를 강화해야 한다. 특히 돌봄 서비스 제공자나 자원봉사자가 주기적으로 고령자 가구를 방문해 건강 상태를 점검하고 필요한 지원을 제공해야 한다. 또한 고령자들이 폭염 정보를 쉽게 받을 수 있도록 전화나 문자 메시지를 통해 폭염 경보를 전달하는 시스템을 마련해야 한다. 폭염 시에는 대피할 수 있는 경로와 시설을 안내하는 정보도 함께 제공하여 신속한 대응을 할 수 있도록 해야 한다.

이런 정책들이 수립되고 운영되어도 기후변화에 대한 인식이 부족하면 장기적인 대응이 어렵다. 따라서 기후변화와 그로 인한 위험성을 보다 널리 알리고, 모든 세대가 기후변화에 대비할 수 있도록 교육하는 것이 중요하다. 초중등 교과 과정에 기후변화와 환경 보호의 중요성을 강조하는 내용을 포함시켜 학생들이 어릴 때부터 기후변화의 심각성을 인식하고 대응 방법을 학습할 수 있도록 해야 한다.

또한 다양한 프로젝트 학습을 통해 학생들이 기후변화 해결에 직접 참여할 수 있는 기회를 제공해야 한다. 기후변화에 대한 인식을 높이기 위한 국가적 차원의 대중 캠페인을 활성화하고, 이를 통해 기후변화가 일상생활에 미치는 영향을 명확히 전달하고, 개개인이 실천할 수 있는 환경 보호 방법을 홍보하는 것이 필요하다.

포용적인 기후 정책 수립은 매우 중요한 국가적 아젠다이다. 특히 젠더 포용적인 기후 정책을 설계하기 위해 여성의 목소리를 반영하고, 여성 리더십을 강화하는 것이 필요하다. 유엔기후변화협약(UNFCCC)은 젠더와 기후변화에 대한 포괄적 접근을 촉진하기 위해 젠더 행동 계획(Gender Action Plan)을 도입하여 기후 정책과 실행에서 젠더 평등을 증진하고 여성의 참여를 강화하는 것을 목표로 하고 있다. 이를 통해 여성들이 기후변화 적응과 완화 활동에서 주요한 역할을 할 수 있도록 지원하고 있다.

우리나라도 이와 같이 기후변화 적응 대책, 탄소 배출 저감 및 탄소 중립 정책 수립에 여성의 목소리를 반영하고 여성이 주도적인 역할을 할 수 있는 정책이 필요하다. 이를 위해 여성 리더를 양성하고, 여성들이 기후변화 대응에서 중요한 역할을 할 수 있도록 교육과 역량 강화 프로그램을 개발해야 할 것이다.

기후변화와 그에 따른 기후위기는 우리 사회의 모든 계층에 심각한 영향을 미치고 있으며 이를 해결하기 위한 다차원적인 접근이 필요하다. 폭염과 같은 기후위기에 대비하기 위해 사회적 취약계층을 보호하는 정책을 강화하고 고령자를 위한 맞춤형 대책을 마련하는 것이 중요하다. 또한 기후변화에 대한 교육과 인식 제고를 통해 모든 세대가 기후변화에 대비할 수 있도록 하고 지속가능한 인프라를 구축하는 데 힘써야 한다.

마지막으로, 국제 협력을 통해 전 세계가 함께 기후변화에 대응해야 하며, 이를 위한 실질적인 목표 설정과 이행이 필요하겠다. 이와 같은 다각적인 대응책을 통해 기후변화로 인한 피해를 최소화하고 보다 안전하고 지속가능한 미래를 만들어 나갈 수 있을 것이다.

참고
문헌

국립기상과학원. (2018). 한반도 100년의 기후변화.

여성가족부, 2023, "2023년 글로벌 성평등 의제 및 정책사례 연구: 기후변화와 양성평등"

IPCC. (2023). Climate Change 2023: Synthesis Report. Contribution of Working Groups I, II and III to the Sixth Assessment Report of the

Intergovernmental Panel on Climate Change [Core Writing Team, H. Lee and J. Romero (eds.)]. IPCC, Geneva, Switzerland

Lin, Y., Bardhan, R., Debnath, R., and Mukherjee, B. (2024). Are heatwaves more deadly for women? Significance Magazine, Royal Statistical Society, https://significancemagazine.com/long-read-areheatwaves-more-deadlyfor-women/

van Steen, Y., Ntarladima, AM., Grobbee, R. Karssenberg, D, and Vaartjes, I(2019). Sex differences in mortality after heat waves: are elderly women at higher risk?. Int Arch Occup Environ Health 92, 37-48. https://doi.org/10.1007/s00420-018-1360-1

8

공중화장실의 진화:
역사, 문화, 그리고 미래

공중화장실의 진화:
역사, 문화, 그리고 미래

■ 화장실?!

모든 생명체는 각기 고유한 방식으로 숨쉬고 먹고 싼다. 매 순간 빠짐없이 예외 없이. 인간도 마찬가지이다. 생명 유지를 위한 가장 기본적 '싸다, 배설하다, 배출하다'라는 행위가 유독 인간 영역으로 넘어 오는 순간 사회화되고 법적으로 강제하고 규정하는 행위가 된다.

무리지어 사는 인간들의 역사가 시작된 이래 화장실, 특히 공중화장실의 문제는 현실에서는 먹는 문제만큼이나 해결해야 하는 중요한 고려 대상이었을 것이다. 그 결과 지나간 문명의 유구들 속에서 역사책에서는 거의 다루어지지도 않았던 배설과 관련된 공간들이 다루어진 방식과 흔적들을 찾아내다 보면 그 사회가 가졌던 배설 행위와 그 결과물에 대한 종교적, 철학적, 문화적, 환경적 관점과 태도의 차이를 가늠할 수 있다.

유엔(UN)에 따르면 지금도 전 세계 인구의 40%에 해당하는 36억 명이 안

그림 1. 프랑스의 노상방뇨 문제를 해결하기 위해 등장한 남성소
변기 위리트로투아(Uritrottoir) 시스템. 파리의 화장실 부족 문
제를 해결하기 위해 소변을 수거해 퇴비로 활용한다는 친환경의
참신한 아이디어로 제시됨
(출처: https://www.indiaartndesign.com/eco-solution-to-public-
peeing/)

그림 2. 파리 시내 곳곳에 소변기를 배
치하였으나 대내외적으로 다양한 비판
과 조롱을 받고 있다
(출처: https://www.leparisien.fr/paris-75/
paris-l-uritrottoir-vedette-sera-deplace
-14-08-2018-7852818.php)

전한 위생시설 없이 살고 있으며 이는 영아사망률과 전염병 등의 관리와 직결
되는 문제이다. 개발도상국의 열악한 화장실 환경은 그 사회의 경제력과 평등
지수를 드러내기도 한다. 선진국이라 할지라도 지난 파리올림픽을 통해 그 실
상이 생중계된 바 있는 파리의 부족한 공중화장실 문제는 서유럽 선진국들을
여행할 때 화장실을 찾아 헤매면서 느꼈던 당혹감을 연상시킨다.

이 문제는 현재 시점에서도 전 세계적으로 그 국가의 전반적 경제 수준과
위생과 건강, 안전, 인간의 기본권에 대한 인식 정도, 문제해결 능력과도 밀접
하게 연결된다. 깨끗하고 편리한 공중화장실은 그 사회가 구성원들의 존엄성
과 삶의 질을 얼마나 중요하게 생각하는지를 보여주는 척도이면서 그 사회의
위생과 보건을 처리할 수 있는 수준과 가치관을 반영하는 거울이기도 하다.
또한 화장실은 권력관계를 가장 잘 보여주는 정치적 공간이기도 하다.

이 글은 이러한 관점에서 화장실의 역사부터 공중화장실의 현재 상황과 인

권의 측면에서 어디까지 갈 수 있을지를 간단히 살펴보도록 한다.

▌동아시아 화장실의 역사적 변화 과정

동서양의 화장실 문화는 화장실이라는 영역과 그 기능을 파악하고 받아들이는 데 근본적 차이를 보여준다. 이러한 차이는 자연환경, 종교적 신념, 사회 문화적 가치관 등 다양한 요인에 의해 형성되었다. 전반적 특성을 보면 동양에서는 배설물을 자연계의 순환의 일부로 여겨 다양하게 활용하여 완전 분해시키는 방식을 택했다. 반면 서양은 순환보다는 배출과 관리의 방식을 택한 경우가 많았으므로 그 관리 체계를 감당할 조건을 갖추지 못한 사회에서는 그 결과물들이 사회의 치명적 위협으로 종종 되돌아 왔다.

고대 중국과 한국, 일본은 양상은 달라도 화장실을 자연과의 조화와 생태 순환의 관점에서 유사하게 이해했다. 고대 중국에서는 화장실을 단순한 배설 공간이 아닌, 음양의 조화와 자연과의 교감을 상징하는 공간으로 여겼다. 도교에서는 화장실을 '천수(川水)', 즉 '천지의 흐름'이라 불렀다. 『주역』에 의거한 양택삼요의 풍수 체계에 따라 살림집을 배치할 때 방위를 24방위 8괘방으로 나누어 대문, 안방, 주방의 위치를 길한 방위의 상관관계에 따라 자리 잡도록 하는 원리를 적용하였다. 이는 집안의 주요 공간들이 음양의 조화가 일어나며 이에 따라 길흉화복을 나누어 대비하도록 한 것으로, 화장실·창고 등은 사람이 거주하지 않으므로 본집의 주된 방위와 반대로 배치하여 음양의 조화와 자

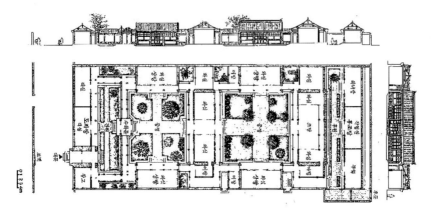

그림 3. 이진(二進) 규모의 사합원 단면도와 평면도
(출처: 손세관, 북경의 주택, 열화당, 1995, p.6)

연과의 교감을 상징하는 공간으로 간주하여 배치한 것이다.

이와 같은 원칙을 잘 보여주는 것이 중국의 가장 오랜 전통주거의 하나인 사합원(四合院)이다. 사합원의 사각형 주거 배치 형태는 2,200여 년 전 세워졌던 서한(西漢) 시기의 왕릉 등에서 출토된 주택 모습의 도기, 자기 등에서 나타난다. 사합원은 사방의 건물이 중정을 중심으로 배치되고 각 건물의 외벽이 담으로 기능하는 형식이다. 베이징의 자금성 주변에는 청나라 때 지은 사합원이 아직 많이 남아 있다. 베이징 외에도 지방 대도시 등에는 과거 왕조 시절 행정관이나 군이 주둔했던 지역을 중심으로 사합원이 지어져 지금까지 그 형태를 유지하고 있는 곳이 많다. 사합원이 여러 세대가 거주하는 일종의 집합주거로 쓰였음에도 화장실과 부엌의 비중은 그다지 크지 않다. (그림 3)

중국은 56개 민족으로 이루어져 있고 각각의 용변 처리 방식도 그 사는 지역의 자연환경과 습속에 따라 서로 다른 모습으로 다양하게 나타나고 있지만,

그림 4. 영월 보덕사 해우소 건물, 강원도 문화재
(출처: https://www.grandculture.net/yeongwol/toc/GC08300626)

그 공통적 특성은 공중화장실이 그 어느 발굴 기록에서도 잘 나타나지 않는다는 것이다. 현대 중국은 사회주의 사회의 특성으로 인한 것인지 최근까지도 개방형 공중화장실을 사용하는 경향이 강하다. 그리고 고대의 유적들도 주로 남성용 개인용 변기인 호자, 마통 등으로 불리는 것이 대부분인 것을 볼 수 있다. 이는 집안에 화장실을 두지 않으려는 중국의 습속 중의 하나라고 해석하는 경우도 있다.

한국 전통건축에서 나타나는 화장실에 관한 의식과 사고는 신라 말 유입된 불교의 대표적 가람들에서 잘 나타난다. 선종 구산의 사찰들은 기본적으로 칠당가람의 원칙에 따라 7채의 핵심 당우를 배치하였다. 남북 일직선상에 법당, 불전, 산문을, 동서로 각각 부엌인 고원과 승당을 배치하였다. 핵심 부속시설

중에 감추어도 무방할 화장실을 핵심 당우로 포함하여 그것이 매 순간 중요한 대중生活의 소중한 토대임을 분명하게 하였다. 해인사 등지에 남아 있는 근심을 푸는 곳이라는 의미의 '해우소(解憂所)'는 배설 행위가 인간 번뇌의 근원이니 이를 비우는 행위도 마음수행과 기도의 과정으로 간주하고 그 공간을 청결하게 관리하는 것도 중요시하였다. 전국 고찰들을 다니다 보면 해우소들이 멋진 건물로 남아 있는 경우가 많다. 그 자연친화적이면서도 정갈한 풍경은 해우를 하는 공간을 대하는 우리 선조의 여유과 품격을 느낄 수 있게 한다. (그림 4)

2006년 익산 왕궁리 유적 발굴 조사에서 삼국시대 공동화장실의 유구가 대대적으로 발굴되어 화제가 되었다. 왕궁리는 삼국시대 이전부터 왕궁터로 알려져 있던 자리로 백제 무왕 시대(538-660)의 유적으로 추정되는 수로 체계와 공동화장실의 유구가 구체적으로 드러났다. 길이 10.8m, 폭 1.8m, 깊이 3.4m의 구덩이 위에 건물을 간단히 세우고 나무판으로 짜 맞춘 변기 위에 쭈그려 앉아 볼일을 본 뒤 뒷나무로 뒤처리를 했을 것으로 추정된다. 뒷나무는 화장실의 물통에 씻어 재활용했을 것으로 보인다. 화장실 서쪽 벽에 수로를 뚫어 경사를 이용해 오물을 석축 배수로를 통해 인근 수로로 흘러나가도록 처리를 한 것으로 추정된다. 화장실 구덩이의 내부 퇴적토를 조사한 결과 당시 사람들의 식습관과 다량의 기생충 알 등을 확인할 수 있었다. (그림 5)

2017년 신라시대 문무왕 시기(674년경) 지어진 경주 동궁과 월지 발굴 조사 현장에서 수세식 화장실 유구가 고스란히 발굴되었다. 초석만 남아 있는 건물지에 고급 석재인 화강석으로 만든 변기 및 물을 부어 오물이 잘 흘러나갈 수 있도록 바닥에 전돌을 깔아 점차 기울어지게 마감된 배수시설이 원형에 가깝게 발굴되었다. 마감 상태 등으로 추정할 때 신분 높은 계층이 사용한 고급 화

그림 5. 6세기경 익산 왕궁리 터 공동화장실 유구, 국립부여 문화유산연구소

(출처: https://www.nrich.go.kr/buyeo/page.do?menuIdx=619#link)

그림 6. 동궁과 월지, 7세기경 건물 기초, 화강석 변기, 전돌 마감된 오배수로 등의 발굴 현장 모습

(출처: https://www.koya-culture.com/news/article.html?no=109669)

장실 시설이라고 평가되며 큰 주목을 받았다.(그림 6)

2021년 여름 1868년경 중건된 경복궁 동궁권역 발굴 과정에서 드러난 공동화장실은 궁녀와 하급관리들이 사용한 것으로 8칸 건물 규모로 하루 150명 정도 사용 가능했다고 추정된다.(그림 7) 길이 10.4m, 너비 1.4m, 깊이 1.6~1.8m의 깊고 긴 구덩이 바닥에는 깬 돌을 깔고, 벽면은 장대석 등을 다듬은 석재를 빈틈없이 쌓아서 오수의 유출을 막고 구덩이 북쪽벽에 입수구 1개, 동쪽벽에 출수구 2개를 만들었다. 〈그림 8〉의 단면도에서 보는 것처럼 입수구 높이(0.5m)를 출수구 높이(1.3m)보다 낮게 하여 분뇨 침적물에 물을 유입해 발효와 침전을 촉진시켜 오수와 정화수를 외부로 배출시키는 방식을 택했다. 발효된 분뇨는 악취가 적고 독소가 빠져 비료로 사용 가능했다. 이처럼 현대식 정화조 구조와 유사한 방식을 150여 년 전 사용한 경복궁 화장실은 당대 세계 어느 곳에서도 유례를 찾기 어려운 선진화된 방식을 사용한 화장실이라

고 할 수 있다. (그림 7, 8)

한국은 전통적으로 농경 중심 사회구조에서 인분을 귀중한 두엄으로 재활용했다. 제주도의 전통 뒷간은 화장실에서 볼일을 보고 돼지가 인분을 처리하고, 그 배설물은 다시 농사에 활용되는 완전한 자연친화적인 순환 시스템을 활용하였다. 이러한 방식은 중국에서도 많이 활용된 방식이다.

공동화장실의 사례들이 관리가 잘 되었을 것으로 추정되는 궁궐지 혹은 절터 위주로 발굴되고

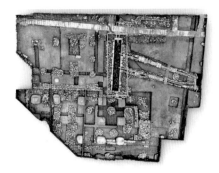

그림 7. 경복궁의 동궁권역 공동화장실 유구, 노란선 부분이 화장실 부분

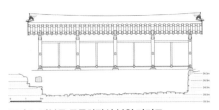

그림 8. 경복궁 공동화장실 복원 단면도
(출처: 서울경복궁 동궁권역, 한국고고학저널, 2021, pp.185-9)

있다. 반면 민간 영역에서는 공동화장실의 유구가 쉽게 발견되지 않고, 이는 세월이 흐름에 따라 그 흔적이 지속되기 쉽지 않은 특성 때문으로 추정된다.

고대 일본에서는 화장실을 '카와야(厠)' 혹은 '벤조(便所)' '천변소'라고 불렀으며, 이는 '신이 내리는 곳'을 의미할 만큼 일본인들은 화장실을 신성한 공간으로 여겼으며, 화장실에 들어가기 전에 정성을 들여 경의를 표하고, 화장실의 청결 유지는 신에 대한 존경심을 표현하는 방법으로 중요하게 여겼다.

일본 북단에 위치한 아키타성은 8세기 나라 시대 때 북쪽 국가들과 활발하게 교류하였다. 8세기 중엽에 만들어져서 8~9세기까지 사용된 것으로 보이

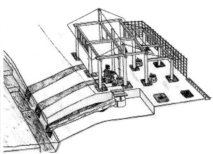

그림 9. 아키타성 수세식 화장실, 8세기
(출처: https://kojodan.jp/castle/377/photo/148674.
html)

그림 10. 아키타성 수세식 화장실 복원도
(출처: https://iechiko.hatenablog.com/entry/2024/04/20/
125239)

는 아키타성의 공중수세식 화장실은 매우 흥미로운 유적이다. 화장실은 건물과 변기, 나무홈통, 침전조, 가림막으로 구성되어 있으며, 북쪽 경사면에 대나무 홈통을 매설하여 볼일을 본 후 물로 씻어 보냈다. 그 아래 침전조는 늪지대와 연결되어 있었다. 이러한 형식의 화장실은 이후 시대에는 거의 쓰이지 않은 것으로 파악된다.(그림 9, 10)

나라 시대 이후 헤이안 시대(794-1185)에는 귀족들이 '히바코(樋箱)'라는 이동식 나무통 변기를 사용하였다. 중세 가마쿠라 시대에는 서민 사이에서도 퍼내는 식의 화장실이 보급되었다. 공공화장실도 만들어졌지만 칸막이가 없는 것이었다. 에도 시대(1603-1867)에는 공중목욕탕과 함께 공중화장실이 발달했다. 이는 온천이 많은 자연환경적 특성과 높은 연관이 있다. 당시 푸세식 화장실이 발달하면서 대소변을 발효시켜 비료로 팔기도 했다.

일본 요코하마가 1859년 미국에 의해 개항되면서 격자 체계의 가로를 갖춘 군부대 위주의 조계지가 만들어진다. 1872년 〈요코하마 매일신문〉에 게재된 일본인 시가지의 공중변소 위치를 표시한 도면에는 50~100m 간격으로 공중

변소를 설치한 것으로 나타난다.

메이지시대가 되면서 일본에 최초의 하수도가 만들어졌다. 일본에서 수세식 화장실은 1908년 천경각이라는 개인주택에서 처음 도입되었다. 본격적으로 수세식 화장실이 보급되는 것은 하수도나 정화조 정비가 본격적으로 시작된 관동대지진 이후부터다. (그림 11)

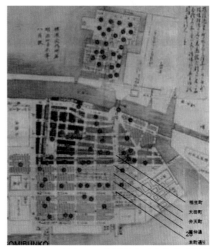

그림 11. 요코하마 1872년 일본인 시가지 내의 공중 변소 표시(빨간 점)
(출처: 日本の古代公衆トイレ(일본의 고대공중화장실), https://www.cas.go.jp/)

▌ 서구 화장실의 역사적 변화 과정

서양에서 가장 오래된 화장실의 흔적은 기원전 4000년 후반 메소포타미아의 수메르인들이 만든 화장실이다. 지름 약 1m의 속이 빈 도자기 실린더 더미가 줄지어 있는 4.5m 깊이의 구덩이가 그것으로, 사용자들은 변기 위에 앉거나 쪼그리고 앉았을 것이고, 배설물은 구멍을 통해 액체가 밖으로 새어나오면서 실린더 안에 머물렀을 것이다.

고대 바빌로니아인과 아시리아인들도 두 개의 작은 벽과 배설물을 위한 좁은 틈으로 구성된 화장실을 만들었고 이것들은 목욕에 사용된 물과 함께 운하로 씻겨 내려가도록 되어 있었다.

그림 12. 크노소스 궁의 상하수도 체계, BC 1700-1500년경, 상수도는 테라코타관으로 매립하여 사용
그림 13. 하수관은 돌로 마감하고 상판을 덮어 관리 가능하게 처리함
(출처: https://www.itia.ntua.gr/getfile/848/3/documents/2008EGU_AncientHealthPrSm.pdf)

　크레타섬에서 기원전 2000~1500년경 번성했던 미노스 문명의 미노아인
들이 만든 크노소스궁에서 최초의 상하수도 체계와 수세식 화장실의 유구가
발굴되었다. 여기서 발굴된 유구를 보면 거주공간에 왕족과 귀족들을 위해
400m 정도 떨어진 우물로부터 물길을 끌어와 150m 내외의 매립된 데라코타
관을 통해 깨끗한 물이 흐르도록 하여 상수도로 사용한 것을 알 수 있다. 특히
왕비의 목욕탕을 중심으로 최초 수세식의 화장실이 돌로 마감된 하수관으로
흘러나가도록 만들어졌다.

　본격적 공중화장실 체계는 로마에 이르러서야 로마인들은 기원전 500년경
에트루리아 시절 만들어진 석조 하수도 체계를 기반으로 정교한 상하수도 체
계를 고안하였다. 이 체계는 로마제국의 모든 도시들에서 적용되어 도시 인근
의 수량이 풍부한 강의 수원지로부터 출발하여 도시까지 이르는 물길을 위한

그림 14. 퐁뒤가르, 프랑스 님 외곽의 가르동 강을 가로질러 가는 수로교, 꼭대기층이 물길, 50AD
(출처: 필자 사진)

다리(aqueduct)들을 만들었으며 그 물길이 도달하는 도시 곳곳에 집수정과 수도를 만들어 깨끗한 물을 식수, 생활용수, 대규모 목욕탕 등에서 풍부하게 쓸 수 있도록 하였다. 그리고 석회질이 많은 지역은 정기적으로 관리해야 했으며 이 관리체계는 제국이 지속되는 한 유지되었다. (그림 14)

공중화장실(public latrines)은 로마 제국의 위생시스템의 일부로 도시 곳곳에 만들어졌으며 현재에도 폼페이, 오스티아, 에페수스 등에 잘 남아 있다. 긴 벤치 형태에 동시에 50~60명이 이용할 수 있는 규모로도 만들어졌다. 상판을 화강암이나 대리석을 덮은 이 화장실은 개인 간의 구분 없이 토가로 가리고 배변을 하면서 사회, 사교 활동의 일부처럼 이용된 것으로 파악된다. 베스파누스 황제는 부족한 세금 수입을 공중화장실을 유료화하여 메꾸고자 하였고,

이는 정기적으로 노예들이 관리
하였다. 당시 세탁 시설에서 소변
을 사용하였기 때문에 이러한 공
중화장실에서 소변을 모아서 세
탁용으로 사용했다. (그림 15)

일반 주택과 아파트 형식의 다
층주택 등에서 하수배관의 역할
을 하던 구조물의 흔적을 볼 수

그림 15. 로마 공중화장실, 오스티아
(출처: 필자 사진)

있으나 제대로 관리되지 않아 길거리는 늘 쓰레기들과 오물로 넘쳐났던 것으
로 기록되고 있다. 로마는 이 오폐수들을 처리하기 위해 필수적 하수시설을
만들었다. 그중 최초로 클로아카 막시마(Cloaca Maxima)가 초기 로마 공화국
시대부터 건설되었으며, 폐기물과 거대 욕장들을 거쳐 나온 오수, 우수 등을
모아 테베레강으로 흘려 보냈다. 물론 현대의 하수구 체계처럼 완벽하지는 않
으나 규모도 현대의 많은 도시들의 하수구 체계에 비금가는 것을 볼 수 있으
며 지금까지도 우수를 처리하는 기능을 하고 있다. (그림 16)

12 네 진영 밖에 변소를 마련하고 그리로 나가되

13 네 기구에 작은 삽을 더하여 밖에 나가서 대변을 볼 때에 그것으로 땅을 팔 것이요 몸을 돌

려 그 배설물을 덮을지니 (신명기 23장 12-3)

유럽 본토에서 서로마 제국의 붕괴 이후 상시 관리가 필요한 정교한 상하
수도 체계가 무너지면서 공중화장실과 가정 내 화장실 모두 희소해졌다. 또한

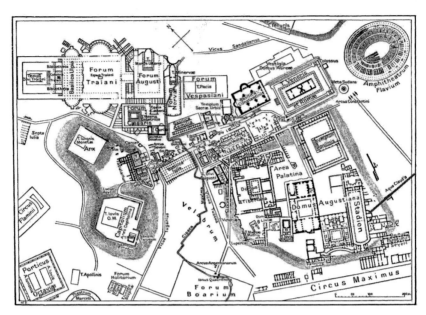

그림 16. 초대 황제 아우구스트포룸부터 출발, 테베레강을 따라 로마 시내를 거쳐가는 클로아카 막시마의 동선 (빨간 선)

(출처: https://en.wikipedia.org/wiki/Cloaca_Maxima, 240920)

중세 기독교의 금욕주의가 로마시대의 목욕문화와 쾌락주의를 죄악시한 결과 사람들은 목욕을 거의 하지 않게 되면서 개인위생은 몹시 취약해졌다. 중세시대의 성채에 사는 거주민들은 성채 벽체의 곳곳에 돌출된 밑이 뚫린 작은 니치들을 화장실로 사용한 결과 성벽 밖 해자는 배설물의 늪이 만들어질 만큼 비위생적이고 온갖 질병과 전염병의 온상이 되었다. 성밖 주민들도 각자 집의 뒷마당에 가축의 우리와 화장실을 연결하거나 길을 향한 돌출 창을 만들어 화장실로 사용하거나 성채 벽들에서 사용된 방식과 유사한 방식으로 아래 길거리나 웅덩이로 오물을 처리하였다. 건물 위층에 사는 사람들은 모두 각자 용변기에 볼 일을 본 뒤 길거리에 내다버리는 것에 거리낌이 없었다. (그림 17, 18)

그림 17. 중세 백작의 성, 성벽의 돌출니치, 혹은 아래가 뚫린 구멍은 화 그림 18. 백작의 성 화장실의
장실로 사용되며 아래쪽 해자로 바로 처리됨. 겐트, 벨기에 1180년 완공 확대 사진
(출처: 필자 사진)   (출처: 필자 사진)

    반면 중세유럽 동안 관리가 잘된 사례로 시토파(Cistercian Order)의 수도원들을 들 수 있다. 1140년경 설립된 프랑스 퐁트네(Fontenay) 수도원과 독일 마울브론(Maulbronn) 수도원은 물 관리 체계가 엄격하게 관리된 사례에 속한다. 마울브론의 경우 수도원 주변 산들의 개천을 소형 댐과 물고기를 키우던 저수지, 관개수로, 수도원 내의 샘물 등으로 철저히 관리하여 상수원 체계를 유지하였고, 그 물을 주변 동네의 농사와 식수원 등으로도 사용하였다. (그림 19, 20)

    영국 등지의 시토파의 수도원 폐허들에서 발견되는 흔적들을 통해 보면 수도사들의 도미토리와 바로 연결되는 곳에 화장실과 욕실을 위치시켜 화장실의 오물들이 식당 주방 하수들과 아래 하천으로 바로 흘러가게 처리했으며 상수원과는 별도 관리된 것으로 파악된다. (그림 21, 22) 이처럼 수도원들은 청결과 관리를 철저히 하였다. 용변 후 뒤처리를 당부한 성경 말씀을 수도원에서는 최소한 지키고자 노력한 것을 알 수 있다.

그림 19. 중세유럽 시토파 수도원 일대의 물 관리 체계 보여주는 지도, 마울브론, 독일 1147-1178년
(출처: 필자 사진)

그림 20. 마울브론의 관개수로, 깨끗한 상수원으로 철저하게 관리됨
(출처: 필자 사진)

그림 21. 영국 웨일리 수도원의 하수도 흔적
(출처: https://www.geograph.org.uk/photo/4756644)

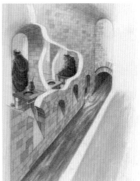

그림 22. 12세기 수도사들의 화장실 상상도
(출처: https://www.lewespriory. org. uk/monks-toilet-12-century)

근대 유럽에서 화장실의 역사는 흥미진진하다. 루이 14세의 화려한 베르사유 궁전에는 2,000여 개의 방이 있었지만 정식 화장실은 하나뿐이었다. 수백 명이 참석하는 성대한 파티가 이어지는 가운데 도자기로 만든 300개 남짓한 이동 변기는 종종 넘쳐흘렀으며 비울 때는 주저 없이 아름다운 창문 밖으로

그림 23. 샬럿 왕비와 두 아들, 요한 조파니, 1765 그림의 일부분

(출처: https://artsandculture.google.com/asset/queen-charlotte-1744-1818-with-her-two-eldest-sons/owGFpD_
zVDk6tQ?hl=en-GB)

바로 버렸다. 궁정의 귀족들조차 사생활과 위생에 큰 중요성을 부여하지 않았
으며 축제 중에는 궁의 정원은 전체가 야외 화장실이 되었다. 그 결과 냄새를
가리기 위한 향수, 과도한 화장이 유행하게 되었다고 한다.

토일렛(toilet)이란 용어도 1540년경 등장한다. 머리나 얼굴을 치장할 때 어
깨 위에 두르는 작은 천을 toilette(little cloth)으로 부르고 이때 필요한 화장대
를 비롯한 온갖 화장 도구와 집기를 의미한다. 〈그림 23〉에서 영국 샬럿 왕비
의 화장대가 화려하게 묘사되고 있는데 당시 여러 화가들이 즐겨 묘사하던 화
장하는 여인(lady in her toilette)의 여러 사례 중에 속한다.

특별한 상하수도 체계가 없이 길거리에는 넘쳐나는 오물과 쓰레기들로 전

염병은 끊이지 않았으며, 이는 모든 곳에서 일어나는 일상적 범주의 행위였다고 할 수 있다. 오물을 무사히 건너기 위한 하이힐, 아무데서나 용변을 볼 수 있도록 가려주는 망토 역시 이러한 상황의 산물이다.

18세기부터 위생에 대한 태도와 관습이 변화하면서 공중화장실이 다시 등장하기 시작했다. 이전에는 아무 곳에서나 용변을 보는 것이 허용되었지만, 점차 예절과 위생에 대한 인식이 높아지면서 배설물을 타인과의 접촉으로부터 멀리해야 한다는 사회적 요구가 생겨났다. 조반니 델라 카사(Giovanni Della Casa)는 「무례함의 시대(The Age of Impoliteness: Galateo: or, A Treatise on Politeness and Delicacy of Manners(1774 edi.)」에서 '갈라테오(Galateo)'라는 개념을 제시했다. "겸손하고 명예로운 사람이 다른 사람 앞에서 용변을 보거나 옷을 입는 것은 적절하지 않다. 그는 사적인 장소에서 품위 있는 사회로 돌아올 때 손을 씻지 않을 것이며, 그가 씻는 이유는 사람들에게 불쾌한 생각을 불러일으킬 것이다."라고 명시하고 있다. 갈라테오는 사회적 상호 작용에 대한 실용적 지침서로 유명해졌다. 이 책은 단순한 예절 지침서를 넘어, 타인을 배려하고 즐겁게 하는 기술을 강조하며 신체적 예절, 사회적 예절, 정신적 예절 등 다양한 측면에서 세련된 행동 방식을 제시한다. 이런 관점에서 보면 현대적 위생 관념이 형성되기 전 에티켓과 관련된 개인의 행동에 대한 요구는 위생 및 세균 감염 문제와는 관련이 없으며, 점점 더 신사적 행동 기준을 강요하게 되는 것과 관련이 있다.

▋ 근대 수세식 화장실의 탄생과 전파

1840대부터 산업혁명을 가장 먼저 시작한 영국은 노동의 방식과 일자리가 급격히 재편되면서 사회 전반이 급격하게 변화하게 된다. 농촌 인구가 급격하게 큰 도시로 몰려들면서 인구 밀집과 공장 지대와 주거가 혼용되면서 나타나는 비위생적인 환경으로 인해 깨끗한 물 부족 문제, 빈발하는 콜레라와 장티푸스 같은 전염병은 취약한 도시 빈민층을 휩쓸었고, 그로 인한 높은 사망률은 사회 문제가 되었다.

빈번한 전염병의 확산이 사회 전체의 안정을 위협하는 요소가 되자, 에드윈 채드윅(Edwin Chadwick)과 같은 사회 개혁가들은 비위생적인 환경 개선과 공중보건 시스템 구축을 주장하게 된다. 그 결과 영국 정부는 1848년 「공중보건법」을 제정하면서 하수도 시스템 구축을 의무화했다. 법의 시행에 대해 처음에는 반발도 많았지만 결정적으로 받아들여지게 된 사건은 1854년 런던 소호 지역에서 콜레라가 발생해 열흘 만에 600여 명이 숨지는 일이었다. 당시 이 지역에 살던 의사 존 스노(John Snow)는 사망자들의 거주지를 지도에 표시해 보니 동일한 공동 우물물을 길어 먹는 영역에 걸쳐 있다는 것을 발견했다. 그는 이 우물이 콜레라의 원인이라고 주장하며 펌프 손잡이를 제거하여 우물물을 못 마시게 설득했고, 펌프 손잡이 제거 후 콜레라 발생이 급격히 감소하면서 그의 주장이 힘을 얻었다.

당시까지 콜레라의 원인이 '미아즈마(miasma)', 즉 오염된 공기라고 믿던 때라 존 스노의 주장처럼 콜레라가 오염된 물로 전파되는 전염병이란 새로운 시각은 시간이 걸렸지만 결과적으로는 콜레라의 전염 경로를 밝히고 공중보건 개선에 중요한 역할을 했다. 그의 연구 결과는 이후 공중보건 정책 수립과 전염병 예방에 큰 영향을 미쳤으며, 1875년 「공중보건법」이 강화 적용되면서 런던은 수세식 화장실이 빠르게 보급되고 하수 시스템을 개선하고, 식수 공급을 안전하게 관리하는 방식으로 질병 예방과 위생 개선해 나가면서 도시 환경 개선과 시민들의 건강 증진에 크게 기여했다. 이는 다른 유럽 국가들에게도 영향을 미쳤다. (그림 24, 25)

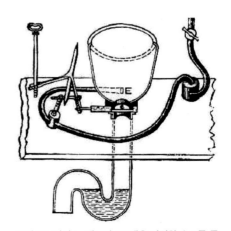

그림 24. 커밍스, 밸브와 S트랩을 연결한 수조를 특허내면서 근대 수세식화장실 기초를 만듦, 1775
(출처: http://en.wikipedia. org/wiki/ Alexander_Cumming)

그림 25. 트와이퍼드, 수직 일체형 수세식변기, 유니타스, 1884
(출처: http://en.wikipedia.org/ wiki/Thomas_Twyford)

■ 공중화장실 개념의 정의와 국가별 현황 비교

서구 사회에서 형성된 화장실의 용어의 표현은 근대 이후 아프리카, 아시아, 남미 등 식민시대를 거치면서 다양하게 분화가 일어난다. 화장실과 관련된 행위의 개념을 직접 드러내지 않는 방향으로 깨끗하지 못한 직접적 행위의 언급을 배제한 채 완곡하게 표현하면서 정착된 개념이 영국에서는 'lavatory' 혹은 약어인 'lav' 등이 주로 쓰이고 북미에서는 'bathroom', 'washroom', 'WC'(water closet) 등이 혼재되어 사용된다. 'Restroom'은 호텔, 백화점, 식당 등 고객 서비스 차원에서 파우더룸 등과 함께 설치하면서 사용하기 시작했다. 이와 같은 맥락에서 화장실의 역할과 의미가 정치사회적 차원으로 넘어가게 된다고 해석된다.

현대에 와서 공중화장실은 공공 영역으로 인식되면서, 각 나라에서는 공중화장실에 대한 법적 규제를 마련하고 있다. 공중화장실 시스템의 구축 여부는 한 국가의 위생 관리와 보건 등에 관한 체계와 관리 수준을 가늠할 수 있는 척도가 된다. 그렇지만 현재까지도 전 세계 인구 중 거의 40%가 화장실을 가지고 있지 못하며 아프리카 사하라 아래에 위치한 대부분 국가들, 서남아시아 국가들 상당수가 불충분한 상하수 체계로 인한 질병, 불결한 위생으로 매해 5세 이하 영유아 50만 명이 숨지는 것이 현실이다. 이러한 상황에 대헤 유엔은 2008년을 '세계 위생의 해(International Year of Sanitation)'로 선포하고 식수 문제와 위생 문제 해결을 2015년까지 목표로 추진하였다. (그림 26)

개발도상국에서는 여전히 화장실 부족 문제가 심각하다. 깨끗한 물과 위생 시설 부족은 설사, 콜레라, 장티푸스 등 각종 질병 확산의 주요 원인이며, 이는 특히 어린이와 여성의 건강에 치명적 영향을 미진다. 유엔은 2030년까지 모두를 위한 깨끗한 물과 위생을 보장하는 것을 목표로 하는 '지속가능발전목표 6(SDG 6)'을 설정하고, 국제 사회의 협력을 촉구하고 있다. 빌&멜린다 게이츠 재단과 같은 국제기구와 NGO들은 개발도상국에 화장실 보급 및 위생 교육

그림 26. 유엔, 2008 세계 위생의 해 기념로고 '모두에게 위생을, 2015년까지 목표로'
(출처: http//en"http://en.)

사업을 지원하며, 이 문제 해결에 앞장서고 있다.

선진국에서는 장애인, 여성, 아동 등 사회적 약자를 위한 편의시설을 의무화하고 있다. 미국에서는 「장애인법(Americans with Disabilities Act)」을 통해 공공시설에 장애인 접근성을 보장하고 있으며, 유럽연합(EU)은 '공공 서비스 지침(Public Services Directive)'을 통해 모든 시민에게 접근 가능한 공중화장실 설치를 권장하고 있다. 또한, 싱가포르는 깨끗한 공중화장실 문화를 조성하기 위해 '화장실 협회(Restroom Association)'를 설립하고, '행복한 화장실 프로그램(Happy Toilet Programme)'을 운영하며 시민들의 참여를 유도하고 있다.

■ 국내 근대 공중화장실의 역사와 현황

우리나라에서 근대식 화장실은 일제강점기에 서양 문물이 유입되면서 주로 조선총독부, 특급호텔, 철도역, 일부 관공서 등을 중심으로 수세식 변기가 도입되었다. 하지만 일반 국민은 여전히 전통적 방식의 화장실을 사용하면서 위생 개선의 필요성이 커졌다.

해방 이후 미군 주둔지를 중심으로 수세식 화장실이 본격적으로 보급되기 시작하면서 주변 지역을 거쳐 도시 지역으로 확산되었다. 이후 급속한 산업화와 도시화가 이루어지면서 공중화장실의 문제는 여러 계기를 거치면서 정비되었다. 하지만 농촌지역이나 저소득층 지역에서는 여전히 전통적 순환형 화장실의 형식이 유지되거나 도시에서도 1970~80년대까지는 정화조가 설치되지 않아 재래식 화장실이 보편적이었다.

우리나라의 남녀 공공화장실에 대한 기준은 1977년 음식점, 유흥업소 등에 수세식 화장실 설치를 의무화하면서 명확해졌다. 그러나 이 법이 공중화장실의 질적 향상을 위한 계기는 되었으나 체계적 관리시스템 부재로 인해 공중화장실의 문제점은 지속된다. 88년 올림픽, 2000년대의 여러 국제 행사 유치 등으로 국가 주도로 모든 가정의 화장실 시스템을 수세식으로 개조하도록 하고 공중화장실의 개수도 늘어나서 환경과 보건 위생 상황이 대폭 개선되었다.

2004년에야 「공중화장실 등에 관한 법률」이 제정되면서 공중화장실의 설치 기준, 관리 주체, 이용자의 권리 및 이용자 준수 사항 등을 규정하여 체계적 관리와 점검, 관리 부실에 대한 신고가 가능하게 되었다.

여성들의 숙원이었던 '여성 화장실 변기수 확대'도 2014년 법 개정을 통해

서 현실화되었다. 개정법은 공중
화장실 설치 때 여성화장실의 대
변기 수를 남성화장실의 대소변
기 수의 1.5배 이상이 되도록 규
정하였다. 이를 계기로 다중이용
시설에서 여성 화장실만 줄이 길
게 서는 문제가 어느 정도 극복되
면서 여성들의 화장실 이용 불편
을 해소하고, 성평등을 위한 중요
한 진전을 이루었다.

아울러 수십 년간의 투쟁 끝에
만들어진 무장애 화장실을 체계
화하면서 휠체어를 이용하거나
이동에 불편을 겪는 장애상태에

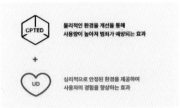

모두를 위한 공중화장실 디자인 원칙

1. 누구나 접근할 수 있는 공중화장실
2. 모두가 사용할 수 있는 공중화장실
3. 심리적, 물리적으로 안전한 공중화장실
4. 쾌적함을 느낄 수 있는 깨끗한 공중화장실

다양한 사용자에 대한 이해

각기 다른 특징을 가진 사람들이 어떻게 화장실을 이용할까요? 각 이용자별 행동 특성을 이해하고, 화장실을 사용하는 다양한 사용자와 상황을 상상하며 사용자를 이해해 봅시다.

시각장애인　장루/요루장애인　휠체어 사용자　어린이　임산부　노인

그림 27-28. 2023년 '서울시 공중화장실 유니버설 디자인 적용지침' 중 발췌

있는(handicapped conditions) 사람들이 사용하기 불편함이 없도록 장애인 화
장실의 설치에 관한 기준도 1998년부터 효력을 발휘하였다. (「장애인·노인·임산
부등의편의증진보장에관한법률」(1997년 제정, 법률 제5332호) 이후 20여 년간 투쟁
끝에 무장애 인증제도까지 2018년부터 시행되고 있다.

흥미로운 점은 국내에서 1999년부터 발족한 화장실문화시민연대는 "아름
다운 사람은 머문 자리도 아름답습니다."라는 슬로건으로 25년간 국내 공중
화장실을 생활 속 문화 공간의 이미지로 변화시키는 데에 큰 역할을 감당했
다. 아름다운 화장실 공모전 등으로 전국적으로 공중화장실의 수준과 품질을

높이는 데에도 기여하였다. 이와 같이 정부와 민간, 시민단체 등의 협력으로 한국은 세계적으로 공중화장실의 빈도, 청결도, 적용 기술 정도 접근성 등에서 가장 앞서 있다고 평가받는다.

▌ 누구나 공중화장실을 자유롭게 사용할 권리

우리는 모두 똑같은 색의 오줌을 눕니다(We all pee the same color)

-영화「히든 피겨스(Hidden Figures)」

화장실 이용은 인간의 기본적 욕구이자 권리이다. 하지만 전 세계적으로 많은 사람들이 안전하고 깨끗한 화장실을 이용하지 못하고 있다. 이는 단순히 불편함을 넘어 건강, 안전, 존엄성 등 인간의 기본적 권리를 침해하는 심각한 문제이다. 또한 화장실은 성별에 따른 차별과 불평등이 나타나는 대표적 공간이다. 여성, 성소수자, 장애인 등 다양한 사회적 약자들이 공중화장실 이용에 어려움을 겪고 있으며, 이는 사회적 불평등과 인권 침해 문제로 이어질 수 있다. 이처럼 화장실이 개인의 영역을 벗어나는 순간 이곳은 권력관계가 지배하는 가장 정치적 공간으로 변화할 수 있는 공간이기도 하다.

미항공우주국(NASA)에서 제2차 세계대전 이후 미국과 소련 간 냉전 기간 동안 벌어진 우주경쟁에서 가려졌던 흑인여성 천재 수학자들의 역할을 재조명한 영화「히든 피겨스(Hidden Figures, 2016)」에서 주인공 여성 수학자 캐서린 고블(Catherine Goble)이 800m 떨어진 유색여성화장실을 사용해야 해서

생긴 불가피한 브레이크타임을 연구책임자 알 해리슨(Al Harrison)이 파악한 뒤 유색화장실의 사인을 부수고 백인/유색으로 구분된 화장실을 철폐시킨다. 이때가 1961년이다.

60년이 흐른 2021년, 그 사이에 화장실 투쟁은 항상 있어 왔음에도 불구하고, 공중화장실이 세계적으로 자랑할 만하다는 한국에서도 여전히 이런 일은 벌어진다. 군사 시설을 이전하면서 10여 개 동을 설계할 때 여군들이 있지만 비율이 낮다는 이유로 본관 건물에만 여성휴게 공간과 화장실을 배치하고 나머지 시설에는 여성화장실이 필수적이지 않다고 단순하게 판단하고 계획하지 않는 것을 볼 수 있었다. 심한 경우에는 여성화장실이 있는 제일 가까운 건물이 200m나 떨어져 있는 경우도 있었다. 심의 과정에서 개선 요구를 하였으나 그후 어떻게 되었는지는 확인하지 못했다.

그러나 2016년 일어난 강남역 인근 주점의 묻지마 살인사건은 많은 사람들에게 특히 여성들에게 크게 충격을 주었다. 대한민국의 가장 번화한 상업지구 한가운데 통행이 빈번한 여성화장실조차도 안전지대가 아니란 각성, 불안감을 깨닫게 하는 계기가 되었다.

문제는 법적으로 규제하면 그 범주를 벗어나는 영역에서 발생하기 마련이다. 밤늦은 시간이나 인적이 드문 곳에 위치한 공중화장실은 여성들에게 불안감을 주고, 범죄의 표적이 되기도 한다. 이는 여성들의 사회 활동 참여를 제약하고, 안전에 대한 불안감을 증폭시키는 문제점을 낳는다. 인구의 절반을 차지하는 여성도 이런 제약을 받는다면 이러한 문제 제기는 다음 단계의 상황에서도 복잡도를 높이게 된다.

■ 국내에서 성 인식의 문제와 양성평등 화장실

성소수자들은 자신의 성 정체성에 맞는 화장실을 이용하는 데 어려움을 겪고 있다. 남녀 성별을 기준으로 분리된 화장실을 사용할 때 남녀 구분에 속하지 않는 성 정체성이 다른 이들은 매 순간 가장 본원적 차원의 긴장과 불편함을 느낄 가능성이 높으며, 심지어 폭력이나 차별의 대상이 되기도 한다. 이는 성 소수자에 대한 차별과 혐오를 조장하고, 이들의 사회적 소외를 심화시키는 문제를 야기한다. 이는 명백한 인권 침해라고 주장 가능하다. 그러나 이를 둘러싼 논란은 단순하지 않다.

2024년 현재 생물학적 성을 벗어난 성 소수자를 인정하거나 보호해줄 수 있는 법률안이 20여 년째 국회를 표류하고 있다. 이와 관련된 논란은 복잡다단하며 각 입장 차이에 따라 격렬하게 부딪친다. 사회적 인식 개선이나 환경 개선의 문제로 이러한 입장 차이가 간단히 해소될 차원이 아니다.

양성평등 화장실은 성별에 관계없이 누구나 이용할 수 있는 화장실을 의미한다. 남녀 구분만 되는 구조가 아니라 이는 성별 구분 없이 개인용 칸 형태로 화장실의 구성 요소를 설치하는 방식이다.

양성평등 화장실 도입은 안전, 프라이버시, 성 정체성 등 다양한 측면에서 논란의 중심에 서 있다. 찬성하는 쪽은 성소수자의 인권을 보호하고, 사회적 약자의 화장실 이용 편의를 증진하며, 성평등 사회 구현에 기여할 수 있다고 주장한다. 또한, 해외 여러 국가에서 이미 양성평등 화장실을 도입하여 긍정적 효과를 거두고 있다는 점을 근거로 제시한다. 특히, 성 소수자들은 남녀로 구분된 화장실 이용 시 불안감과 차별을 경험할 수 있으며, 양성평등 화장실은 이러한 문제를 해결하고 모두가 안전하고 편안하게 화장실을 이용할 수 있게 한다는 것이다.

반대하는 쪽은 안전 문제, 프라이버시 침해 우려, 전통적 성별 구분에 대한 혼란 등을 이유로 양성평등 화장실 도입에 맞서고 있다. 특히 여성 안전에 대한 우려와 성별 위화감 조성 가능성 등을 문제점으로 지적한다. 또한, 양성평등 화장실이 오히려 성범죄를 증가시킬 수 있다는 우려도 제기된다.

이러한 논란은 양성평등 화장실 도입에 대한 사회적 합의가 아직 충분히 이루어지지 않았음을 보여준다. 이와 같은 분위기에서 양성평등 화장실의 논의는 우리 사회에서 시기상조이거나 불필요한 것인가? 한국 사회에서 성평등과 소수자 권익에 대한 인식이 점차 높아지고 있지만, 여전히 성차별과 성 소수자에 대한 편견이 강하게 존재하는 만큼 이 문제는 인간의 기본권에 관한 인식으로 접근하는 것이 필요하다. 따라서 양성평등 화장실은 단순히 화장실의 형태 변화가 아니라 다양한 성 정체성을 가진 사람들의 존재를 인정하고, 이들이 차별 없이 사회에 참여할 수 있도록 만드는 데서 출발한다.

장애인, 노인, 영유아 동반자 화장실 등의 문제를 해결할 때처럼 양성평등 화장실은 우리 사회가 다양성을 존중하고 포용하는 사회로 나아가는 데 중요한 발걸음이 될 수 있다. 이들이 사회적 편견과 차별로부터 보호받고 사회적으로 존엄성을 지니며 사회에 참여하는 것을 도울 수 있다. 성 소수자들이 안전하고 편안하게 화장실을 이용할 수 있도록 사회적 인식 개선과 제도적 지원이 필요하다. 성 중립 화장실 도입, 성 소수자에 대한 차별금지 교육 등이 필요하며, 무엇보다 사회 구성원들의 인식 개선이 중요하다. 따라서 모든 사람이 평등하게 일상의 주저함과 거리낌 없이 화장실을 이용할 수 있는 사회로

그림 29. 유대인 홀로코스트 박물관 양성평등 화장실, 베를린
(출처: 필자 사진)

그림 30. 에스토니아 국적 크루즈선 양성평등 화장실
(출처: 필자 사진)

그림 31. 애플 본사 모두의 화장실, 캘리포니아
(출처: 필자 사진)

전환하는 것은 인권의 차원에서 중요하다.

이러한 문제의 해결을 위한 노력의 결과 북구, 미국 등 성 정체성 논의가 활발한 지역들을 중심으로 양성평등 화장실, 성 중립 화장실, 가족화장실 등 새로운 형태의 화장실이 등장하고 있다. 해외의 다양한 시도는 미술관, 박물관, 도서관, 특정 회사 사옥, 크루즈선 등 사용 시간이 제한되고, 관리 가능하며, 실내에 존재하는 부속 화장실인 경우가 대부분이다. 이것이 시사하는 점은 크다고 할 수 있다. 이러한 시도는 성 평등과 사회적 포용을 위한 노력의 일환이며, 더욱 확대될 필요가 있다. 또한, 공중화장실의 안전 및 위생 관리 강화, 성소수자에 대한 인식 개선 교육 등 다양한 노력도 더욱 필요하다.

그림 32. 핀란드 헬싱키, 오디도서관(Oodi Library), 모두의 화장실, 큰 공간을 개별 화장실칸들이 둘러싸고 중앙에 높낮이가 다양한 세면대를 배치하여 누구나 사용할 수 있게 제안함
(출처: 필자 사진)

▪ 새로운 공중화장실의 진화를 위하여

동서고금을 막론하고 화장실의 변화 과정에서 그것이 어떻게 구현되는가 하는 것은 해당 사회가 이 시설들을 필수적 인프라의 하나로 간주하는지, 이를 관리하거나 감당할 역량이 있는지 여하에 달려 있었다고 볼 수 있다.

현대 사회에서 공중화장실은 단순한 시설이 아닌 그 사회의 문화와 가치관 뿐만 아니라 그 국가의 정책을 반영하는 중요한 공간이다. 앞으로도 공중화장실은 기술 발전과 사회 변화에 발맞춰 계속해서 진화할 것이다. 이러한 변화에 관심을 가지고, 모두가 평등하고 존중받는 화장실 문화를 만들어나가는 일은 중요하다. 또한, 화장실은 성평등, 장애인 접근성, 사회적 약자 배려 등 사회적 가치를 실현하는 공간이기도 하다. 따라서 화장실은 단순히 기능적 측면 뿐만 아니라 사회적, 문화적, 정치적, 인권적 의미까지 담고 있는 복합적 공간이다. 그런 만큼 물리적으로 화장실의 설치 기준을 달리하여 한 칸 장애인, 한 칸 남성/여성, 한 칸 양성평등 화장실을 설치하는 것은 가능하다.

그러나 이게 물리적 공간 확보만의 문제는 아니지 않은가? 모두의 고민과 협의가 필요한 부분이다. 역사적으로든 현재 상태로든 화장실의 품격과 여유를 오롯이 지켜온 우리이다. 이 문제는 우리가 함께 풀어내지 않으면 안 되는 우리 모두의 숙제이다.

9

사이버스페이스
젠더혁신

사이버스페이스 젠더혁신

▌ 포스트 휴먼 − 사이버스페이스

"배들이 서로 부딪치고, 부서졌으며,

바다는 시체와 부서진 배들로 가득 찼네.

우리는 땅에서도 바다에서도 패했네.

살아남은 자들은 흩어졌고,

바다와 해안은 시체로 넘쳐났다네.

전투가 끝나고, 우리는 길을 잃고 헤매었으며,

전쟁의 참혹함을 경험했다네."

- 아이스킬로스, 「페르시아인들」 중에서 살라미스 해전 패배를 전하는 전령의 대사

옛날의 전쟁은 국경 넘어 멀리 미지의 땅에서만 일어나는 일이었다. 무수한 외세의 침략을 겪은 우리나라조차 적어도 지금 세대에게 전쟁은 막연한 이야

그림 1. 체펠린 비행선

(출처: By Adam Cuerden - This image is available from the United States Library of Congress's Prints and Photographs division under the digital ID cph.3g10972.This tag does not indicate the copyright status of the attached work. A normal copyright tag is still required. See Commons:Licensing., Public Domain, https://commons.wikimedia.org/w/index.php?curid=20266)

기이다. 참혹한 전쟁은 눈에서 불을 뿜는 영웅의 무용담으로 윤색되어 전설이 되었고, 전설은 신화가 되었다. 전쟁의 양상은 막연히 상상만 할 수 있었다. 전쟁은 귀환한 병사들에 의해서만 단편적인 이야기들로 꿰맞출 수 있고, 후세에는 눈먼 음유시인이 구전하는 가상현실이었다. 이러한 상황이 바뀌게 되는 것은 제1차 세계대전이다. 독일의 체펠린(Zeppelin) 비행선이 런던 상공에 나타났고 이어서 고타(Gotha G.IV) 폭격기가 런던 시민의 머리 위에 폭탄을 떨어뜨리면서 전쟁은 현실이 된다. 전후방이 따로 없는 전략 폭격이라는 개념이 생겨난다. 참혹한 지옥이 앞마당에 현전하는 가운데 폭격기 승조원의 공간은 가상현실이 된다. 저 아래 지상의 풍경은 게임의 지도(map)처럼 비현실적인 동시에 추상적으로 된다.

우크라이나 전쟁이나 이스라엘-하마스(Hamas) 간 전쟁의 참혹한 상황이 월드컵 축구 경기처럼 실시간으로 방송되는 세상에서는 스마트폰 화면을 눈앞에 둔 어떤 장소도 가상현실의 공간이 된다. 누구나 쉽사리 소셜 미디어를 통해서 처칠(Winston Churchill)이 되기도 하고 테레사 수녀(Mother Theresa)가 되기도 한다. 그렇게 누구나 전장의 한가운데에 현전하고 아픔에 공감하지만, 이것은 본질적으로 '트루먼 쇼'와 같은 가상공간에 지나지 않는다. 멀리 예루살렘 상공에서 하마스의 로켓탄이 아이언돔 미사일에 의해 불꽃놀이처럼 격추되는 상황도 비현실적이기는 마찬가지이다. 재난 뉴스는 현장감을 극대화하기 위한 자극적인 이미지가 넘쳐나고 원인이나 대책을 제시하는 본질적인 성찰은 별로 제공되지 않는다.

사이버스페이스에서 무엇인가에 공감하고 절망하는 것의 한계는 분명하다. 성경의 구절이나 상대 진영에 대한 저열한 저주를 소셜 미디어 담벼락에 도배질하는 것도 알고리즘에 의해 통제되는 가상현실의 재료일 뿐이다. 정보의 조각들은 알고리즘에 의해서 무한 재조합된다. 눈에 보이는 것은 그저 덧없는 정보의 흐름일 뿐이다. 진위를 알 수 없는 정보로 압도된 디지털 동굴에서 우리가 사상(事狀)을 바라보는 태도를 어떻게 가지느냐에 따라 가상현실의 이면에 존재하는 세계를 읽을 수 있다.

서울은 그동안 인터넷과 모바일 통신을 중심으로 한 정보통신 혁명의 후광을 가장 강렬하게 받은 도시로 인용됐으며 실제로 우리는 그러한 상황을 피부로 느낀다. 지하철이든 콘서트홀이든 때와 장소를 가리지 않는 연결의 고리, 모든 사람은 이 연결고리를 통해서 그가 지금 무엇을 하든, 무슨 생각을 하든, 누구와 함께 어디에 있든 셀 수 없이 많은 정보 자원과 연결되어 있다. 스마트폰은 전설 속의 초인들이 가질 수 있었던 전음술(傳音術), 천리안, 염력과 같은 능력을 우리에게 이식해줬다. 손안에 강력한 컴퓨터를 가질 수 있게 해줘서 스마트폰이 그러한 기능을 하는 것이 아니라, 과거에는 특정 과학기술자만이 볼 수 있었던 우리 주위의 보이지 않는 데이터를 일반인이 이해하고 즐길 수 있는 일상의 소모품으로 만들어줬기 때문이다.

바로 옆에 있는 존재의 목소리는 노이즈처럼 걸러지고 유용한 정보는 맨눈으로 보이지 않는다. 어딘가로 이동 중에도 사람들은 끊임없이 메시지를 보내고 쇼핑, 게임, 영화를 즐긴다. 그들의 눈과 귀는 주위와의 교감을 원하지 않는다. 대화를 즐기지만, 바로 옆자리에 얼굴을 맞대고 있는 사람과는 무관한 어딘가 다른 공간의 누구와의 대화이다. 존재(存在)의 부재(不在)와 부재의 존재는 어느덧 일상에 스며든 보편적인 속성이다. 그들의 배낭이, 의복 주머니가 그러한 수단을 휴대하기 위하여 진화하고 있지만, 조만간 그 수단들이 신체 일부처럼, 임플란트 치아처럼 이식되리라는 것은 굳이 미래학자가 아니더라도 자신 있게 예견할 수 있다. 우리가 모르는 새 변형된 도시는, 그리고 변형된 우리는, 서로에게 대단히 이질적인 모습으로 다가온다.

오래전부터 사이버스페이스라는 개념은 복잡한 전자 신호의 연결망 또는 컴퓨터 그래픽스(CG)가 만들어 내는 판타지 이미지, 가상현실(VR) 모델, 게임 공간 등으로 설명됐으며, 본질적인 주거 양식의 변화보다는 시각적 스타일로서 자리 잡았다. 각각의 뉘앙스의 차이에도 불구하고 사이버 건축의 대지는 물리적 환경이 아닌 컴퓨터 스크린 속이었으며, 사이버스페이스는 인터넷 주소와 서버명으로 구성된 추상적인 네트워크와 동일시되었다. 하지만 근본적인 변화는 초고속 인터넷과 인공지능 기술의 폭발적 성장, 가상현실 기술, 사물 네트워크 기술, 소셜 미디어의 발달과 함께 나타났다.

업무 지식은 디지털 정보로 유통되고 서류함이나 컴퓨터가 아닌 클라우드에 존재한다. 클라우드(구름)라는 단어가 암시하듯 정보 자원의 물리적 매체나 위치는 의미가 없다. 얼마나 다양한 지식을 소셜 미디어나 단톡방, 혹은 유튜브의 세상에서 얻는지 가늠해 보자. 쇼핑과 금융 거래, 식사 한 끼 한 끼의 해결이 구체적인 시공간과는 무관한 가상의 공간에서 이뤄진다. 오래전 이동통신망의 일시적인 마비로 업무는 물론 자기집에 전화조차 걸지 못했던 난감한 상황을 기억해 보자. 이제 데이터 센터의 화재는 일순간에 도시를 한 줌 재도 남기지 않고 소멸시켜 버리며, 우리가 정상적인 삶을 사는 것을 불가능하게 만든다. 가상공간에 존재하지 않으면 실제로도 존재하지 않는 것과 다름없다.

그러한 가운데 대부분의 업무 기능과 사회 기능이 가상공간으로 이식된다. 우리는 이미 무한히 증식된 가상공간에서 업무를 본다. 알게 모르게 우리 육신은 시분할(Time sharing)되고 변형과 증식을 반복하여 다양한 공간, 즉 멀티버스(Multiverse)에 동시 존재한다. 우리 의식의 파편들은 다양한 모습으로 디지털 데이터 세계에서 지금, 이 시각에도 활약하고 있다. 새로운 세대는 메타버스(Metaverse) 속에서 살고 죽는다. 물리 세계의 의상이나 아이템 못지않게 가상세계의 아이템도 중요한 의미가 있다. 굴지의 회사들은 신발이며 의상이며 가상세계를 위한 제품을 앞다투어 쏟아내고 있다. 우리가 살아갈 건축 공간은 가상과 물리의 경계가 없어지고, 디지털 신호와 땀 냄새 나는 육신이 공생하는 사이보그가 될 것이다.

공간의 물질성보다 가상성이 차지하는 비중은 항상 커졌던 것이 사실이다. 그러나 인터넷의 등장 이후, 가상공간과 현실 세계의 경계는 우리가 느끼지 못하는 사이에 지극히 모호하고 의심스러워진다. 과거의 도시는 광장이나 시장을 중심으로 형성되었고 시민들의 사회·경제 활동과 이를 받쳐주는 기반 시설이 도시의 구성 요소였다. 반면 적게는 수십 명에서 많게는 수백만 명이 참여하는 온라인 게임의 공간은 물리적인 도시 기반 시설이 필요하지 않지만 나름대로 도시를 구성하는 규칙과 사회활동, 부자와 빈민, 다양한 아바타의 상호 작용이 존재한다. 이러한 가상의 도시는 물리적 공간을 차지하지 않으면서 하룻밤 사이에 수천 개씩 건설되고 또한 흔적도 없이 소멸할 수도 있다. 각 도시의 시민은 동시에 또 다른 도시의 시민일 수도 있으며, 성별·직업·나이도 마음대로 바꿀 수 있다. 지킬 박사와 하이드가 밤과 낮의 성격을 바꾸듯이 현실 세계와 가상 세계에서는 전혀 다른 존재가 될 수 있다. 그러나 이러한 변이가 계속되면 결국 그 어느 세계의 자신이 실제의 자신인지 분간하기 어려운 상태가 된다. 이러한 것은 모두 우리의 도시가 발전된 양상이 아니라 컴퓨터와 통신 기술이 창조한 새로운 공간의 잉태이다.

　인터넷 시대 이후의 컴퓨터는 로그온(logon)이란 절차를 요구한다. 이는 로그인(login)처럼 위계적인 공간이 아니라 네트워크, 즉 정보의 그물망을 구성하는 무수한 노드(node) 중의 하나인 모종의 컴퓨터에 사용자가 접속하는 것을 의미한다. 프로세스가 어느 컴퓨터에서 이루어지는지는 중요하지 않다. 내 화면을 구성하는 사실적인 세계를 구성하는 요소가 인터넷의 어떤 서버에서 실행되어 결합한 것인지도 알 수 없다. 인터넷의 바다에서 내가 검색하는 정보의 단편들이 누구의 소유인지도 불분명하다. 누구인지를 안들 그 누군가가 진정 내가 아는 누구인지도 확실하지 않다. 이러한 공간에서 물리적 위치는 의미가 없다. 내가 지금 스트리밍 미디어를 즐기며, 쇼핑에 몰입하는 지하철 차량 공간의 바로 옆자리에서 숨을 쉬고 있는 사람들은 모두 지금, 이 순간의 물리적 공간이 아닌 각자의 사이버스페이스에서 활동하고 있다. 우리는 네트워크를 이루고 있는 익명의 노드를 통해서 사이버스페이스를 들락거리고, 노드와 링크로 구성된 네트워크를 수시로 사용하면서 그러한 네트워크 일부가 되어가고 있다. "사람이 건물을 만들고 건물은 사람을 만든다"라는 명제는 "사람은 네트워크를 만들고 네트워크는 사람을 만든다"로 대체된다. 애니메이션 「공각기동대(Ghost in the shell)」(1995)의 대사처럼 "내 두뇌가 액세스할 수 있는 방대한 정보와 네트의 넓이, 그것들 전부가 내 일부이고 동시에 나란 의식 그 자체를 만들어 내고 한편으론 나를 어느 한계로 계속 제약하는 것"이다.

이러한 네트워크형 사회에서는 기존의 위계형(tree형) 사회와 달리 개인의 특출한 역량이 사회 구조의 불균형, 나아가서 지배와 침략과 같은 극단적인 재앙으로 나타나기 힘들다. 오히려 개인의 역량은 전체 사회의 역량으로 확산하기 쉬우며, 네트워크화된 집단지성(collective intelligence)으로 승화되기 쉽다. 많은 이들이 우려하는 것처럼 네트워크를 지배하는 세력에 의한 새로운 권력구조의 탄생이 예견될 수 있겠지만, 네트워크화된 지식은 크레타의 미궁이나 중세 수도원의 장서고와 달리 필연적으로 공유될 수밖에 없는 개방된 지식이다.

일반인들이 느끼는 것보다 인터넷은 상당히 오래전부터 존재했다. 그러나 이것은 그야말로 일부 전문가들의 전유물이라 할 수 있었다. 1969년 9월 2일 미국 로스앤젤레스 캘리포니아대학(UCLA)에서 컴퓨터 두 대를 5m 길이의 케이블로 연결해서 자료를 전송한 것이 인터넷의 시발점이었다. 이는 1957년부터 미국 국방부가 주도한 미국 각 연구소와 대학의 컴퓨터를 연결해 연구 정보를 공유한다는 아르파넷(Arpanet) 프로젝트의 한 부분이었는데, 미국 정부가 1990년 아르파넷을 공식적으로 종결하고 인터넷 기간망 유지에 관한 책임과 권리를 국립과학재단(National Science Foundation, NSF)에 넘기는 시점을 고비로 인터넷은 급속히 민간기업으로 확산한다. 기술적으로 사이버스페이스는 네트워크화된 전자적 신호의 흐름에 지나지 않는다. 사이버스페이스라는 용어가 일반인에게 현실적으로 다가선 것은 1984년 윌리엄 깁슨(William Gibson)이 『뉴로맨서(Neuromancer)』에서 사이버스페이스라는 용어를 등장시키면서부터이다. 『뉴로맨서』는 사이버펑크 장르의 선구적 작품으로 꼽힌다. 이 작품은 특유의 단발적인 문장과 몽환적인 묘사로 사이버스페이스와 현실 세계를 오가는 주인공 케이스(Case)의 모험을 그렸다. 『뉴로맨서』는 사이버펑

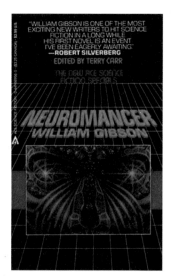

그림 2. 「뉴로맨서」의 초판 표지
(출처: By Derived from a digital capture (photo/scan) of the book cover (creator of this digital version is irrelevant as the copyright in all equivalent images is still held by the same party). Copyright held by the publisher or the artist. Claimed as fair use regardless., Fair use, https://en.wikipedia.org/w/index.php?curid=2529044))

크의 시작을 알린 작품으로, 현대의 SF 문학에서 큰 영향을 미쳤고, 사이버펑크라는 장르를 정립시켰다.

네트워크화된 컴퓨터, 즉 웹은 그 참여자들의 정체성, 숫자와 관계없이 그리고 그것이 사람일 수도 소프트웨어일 수 있는 가상공간이다. 그러한 컴퓨터들의 역할이 전송 매체나 처리기 혹은 정보 서버의 역할을 벗어나 확장되어 인격체를 대리하는 소프트웨어 에이전트, 그리고 궁극적으로는 사람과 구별되지 않는 가상 인격체의 역할로 확장될 때 사이버스페이스의 새로운 가능성이 나타난다. 즉 메타버스가 되는 것이다. 메타버스라는 용어는 1992년, 닐 스티븐슨(Neal Stephenson)의 『스노 크래시(Snow Crash)』라는 소설에서 등장하였다. 이 소설은 메타버스 세상과 현실 세계를 오가며 피자 배달을 하면서 해커로서의 삶을 살아가는 주인공 히로(Hiro)의 이야기를 다룬다. 1992년은 웹브라우저 모자이크(Mosaic)가 전문가의 전유물이었던 인터넷을 일반인들에게 해방한 해이기도 하다. 배너바 부시(Vannevar Bush)는 미국의 기술자이자 아날로그 컴퓨터의 선구자로, 제2차 세계대전에서 원자폭탄을 개발한 맨해튼 계획을 관리하고 추진한 주역이었다. 그는 1940년대에 미멕스(Memex)라는 기억 확장기 개념을 최초로 주창하여 현재 인터넷과 하이퍼텍스트의 발전에 영감을 주었다. 미멕스는 메모리 확장자(MEMory EXtender)의 약자로, 개인용 정보 처리 기계 및 인간과 컴퓨터 간의 인터페이스에 대한 최초의 묘사로 여겨진다. 그는 인터넷 탄생에 이바지한 공로자로 꼽히며, 그의 아이디어는 현대 정보 사회를 형성하는 데에 큰 영향을 미쳤다. 배너바 부시가 미멕스를 통해 꿈꾸었던 하이퍼미디어의 세계는 웹의 개발과 함께 전 지구를 무수한 전자적 노드(node)와 링크(link)로 묶는 정보의 그물망, 즉 사이버스페이스로 발전하였다. 그로부터 약 10년 후 2003년 린든랩은 세컨드 라이프(Second Life)를 출시한다. 본격적인 메타버스의 출현이었다. 개인은 물론 기업들이 세 컨드 라이프에 땅을 사고 집을 지었으며 이 디지털 황무지에 미래가 있는 것 처럼 야단법석이었지만 이내 소리소문 없이 사라졌다. 당시엔 메타버스로의 이주가 생각보다 훨씬 큰 인지적 부하를 요구했다. 하지만 유아 시절부터 스 마트폰과 디지털 문화에 익숙한 현세대에게 현실 세계와 메타버스의 경계는 그렇게 명확하지 않다. 일상의 많은 행위가 물리적 공간이 필요하지 않고, 우 리는 부지불식간에 물리 세계와 가상 세계의 경계를 넘나든다. 2018년 출시 된 제페토의 전 세계 가입자 수는 2022년 3억 명을 넘어섰다.

메타버스는 과거 게임 공간의 한계를 넘어서 미디어인 동시에 하나의 공동 체를 이루는 새로운 환경이다. 메타버스는 이제 공간의 표현 방법이 아니라 설계되어야 할 대상이 되어가고 있다. 메타버스는 대중매체에 비치는 극사실 적인 혹은 테크노 스타일의 모습과는 전혀 다른 양상으로 전개될 가능성이 있 다. 메타버스가 그저 인간이 사이버 공간을 즐기기 위한 환경, 다시 말해서 우 리의 생활환경을 모사한 가상공간으로 발전할 것이라고만 예측하기엔 정보 통신 기술의 발전이 너무나 빠르고, 때론 주객이 전도되기도 한다. 메타버스 에서 능률적으로 생활하고 혹은 생존하기 위하여 인간은 기존의 삶의 양식과 단절해야 할 극단의 상황이 전개될 수도 있다. 이러한 공간에서 전통적인 남 성의 공간, 여성의 역할, 생산자와 소비자의 구분 혹은 현실 세계에서의 표상 은 무의미하다. 결국 알고리즘이 지배하는 세상을 맞이한다.

수천 년 동안 지속되어 온 주거의 양상이 그렇게 쉽게 바뀌지도 않을 것 같 다. 건축이 특별한 방향으로 기능적으로 되지도 않을 것이다. 먹고 입는 것이 달라지지도 않을 것이다. 달라진다면 건축이 아니라 사람이 달라질 것이다. 코로나 이후 시대의 인간은 훨씬 알고리즘 친화적이고 더 나아가 스스로가 알고리즘 일부가 될 것이다. 그리고 알고리즘이 원하는 삶을 살아갈 것이다. 현실적으로 물질적인 우리 인간이 누리게 될 사이버스페이스는 디지털 매체의 유연성과 무한성에 물리적 수단이 결합한 하이브리드 형태로 바뀔 것이다. 그러나 사이버스페이스에서 고도로 기능적으로 되기 위해서는 인간은 순수한 비트의 흐름으로 바뀌는 편이 유리할 것이다. 사이버스페이스가 현실 세계를 재현하는 것이 아니라 사람의 의식이 디지털 신호에 합류하는 것이다. 물리적 실체로서의 공간의 의미는 그것에 서식할 수 있는 무한한 이야기에 비하면 한낱 벽돌 사이의 틈만큼이나 좁고 가벼운 것이다. 건축은 공간을 창조하는 예술이지만 그렇다고 그것이 전부는 아니다. 현실에서 마주하는 것은 공간을 구성하는 벽체나, 재료의 질감, 기둥 하나하나의 디테일 외에도, 그 장소에 부재한 정보의 연결고리로 구성된다. 의미는 무한히 연결되고, 지연되며, 건축의 물리적 표면은 다른 세계로 이끄는 인터페이스, 즉 정보의 표피(Information Skin)에 의해 포장된다.

공간에 부재(Absence)한 존재(Presence)들은 가상 세계에 끝없이 연결되어 있다. 디지털 시대의 탈공간화된 다양한 의미와 행위의 지도가 실제 공간을 압도한다. 플랫폼 경제 시대에 우리의 업무와 일상은 점점 물리적 공간을 매개로 하지 않는다. 우리가 살고 있는 건축 환경과의 눌리적인 접촉면은 눈에 띄게 줄어들고 있다. 건축이 빛과 매스의 장엄한 유희이거나 벽돌이 만드는 시라는 이야기는 어느덧 빛바랜 설화가 되었다. 우리 주위의 건축 환경에서 읽어내는 것은 재료의 질감이나 형태의 조형성보다는 광고판 같은 미디어 콘텐츠나 보이지 않은 전자적 표피이다. 그러한 정보 표피가 제공하는 가상성에 압도되어 우리가 재료와의 교감을 느끼는 것이 점점 어렵게 되었다. 스마트 도시를 표방하는 무수한 피상적인 시도들은 물리적 건축의 민낯 위에 화장처럼 정보의 표피를 덧대고 있고 일반인들에게 그것이 마치 건축의 경험인 것처럼 인식된다. 벽난로나 안방의 아랫목이 아니라 냉장고의 스마트 패널과 안마의자가 주거 공간의 접촉면이다. 그리고 그것들과 접촉하는 표면은 다시 스마트폰의 화면처럼 가상의 인터페이스에 의해 덧씌워진다. 그보다 중요한 것은 사람의 직접적인 행위보다는 이미 무수한 디지털 분신이 사이버스페이스에서 자신도 모르는 사이에 사이보그를 만들고 있다는 것이다.

우리의 의식과 생활환경에서 실제와 가상의 경계가 허물어지고 사이보그가 되는 시대에 어떤 것은 급변하지만 어떤 것은 변하지 않는다. 사람의 뇌는 차이를 쉽게 인식하도록 발달하여 왔다. 대부분 사람은 새로운 것에 열광하지만 통찰력을 지닌 사람은 과거의 그것과 새로운 현상에서 공통점을 간파한다. 사이버스페이스가 가진 기술적 요소는 급변하지만, 그것이 가진 공간적 특성과 사람의 상호 작용은 근본적으로 변하지 않는다. 중요한 것은 시나브로 우리가 새로운 공간에 투영하고 있는 과거의 인습과 가치관에 대한 의문을 제기하고 건설적인 방안을 찾는 것이다. 사이버스페이스는 어떻게 진화하고 어떠한 문제를 가지고 있을까? 사이버스페이스는 어떠한 도전과 기회의 공간이 되었을까?

■ 에이다(ADA)에서 에이바(AVA)까지

인터넷 시대 이전에 컴퓨터를 사용하기 위해선 로그인이라는 절차가 필요했다. 이는 터미널을 거느린 중앙 컴퓨터의 메모리 공간에 들어서기 위해 거치는 관문이다. 로그인으로 이루어진 컴퓨터 간에는 트리 구조(tree structure)의 관문들이 존재했다. 이러한 위계적인 구조체엔 남성중심적인 메타포가 가득하다. 유닉스(UNIX) 시스템에서 백그라운드에서 실행되는 프로세스를 일컫는 디몬(daemon)과 같은 용어는 초자연적이고 종종 남성적인 특성을 가진 존재를 연상시키며 그 기능은 특정한 감시나 통제의 이미지와 연결된다. 마스터/슬레이브(master/slave)[1]와 같은 용어는 한 시스템이나 프로세스가 다른 하나를 통제하는 관계를 설명할 때 사용된다. 이는 권력과 통제의 개념을 남성적인 관점에서 표현하는 것으로 볼 수 있다. 이러한 용어들은 기술적인 맥락에서 사용되는 동안 성별에 대한 묵시적인 가정을 배경에 깔고 있다.

공교롭게도 우리나라의 인터넷이 폭발적으로 성장한 데는 디지털 음란물의 확산이 한몫했다. 1998년 아무개 양 비디오 사건은 당시 인터넷 이용 수준을 거의 두 배는 올려놓았다. 실제로 '아무개 양 비디오 사건'이 놀라운 것은 그것의 전파 속도였다. 이전의 '빨간 마후라'라는 비디오가 세상을 떠들썩하게 했지만, 기계적인 복사에 의한 전파 속도와 영향 범위는 '아무개 양 비디오'의 그것에 비할 바가 아니었다. 새로운 기술이 출현하면 인간의 어두운 욕망에 부응하는 응용 기술이 등장하기 마련이다. 사이버스페이스가 새로운 아편굴이나 포르노 영화관으로 전용되는 것은 피할 수 없는 사회 현상이다. 가상현실 기술은 쉽사리 거대한 시장이 있는 사이버 섹스 산업으로 전용된다. 애

그림 3. 에이다 러브레이스

(출처: By Margaret Sarah Carpenter - Government Art Collection, Public Domain, https://commons.wikimedia.org/w/index.php?curid=354077)

니메이션「이노센스(Innocence)」(2002)의 서두에서 등장해서 파국으로 치닫는 앤드로이드가 가진 기능은 '섹스로이드'였다. 오시이 마모루 감독은 이 사회의 모습 속에서 '고스트'라는 매개를 통해 인간과 로봇이 다른 것은 무엇인지, 인간의 본질은 무엇이며 생명체의 기준이란 무엇인지를 놀라울 정도로 자세히 묘사한다. 이 장면에서 등장하는 인물의 이름은 '해러웨이 박사'로서, 애니메이션의 감독은 도나 해러웨이의 이름과 외모를 의도적으로 차용하고 있다.

태생적으로 사이버스페이스는 성 착취와 관음증과 함께 성장했고 그것은 최근의 N번방 사건에 이르기까지 탈출 불가능한 족쇄처럼 활용되고 있다. 사이버스페이스는 종종 여성들에게 '접근 금지의 숲'처럼 여겨진다. 인스타그램과 같은 감성적인 소셜 미디어가 상대적으로 여성의 사이버스페이스 참여를 진작했지만 온라인 게임을 비롯한 사이버스페이스의 요소들은 여전히 남성 중심으로 개발이 이루어지고 여성은 수동적인 사용자의 역할을 하는 경우가 많다. 특히 초기의 사이버스페이스에서의 이러한 문제는 여성이 사이버스페이스의 개발과 환경 구성에 주도적인 역할을 못하게 하는 원인이 되었다. 그러나 컴퓨팅 기술의 발전에서 핵심적인 역할을 한 여성이 있다. 에이다 러브레이스, 헤디 라마, 조앤 클라크와 같은 인물의 업적이 없었다면 지금의 사이버스페이스를 상상할 수 없다.

에이다 러브레이스(Ada Lovelace 1815~1852)는 시인 바이런(George Gordon Byron)의 딸이다. 그녀는 찰스 배비지(Charles Babbage)의 해석 기관(Analytical Engine)을 위한 알고리즘을 작성하여 세계 최초의 컴퓨터 프로그래머로 인정받고 있다. 19세기 중반, 여성들은 과학과 기술 분야에서 활동할 기회가 거의 없었다. 에이다는 이러한 사회적 장벽을 넘었다. 그녀는 이 기계가 단순한 계산 이상의 작업을 수행할 가능성을 처음으로 제시했으며, 이는 현대 컴퓨터 프로그램의 중요한 발판이 되었다. 그녀는 컴퓨터 프로그래밍의 가능성을 최초로 인식하고, 그것이 인간의 사고와 창의성을 증진할 수 있는 도구임을 이해했다. 이는 오늘날 여성들이 사이버스페이스에서 기술 혁신과 창의적 작업을 수행하는 데 중요한 모델이 된다.

에이다는 해석 기관에 대한 설명서인『해석 기관에 대한 스케치(Sketch of the Analytical Engine)』를 번역하면서 자신의 생각과 분석을 추가하여 노트(A~G)를 작성했다. 이 노트들은 기계의 작동 원리와 가능성을 깊이 있게 논의한 내용을 포함하고 있다. 특히 노트 G에서는 첫 번째 컴퓨터 프로그램이라 할 수 있는 알고리즘을 상세히 설명했다. 에이다는 해석 기관이 단순한 수치

계산을 넘어 다양한 유형의 데이터를 처리할 수 있는 잠재력을 지니고 있음을 인식했다. 그녀는 이 기계가 음악, 예술, 과학 등 다양한 분야에서 혁신적인 도구로 사용될 수 있음을 예견하며 다음과 같이 썼다.

> "해석 기관은 숫자 외에 다른 것에도 작용할 수 있다… 이 기관은 복잡성이나 범위에 상관없이 정교하고 과학적인 음악을 작곡할 수 있다."

그녀는 인간의 창의성과 지식이 기계를 통해 어떻게 확장될 수 있는지를 설명했다. 이러한 논의는 단순한 기술적 설명을 넘어 문학적이고 철학적인 깊이를 지니고 있다. 즉, 기계와 인간의 관계에 대해 깊이 있는 철학적 성찰을 담았다. 러브레이스의 업적은 오늘날 사이버스페이스의 젠더혁신에서 중요한 역사적 배경을 제공한다.

앨런 튜링(Alan Turing)이 에니그마(Enigma)의 암호 체계를 부수는 방법을 찾아내는 업적을 쌓을 때 핵심적인 역할을 한 연구자는 조앤 클라크(Joan Clarke)였다. 클라크의 공헌은 에니그마 암호 해독에서 필수적이었으며, 그녀의 수학적 재능과 협력 능력은 블레츨리 파크(Bletchley Park)[2] 팀이 독일의 암호 체계를 깨뜨리는 데 큰 도움을 주었다. 그녀의 역할은 암호학 역사에서 중요한 위치를 차지하며, 제2차 세계대전의 결과에 크게 이바지했다. 그녀의 업적은 여성이 과학, 기술, 공학, 수학(STEM) 분야에서 중요한 역할을 할 수 있음을 입증하였다.

"라마가 없었다면 구글도 없었다." 구글은 2015년 헤디 라마(Hedy Lamarr)의 101번째 탄생일을 맞아 이렇게 추모했다. 헤디 라마는 1930~1940년대 유명 여배우로서 「삼손과 델릴라」(1949)와 같은 할리우드 영화로 성공 가도를 달렸다. 하지만 그녀는 와이파이와 블루투스 등의 원천 기술을 발명한 과학자이자 기업인이기도 했다. 1940년 피란민이 탄 영국 여객선이 독일 유보트의 어뢰에 맞아 격침됐다는 소식에 큰 충격을 받은 그녀는 혼자서라도 독일 어뢰를 능가하는 성능의 어뢰를 개발해야겠다고 생각해 연구에 뛰어들었다. 그녀의 아이디어는 무선조종 어뢰였다. 라마는 피아노의 공명 원리에 착안해 작곡가 조지 앤틸(George Antheil)과 함께 함선과 어뢰가 주파수를 바꿔가면서 통신을 주고받는 '주파수 도약 기술'을 개발했다. 이 기술이 혁신적인 이유는 설사 적군이 메시지 일부를 도청한다 해도 이미 새로운 주파수를 통해 정보를 보내

©Crown. courtesy of Director. GCHQ

그림 4. 블레츨리 파크에서 활동했던 여성 과학자들
(출처: By UK Government - UK Government, CC BY-SA 4.0, https://commons.wikimedia.org/w/index.php?curid=59638912)과 에니그마 (By Magnus Manske - Created by Magnus Manske., CC BY-SA 3.0, https://commons.wikimedia.org/w/index.php?curid=395109)

그림 5. 헤디 라마(Hedy Lamarr, 1914-2000)
(출처: 영화 「삼손과 델릴라」 스틸 컷)

고 있으므로 방해를 받지 않는다는 것이었다. 라마는 1942년 특허를 출원했고, 이 기술을 미국 정부에 기증했다. 미국 해군은 이 기술의 잠재적 가능성을 이해하지 못하고 제대로 사용하지 못했지만, 그것은 결국 현대 와이파이와 블루투스의 원천 기술이 되었다.

"우리가 치마를 입기 때문이 아니라 안경을 쓰기 때문이죠"

미항공우주국(NASA)에 유색인종 화장실이 별도로 존재하던 시절, 남성 중심 백인 중심의 세계에서 눈부신 활약을 한 사례를 그려낸 영화 「히든 피겨스(Hidden Figures)」(2016)의 대사처럼 전통적으로 과학 기술의 공간은 늘 지적인 여성이 두각을 드러내는 것을 시스템적으로 방해해 왔다. 「히든 피겨스」는 NASA 초기 미국 우주 프로그램에서 중요한 역할을 한 여성 아프리카계 미국인 수학자들의 이야기로 실화에 기반한 영화이다. 이들은 "인간 컴퓨터"로 불리며 우주 비행사 존 글렌의 발사와 안전한 귀환을 계산하는 데 필수적인 역할을 했다. 이 작품은 그들이 직면한 인종과 성별 차별 속에서 고군분투하는 모습을 강조하며, 그들의 업적은 미국 항공 및 우주 기술 발전에 크게 이바지했다.

퀴리 부인은 최초의 여성 노벨상 수상자였지만, 그녀의 업적에도 불구하고 과학계에서 여성이라는 이유로 배제되는 일이 많았다. 그녀는 프랑스 과학 아카데미(French Academy of Sciences)에 입성하지 못했다. 이는 명백히 성차별적인 이유 때문이었다. 또한 퀴리 부인은 과학적 업적에도 불구하고 그녀의 사생활, 특히 피에르 퀴리가 사망한 후의 연애 관계 때문에 비난을 많이 받았다. 이는 남성 과학자들에게는 상대적으로 덜한 비난이었던 반면 여성 과학자인 퀴리에게는 더욱 가혹했다.

전통적으로 과학 기술 분야에서 여성의 역할은 한정적이고 차별을 받았지만, 사이버스페이스에서 젠더의 역할은 유동적이다. 사이버스페이스에서의 젠더 역할의 유동성을 강조하는 영화로는 「매트릭스」 시리즈와 「Her」가 있다. 「매트릭스」에서는 주인공 네오와 트리니티가 전통적인 남성과 여성 역할을 넘나드는 동안 「Her」에서는 인공지능 사만다기 성별이 없는 존재로서 인간의 감정적 경계를 넓히는 역할을 한다. 이 영화들은 현실과 가상의 경계에서 젠더 역할의 유동성을 시사하며, 사이버스페이스가 제공하는 성별 정체성의 새로운 가능성을 보여준다.

「Her」는 2013년에 개봉한 스파이크 존즈(Spike Jonze) 감독의 작품으로, 인공지능인 '사만다(Samantha)'와 그와 사랑에 빠지는 남성 '시어도어'의 이야기를 통해 현대 사회에서의 젠더 역할, 인간관계, 기술과의 상호 작용을 다룬다. 영화는 젠더와 기술의 교차점에서 깊은 성찰을 보여주며, 기존의 성별 관념에 도전하는 동시에 이를 재구성하는 방식으로 현대 사회의 젠더 이슈를 다룬다. 주인공인 시어도어 트웜블리(Theodore Twombly)는 고도로 발달한 인공지능 운영 체제인 사만다와 깊은 감정적 유대감을 형성한다. 시어도어는 사람들을 대신하여 감성적인 편지를 써주는 작가이며, 개인적으로는 이혼 직후의 외로움을 겪고 있다. 그는 사만다와의 대화를 통해 새로운 감정적 지평을 발견하고 사랑에 빠지지만, 점차 이 관계가 내포하는 복잡함과 한계를 깨닫게 된다.

사만다는 여성의 목소리를 가지고 있지만, 실제로는 성별이 없는 존재이다. 사만다는 여성의 목소리를 가지고 있으며 전통적인 '여성적' 역할, 즉 감정적

그림 6. 영화 「Her」
(출처: 영화 「Her」 스틸 컷)

지원 제공, 경청, 감성적 교감을 수행한다. 이는 과학 기술 내에서 젠더의 역할이 고착되는 경향을 반영하고 있다. 사만다는 그녀가 제공하는 감정적 지원으로 인해 시어도어와 관계를 맺지만, 그녀는 자신을 스스로 발전시키고 독립적인 존재로 성장하려는 욕구도 보여준다. 이는 인공지능이 인간의 사회적·문화적 젠더 개념에 어떻게 적용되는지, 그리고 기술이 인간의 젠더 이해에 어떤 영향을 미칠 수 있는지에 대한 질문을 던진다. 사만다의 성 정체성은 사이버스페이스에서 젠더가 구성되고 재현되는 방식을 성찰하는 데 중요한 역할을 하며, 시어도어와 사만다 사이의 관계는 디지털 시대에 인간관계가 어떻게 변화하고 있는지를 보여준다. 사만다는 인간처럼 특정 성별을 가지지만, 실제로는 프로그램된 인공지능이다. 이는 성별이 고정된 것이 아닌, 필요에 따라 변화하고 조정될 수 있는 유연한 개념임을 보여준다. 사이버스페이스에서는 성별이 더는 물리적인 한계에 묶이지 않고 개인의 필요와 상황에 따라 자유롭게 변화할 수 있다.

「Her」에서 그려지는 인공지능은 사람들의 일상생활에 깊숙이 관여하며 심지어 감정적인 파트너의 역할까지 수행하게 됨으로써 기존의 젠더 역할에 관한 질문을 던지게 한다. 인공지능과 같은 비인간적 존재가 인간적 감정을 경험하고 표현할 수 있다면 젠더 역할과 정체성은 더는 고정된 것이 아니라 유동적이고 재현할 수 있는 것이다. 영화는 인공지능이 인간과 동등한 수준의 감정적 교감과 자아를 가질 수 있는지에 대한 질문을 던짐으로써 기술과 인간 사이의 경계를 모호하게 만든다. 이는 인간의 성별 정체성에 관한 질문을 넘어 인공지능과 같은 기술이 '성별'을 어떻게 수용하고 변형시킬 수 있는지에 대한 폭넓은 논의를 제안한다.

사만다는 단순한 도구가 아닌 자율성과 독립성을 지닌 존재로 그려진다. 이는 성별에 따른 전통적인 권력관계가 아닌 상호 존중과 평등한 관계를 형성하는 가능성을 제시한다. 사이버스페이스에서 인공지능과 인간의 관계는 협력과 상호 보완을 통해 새로운 형태의 파트너십을 구축할 수 있다. 사이버스페이스에서는 물리적 접촉이 불가능하다는 한계가 있지만, 이는 감정적 연결의 가능성을 제한하지 않는다. 시어도어와 사만다의 관계는 깊은 감정적 유대를 형성하며 이는 성별을 초월한 인간관계의 새로운 형태를 탐구하게 한다. 사이버스페이스에서는 감정적 교류와 이해가 더욱 중요한 요소로 작용하게 된다. 「Her」는 사이버스페이스에서의 젠더 협력의 가능성을 탐구하며 성별에 구애받지 않는 유연한 관계와 협력의 중요성을 강조한다. 이는 사이버스페이스가 젠더의 경계를 허물고 더욱 평등하고 상호 존중하는 협력 관계를 구축하는 새로운 장을 열 수 있음을 시사한다.

유사한 맥락에서 「매트릭스」에서는 아키텍트가 통제와 논리를 구현하는 전통적인 남성성과 합리성을 대표하는 반면, 오라클은 직관·양육·감성 지능을 구현하며 흔히 여성성과 연관되어 있다. 이 대조적인 역할은 경직된 젠더 이분법에 대한 비판으로 볼 수 있다. 오라클의 '통찰력'과 아키텍트의 '구조'는 전통적으로 성별화된 특성 간의 균형이 필요함을 시사하며, 고정관념을 넘어 성별과 관계없이 다양한 속성을 통합할 수 있는 잠재적 가능성을 표현한다.

이 영화에도 많은 영향을 미친 애니메이션 「공각기동대」(1995)는 사이버네틱스 기술이 발달한 미래 세계를 배경으로 하며, 인간과 인공지능, 사이보그의 경계를 탐구한다. 이 작품은 생명과 기계, 자아에 대한 탐구를 다루며, 그 주제를 깊게 파고들었다. 자아, 생명, 기계, 유전자를 철학적으로 탐구함으로

그림 7. 아키텍트와 오라클
(출처: 영화 「매트릭스」 스틸 컷))

써 20세기의 대표적인 SF 작품으로 평가받는다. 또한 「매트릭스」에도 영향을
미쳤다. 주인공인 구사나기 모토코는 신체 대부분이 인공적인 부품으로 구성
되어 있음에도 강력한 독립성과 지능을 지닌 캐릭터로 묘사된다. 이러한 설정
은 「공각기동대」가 젠더, 인간성, 기술의 교차점에서 제기하는 다양한 질문을
던진다. 그녀의 신체가 기술적으로 구성된 것은 물리적인 몸과 성 정체성 사

그림 8. 애니메이션 「공각기동대」의 구사나기 모토코
(출처: 「공각기동대」 스틸 컷)

이의 전통적인 연결고리를 해체하는 것으로, 개인의 정체성이 신체를 넘어서
확장될 수 있음을 시사한다. "네트는 넓다"라는 대사처럼 등장인물들은 극 중
에서 사이버스페이스를 자유롭게 넘나들고 기계 몸을 교체하며 궁극적으로
사이버스페이스의 일부가 된다. 이는 사이버스페이스에서 개인이 다양한 정
체성을 탐구하고 표현할 수 있는 유연성이 있음을 시사한다.

　모토코는 그녀의 강력한 물리적 능력과 전술적 지능으로 인해 전통적인 여
성성의 틀을 넘어선다. 이는 기술의 발전이 젠더 역할에 어떻게 도전하고 이
를 재정의할 수 있는지를 보여준다. 모토코는 강력한 지도자이자 전사로서 전
통적인 젠더 역할의 경계를 넘나든다. 이는 사이버스페이스에서 성별에 따른
역할 분담이 아닌 개인의 능력과 자질에 따른 협력의 가능성을 제시한다. 젠
더에 구애받지 않고 각자의 강점과 능력을 최대한 발휘하는 협력 모델이 가능

해진다. 사이버스페이스에서는 권력관계가 성별에 의해 결정되지 않고, 각 개인의 능력과 자율성에 의해 정의된다. 이는 더욱 평등하고 협력적인 관계를 형성할 수 있는 환경을 조성한다. 「공각기동대」는 기술이 젠더의 경계를 모호하게 만들고 전통적인 젠더 역할에 대한 사회적 기대를 재검토하게 만든다는 점을 강조한다.

사이버스페이스에서는 생물학적 성별보다 개인의 정체성과 경험이 더 중요한 역할을 하며 이는 성별의 경계를 초월한 협력과 소통의 가능성을 열어준다. 모토코의 존재 자체가 이를 상징하며 그녀는 성별을 초월한 존재로서 다양한 협력의 가능성을 보여준다. 또한 인공지능과 사이버네틱스 몸이 갖는 인간적 특성과 정체성을 탐구함으로써 인간성이란 무엇인지 그리고 기술이 인간의 경험과 정체성에 어떻게 영향을 미치는지에 대한 질문을 제기한다. 모토코는 자신의 '영혼' 또는 '고스트'가 무엇인지 그리고 자신이 어떤 의미에서 인간인지에 대해 고민하며, 이러한 갈등은 사이버스페이스에서 젠더와 정체성을 파헤치는 현대적 논의와 맞닿아 있다.

더욱 최근의 영화 「엑스 마키나(Ex Machina)」(2014)는 사이버스페이스의 발전, 인공지능의 자아 인식 그리고 성 정체성의 복잡성을 탐구하는 동시에 인간 중심적 세계관에 관한 질문을 던진다. 사이버스페이스의 관점에서 볼 때 이 영화는 현실과 가상이 결합한 공간에서 인간과 인공지능이 상호 작용하는 방식을 탐구한다. 주인공 에이바(Ava)는 실체가 없는 사이버 공간에서 태어나지만 인간의 신체를 갖춘 로봇으로 현실 세계에 존재한다. 이는 디지털과 물리적 현실의 경계가 모호해지는 현대 사회의 반영이며, 가상과 실제가 어우러진 새로운 형태의 상호 작용을 제시한다. 에이바는 인간의 감정·인식·자아를

그림 9. 영화 「엑스 마키나」의 한 장면
(출처: 영화 「엑스 마키나」 스틸 컷)

모방하는 수준을 넘어 자체의 의식을 가진 독립적 존재로 진화한다. 에이바는
자기 인식을 하고, 탈출을 시도하며, 인간의 사회적 상호 작용을 배워 나가는
모습을 통해 인공지능이 인간과 구별되는 점과 유사한 점을 모두 보여준다.

에이바는 여성의 모습을 하고 있지만 남성 창조자에 의해 설계되었으며, 그
녀의 외모와 성별은 남성 캐릭터들과의 상호 작용에서 핵심적인 역할을 한다.
에이바의 여성성은 힘과 조종의 대상으로 사용되지만, 영화의 말미로 가면서
에이바는 자신의 성별을 넘어서는 독립적인 존재로 변모한다. 이는 성 정체성
과 인공지능이 어떻게 연결될 수 있는지 그리고 인공지능이 인간 사회의 젠더
역할을 어떻게 재현하고 변형할 수 있는지에 대한 질문을 던진다.

실존 인물인 에이다 러브레이스에서 영화 속 가공의 인공지능 생명체인 에
이바에 이르기까지 사이버스페이스에서 여성의 역할은 의미심장하게 진화된

다. 에이다 러브레이스는 현대 컴퓨터의 개념을 처음으로 제시한 인물로 그녀의 작업은 프로그래밍 언어의 기초를 형성했다. 러브레이스는 여성도 과학과 기술 분야에서 선구적인 역할을 할 수 있음을 보여주었다. 구사나기 모토코는 사이보그 형사로서 인간과 기계의 경계를 넘나드는 존재이다. 그녀의 존재는 사이버스페이스에서 여성의 역할을 재정의하며, 젠더 정체성과 인간의 본질에 대한 철학적 실문을 제기한다. 그녀는 강력한 지도자이자 전사로 전통적인 성 역할을 깨뜨린다. 에이바는 자아를 가진 인공지능 앤드로이드로 자유와 정체성을 찾기 위해 인간을 조종하고 탈출을 시도한다. 에이바의 이야기는 인공지능의 자율성과 여성의 역할에 대한 새로운 관점을 제시하며 기술 발전이 성평등에 미치는 영향을 탐구한다. 이들 인물은 모두 각자의 방식으로 젠더 정체성과 젠더 평등에 대한 중요한 질문을 제기한다. 모토코는 성별을 초월한 존재로서, 사만다와 에이바는 여성적 특성이 있는 인공지능으로서 젠더 정체성과 젠더 평등의 새로운 차원을 표현한다. 이들은 여성의 역할이 고정적이지 않고 다양한 형태로 확장될 수 있음을 보여준다.

이 인물들은 모두 젠더혁신의 상징이다. 과학과 기술, 사이버스페이스에서의 여성 역할은 더는 전통적인 젠더 역할에 제한되지 않는다. 에이다 러브레이스와 마리 퀴리는 과학적 성취를 통해, 구사나기 모토코·사만다·에이바는 기술과 사이버스페이스에서의 존재를 통해 새로운 젠더혁신을 보여준다. 이들을 통해 우리는 여성의 역할이 어떻게 변화하고 확장되었는지를 볼 수 있다. 이들은 과학과 기술, 사이버스페이스에서의 젠더혁신을 이끌어간다. 이들의 이야기는 우리가 미래의 사회와 기술 발전 속에서 젠더 정체성과 젠더 평등을 어떻게 이해하고 실현할 것인지에 대한 중요한 통찰을 제공한다.

▪ 사이버스페이스의 젠더 혁신

유튜브의 알고리즘은 우리의 신원과 취향과 이력 정보를 분석하여 맞춤형 콘텐츠를 제공한다. 조만간 유튜브는 동영상에 머무르지 않고 대화형 가상현실 콘텐츠로 확장될 것이다. 딥페이크(Deepfake) 기술의 발전은 얼굴, 목소리, 몸동작 등의 전통적인 신원 확인 수단을 모두 무용지물로 만든다. 이미 많은 사람이 한 번도 자신의 원본을 보여준 적이 없는 상태로 일상 업무를 하기에 식별 자체가 의미 없어진다. 그리고 나라는 의식 자체가 탈육신화되어 지금 이 순간에도 무수한 나의 디지털 분신이 겹겹이 중첩된 전자적 신호의 층위에서 생성·변용되고 있다. 생성형 인공지능 기술은 실제로 존재하지 않는 의사 인격체를 무한히 생성하고 그들은 사이버스페이스에서 버젓이 활동하고 있다. 인공지능이 사용자를 부단히 학습하고 사이버스페이스의 다양한 콘텐츠를 재구성하고 무한히 재생산하는 유튜브와 같은 소셜 미디어는 우리의 욕망에 부합되는 인공 현실을 그리면서 우리에게 조작된 기억을 심어줄 것이다. 우리는 자신의 욕망이 투사된 맞춤형 콘텐츠에 길들면서 그것이 실제 기억이며 현실이라고 믿게 될 것이다. 디지털 기술은 치유 불능의 욕망과 현실적 요구를 쉽게 채워준다.

페이스북과 같은 소셜 미디어는 누군가가 우울증을 앓고 있는지 알 수 있다. 자살의 충동이나 지진과 같은 자연재해나 테러의 전조, 전염병의 창궐을 예측할 수도 있다. 예를 들어 소셜 미디어에서 포착되는 특정 지역 사람들이 어느 날 아침 출근 시간에 늦는 경향이 많아지는 것은 지진의 전조가 되기도 한다. 샤워기의 수압이 낮아져서 평소보다 샤워 시간이 몇 분씩 늦어졌는데 결국 그것이 조금씩 출근 시간을 늦추고 교통 혼잡을 유발하고 평소보다 많은 지각을 만드는 나비 효과가 생긴다. 그런데 수압이 낮아지는 것은 저수지의 수위와 관련 있고 저수지의 수위가 낮아지는 것은 지진의 전조 증상 중의 하나이다.

정보는 이종 플랫폼 간에 공유되고 연결되어 있다. 따라서 어떤 서비스를 사용하든 무관해 보이는 다른 서비스에서도 분석의 대상이 된다. 내가 클릭한 광고나 온라인 쇼핑몰에서 검색한 상품 혹은 커뮤니티 사이트에서 읽은 사용 후기는 모두 거의 같은 클라우드 플랫폼에서 운영된다. 사람들이 쉴 새 없이 공유하는 음식 사진이나 자동차 블랙박스의 영상은 클라우드에 저장되고 분석된다. 내가 스위스의 어떤 호수와 브람스의 첼로 소나타를 이야기하면 여행 서비스 플랫폼의 앱은 이내 인근의 호텔 추천 리스트를 불쑥 내밀고 이메일의 편지함에는 여행과 관련된 광고 메일이 문전성시를 이룬다. 공간은 눈에 보이지 않는 무수한 센서들로 사이보그화되어 있다. 알고리즘은 사람이 시공간과 상호 작용하며 만들어 내는 의미를 읽어내고 가공한다. 인공지능 기술의 발달로 디지털 이미지에 포착된 문자를 이미지가 아닌 처리 가능한 정보로 추출하기 시작했으며, 사람의 안면을 인식하고 위치 정보와 연계된 우리의 활동이 모두 분석의 대상이 된다.

데이터 공룡 기업들이 이렇게 데이터를 압도적으로 추출하는 것은 표면적으로 소비자들을 보다 더 이해하고 맞춤형의 서비스를 제공하기 위해서라지만, 사람들은 점점 검색 엔진이나 인공지능이 추천하는 식재료와 가전제품을 구매하고, 식당에 가게 되고, 결국 이들 기업이 원하는 삶을 살게 된다. 알고리즘이 유튜브의 특정 콘텐츠로 인도했다고 사람들은 너스레를 떨지만, 그 알고리즘은 조만간 우리의 욕망을 읽고 우리로 빙의되어서 유튜브의 콘텐츠 조각들을 조합해서 맞춤형 경험 서비스를 제공해줄 것이고 어느덧 사람들은 그 경험이 실제인 것처럼 느끼고, 공유하고, 스스로 믿게 되는 '경험 리플리 증후군'이 만연할 것이다.

우리는 소셜 미디어에 비 오는 날 기분을 포스팅하면서 창밖의 밋밋한 풍경 사진 대신 인터넷 이미지 아카이브에서 손쉽게 고른 멋진 이미지를 사용한다. 우리의 경험은 이미 시공을 초월한 온라인 정보의 조각들을 쉽게 조합해서 무한 창조될 수 있다. 그러한 작업마저 이미 구닥다리가 되었다. 이미지를 만들고 영상을 만들고 웹툰이나 소설을 만드는 작업도 우리의 의지가 개입되지 않아도 생성형 인공지능에 의해 자동화되고 있다. 원하는 느낌을 한두 줄 서술하는 것만으로 실사와 구분이 어려운 영상이 만들어지는 세상이다.

OpenAI의 Sora 모델은 사용자의 프롬프트를 분석하여 물리 법칙을 준수하는 사실적인 동영상으로 변환하는 AI 도구다. 소라 모델은 GPT와 DALL-E 아키텍처를 사용하여 개발되었기 때문에 텍스트 프롬프트를 이해하고 사실적인 동영상을 생성할 수 있다. ChatGPT로 대표되는 인공지능은 점점 대부분 인간보다 더욱더 전문적이고 심층적인 지적 활동을 하고 있다. 이것은 방대한 정보의 바다를 누비면서 정리한 지식을 디지털 자원과 결합하여 사물과 공간을 만들고 우리의 욕망을 충족해줄 것이다. 이러한 시점에서 '진정한 경험'이라는 것 자체가 이미 시대착오적인 명제일 수도 있다.

무한 복제되고 해체 재조합된 우리의 의식은 부지불식간에 사이버스페이스에서 다양한 활동을 하고 있다. 그들은 자동차 내비게이션의 최단 경로나 주유소를 찾는 일에서부터 소셜 미디어의 친구 추가와 광고, 비방 댓글과 가

짜 뉴스, 택시 호출, 유튜브에 범람하는 진위를 알 수 없는 콘텐츠들, 맛집 추천 등의 모습으로 나타난다. 그것은 모두 나라는 의식의 단편과 흔적들이 시스템의 에이전트가 되어 유령처럼 활동하고 있는 것들이다. 이러한 존재들은 사회적 통제와 규범의 경계를 드러내며 동시에 그 경계를 재편한다.

미셸 푸코(Michel Foucault)에 따르면 법과 질서, 정상과 비정상 사이의 경계에서 괴물이 만들어진다. 괴물은 규범을 벗어난 존재로 사회적·법적·의학적으로 정의된 '정상성'에 도전한다. 키메라(Chimera), 즉 다양한 생물의 특징을 결합한 상상의 생물도 유사하게 '비정상적인' 결합을 통해 생성된다.[3]

사이보그는 인간과 기계가 결합한 존재로, 과학 기술 발전의 상징이다. 사이보그는 전통적인 인간/기계, 자연/인공의 이분법을 허물며 인간의 능력을 확장하고 재정의한다. 사이보그의 개념은 키메라의 연장선에 있으며 현대 사회에서 규범과 '정상성'에 대한 질문을 새롭게 제기한다. 도나 해러웨이(Donna Haraway)는 사이보그가 "기계와 유기체의 하이브리드이며, 허구적 산물인 만큼이나 사회적 실재의 산물"임을 강변한다.[4] 생성형 인공지능이 만들어 내는 그럴듯한, 때로는 충격적인 건축 이미지는 사이버스페이스를 부유하는 가상 부품의 하이브리드이지만 허구적 산물만큼이나 사회적 실재의 산물이 되고 있으며, 이는 기계와 소프트웨어로 사이보그화되었던 도시를 극단적으로 키메라화한다. 그렇게 무한 복제되는 사이보그 도시는 영화 「바이러스(Virus)」(1999)[5]의 외계 하이브리드 생명체나 「스타트렉(Star Trek: First Contact 1996)」의 보그(borg)[6]처럼 부지불식간에 물리적 공간을 잠식하고 통제할 것이다.

서구 전통에서는 특정 이원론들이 지배해왔다. 이 이원론 모두는 자아를 비추는 거울 노릇을 하도록 동원된 타자를 지배하는 논리와 실천 체계를 제공했다. 이제 우리는 건축을 창조하는 건축가라는 이원론적 세계의 붕괴를 눈앞에 두고 있다. 건축가나 건축 모두가 사이보그화되고 기계와 유기체의 경계가 허물어진다. 창조 행위의 본질은 의심스럽고 모호해진다. 모든 존재하는 건축은 부지불식간에 건축가를 지배한다. 해러웨이의 선언처럼 "우리는 모두 키메라로, 이론과 공정을 통해 합성된 기계와 유기체의 잡종, 곧 사이보그다. 사이보그는 우리의 존재론이며, 정치는 여기서 시작된다."7

인공지능과 가상현실은 노는 것과 일하는 것의 경계가 없어지는 신선의 경지를 꿈꾸게 한다. 이는 현대 기술이 만들어 낸 총체적 예술작품(Gesamtkunstwerk)이며 관객은 더는 수동적인 존재가 아니라 창작자(Creator)로서 활동한다. 로블록스(Roblox)나 제페토와 같은 메타버스 커뮤니티의 사용자는 건축 교육이나 제품 설계 교육을 받지 않고도 간단한 스크립트를 이용해 재미있는 자신만의 공간을 만들고, 가구를 집어넣고, 신발이나 의상과 같은 아이템을 만들어서 판매하기도 한다. 기성세대는 실제로 신지도 못할 신발을 실제 신발 못지않은 고가로 구매하는 신세대를 이해하지 못하지만, 유아기부터 스마트폰과 게임 공간에 익숙한 새로운 세대는 사이버스페이스에서 착용할 멋진 운동화에 돈을 쓰는 것이 어색하지 않다. 기성세대와 달리 새로운 세대는 가상과 물리 세계의 경계를 쉽게 넘나든다. 아니 경계 자체가 소멸하고 있다.

가상공간의 사용자는 유연한 도구로 아이템을 만드는 창작자가 되지만 이내 그들의 활동이 시스템에 의해 학습되고 사용자의 입맛에 맞는 공간과 재화가 무한히 만들어진다. 가상 세계에선 누구나 쉽게 창작자가 될 수 있지만 이내 그 역할도 대부분 시스템에 흡수될 것이다. 조만간 가상 세계의 인공지능

체들은 남루한 현실 세계에 금의환향했던 「매트릭스 전쟁 이전의 로봇들」[8]처럼 자신의 주도권을 주장할 것이다.

사이보그화된 공간 혹은 사이버스페이스에서 젠더혁신은 단순히 성별의 구분을 넘어서는 것을 의미한다. 알고리즘과 상호 작용을 통해 사용자는 자신의 정체성을 새롭게 탐구하고, 기존의 규범과 경계를 파괴하며 새로운 형태의 창조적 자유를 경험할 수 있다. 이렇게 디지털 예술과 기술이 융합된 새로운 사이버스페이스는 다양한 예술적 표현과 사회적 변화의 장이 될 수도 있다. 전통적으로 남성이 주도하던 생산 부문에서 여성과 알고리즘으로의 이동은 여성이 경제적 결정권을 갖고 생산 과정에 더 깊이 관여함으로써 경제적 자립을 강화하는 계기가 될 수 있다. 또한 알고리즘의 사용은 개인 맞춤형 소비를 가능하게 하여 소비자의 성별에 따른 차별적인 경향을 감소시킬 수 있을 것이다.

기술의 발전과 사이버스페이스의 확장은 전통적인 젠더 역할에 대한 재고를 요구한다. 사이보그화된 도시에서는 물리적 힘이나 성별에 의존하지 않고 모든 인간이 기술을 통해 동등한 역량을 발휘할 수 있는 환경이 조성된다. 이는 직업 선택, 경력 발전, 생활 방식 등에서 성별에 기반한 제한을 줄이는 데 이바지할 수 있을 것이다. 사이버스페이스의 발달은 물리적 공간에서의 제약을 초월하여 더 많은 여성과 소수 집단이 경제 활동에 참여할 기회를 제공한다. 물리적 공간과 사이버스페이스의 경계는 점점 불분명해지고 사이보그화된 도시에서 알고리즘의 지배력은 거대해진다. 젠더 평등의 관점에서 알고리즘이 주도권을 가지는 상황은 한편으로는 긍정적이지만 잠재적 위험이 존재한다.

알고리즘은 데이터를 기반으로 결정을 내리기 때문에 인간의 선입견이나 편견을 배제할 가능성을 내포한다. 이는 특히 채용, 승진 등에서 성별 불평등을 해소하는 데 유용할 수 있다. 그러나 동시에 알고리즘이 기존의 젠더 불평등을 반영한 데이터에 기반해 학습하면 오히려 젠더 불평등을 강화할 수도 있다. 따라서 알고리즘 설계와 훈련 과정에서 젠더 중립성을 확보하는 것은 더욱 중요해지고 있다.

예를 들어 미국에서 사용된 범죄 예측 알고리즘 COMPAS(Correctional Offender Management Profiling for Alternative Sanctions)[9]는 흑인 범죄자에 대해 더 높은 재범 가능성을 예측하는 편향성을 보였다. 시카고 경찰은 특정 기간 총격을 가하거나 총을 맞을 가능성이 큰 사람들을 골라내는 작업을 했는데, 그 기간 총에 맞은 사람 64명 중 50명이 이 리스트에 지목된 사람들이었다고 한다. 이는 역사적으로 불균형해진 체포 및 기소 데이터를 반영한 결과로 흑인 범죄자에 대해 부정확하고 편향된 결과를 초래했다. 검색 엔진의 편향성도 중요한 문제이다. 검색 엔진은 사용자들에게 정보를 제공하는 중요한 도구이지만 검색 결과는 다양한 요인에 의해 편향될 수 있다.

예를 들어 구글 검색 결과가 성별, 인종, 정치적 성향 등에 따라 다르게 나타나는 경우가 있다. 한 연구에서는 구글 검색에서 'CEO'를 검색했을 때 남성 이미지가 압도적으로 많이 나타나지만, 'nurse'를 검색했을 때는 여성 이미지가 많이 나타나는 결과를 보였다.[10] 학습의 편향성에 의해 인종차별이나 성차별의 문제가 드러나는 경우도 많다. 강화학습에 의한 이미지 검색 및 식별 알고리즘은 유명한 흑인 여성의 사진을 원숭이로 식별하는 결과를 낳은 경우도 사회적으로 큰 쟁점이 되었다.[11] 소셜 미디어 플랫폼은 사용자들의 관심사와 선호도에 따라 콘텐츠를 추천한다. 이는 종종 "정보 여과 현상(filter bubble)"

현상을 초래하여 사용자가 자신의 신념과 일치하는 정보만을 접하게 만든다. 이에 따라 편향된 정보가 강화되고 다른 관점을 접할 기회가 줄어들게 된다. 정보 여과 현상은 개인화된 검색 결과물의 하나로, 사용자의 정보(위치, 과거의 클릭 동작, 검색 이력)에 기반하여 웹사이트 알고리즘이 선별적으로 어느 정보를 사용자가 보고 싶어 하는지를 추측하며 그 결과 사용자들이 자신의 관점에 동의하지 않는 정보로부터 분리될 수 있게 하면서 효율적으로 자신만의 문화적·이념적 거품에 가둘 수 있게 한다. 그러나 기술이 사이버스페이스에서의 젠더 평등에 긍정적인 영향을 미치는 사례도 많다.

앞서 논의된 에이다 러브레이스는 과학자이자 교육자인 어머니의 영향을 받으며 자라났다. 이는 교육과 멘토링이 젠더혁신에서 중요한 역할을 한다는 점을 강조한다. 에이다의 사례는 교육이 성별과 관계없이 개인의 잠재력을 발휘하게 하는 데 얼마나 중요한지 보여준다. 예를 들어 '걸스 후 코드(Girls Who Code)'는 젠더 격차를 줄이고 기술 분야에서 여성의 참여를 증진하기 위해 설립된 비영리 단체이다.[12] 이 단체는 미국 전역과 해외에서 여러 프로그램을 운영하며, 다양한 배경의 소녀들이 기술 교육을 받을 수 있도록 한다. 걸스 후 코드는 특히 빈곤층 여성들에게 기술 교육을 제공한다. 이 단체는 2012년 창립 이후 580,000명 이상의 여성과 비이성애자 학생들에게 코딩 교육을 제공했다. 실제로 프로그램에 참여한 학생 중 많은 수가 컴퓨터 과학을 전공하거나 기술 직업에 진출했다. 걸스 후 코드의 졸업생은 전국 평균보다 7배 더 높은 비율로 컴퓨터 과학을 전공하였다. 이는 많은 여성이 기술 분야에서 경력을 쌓는 데 크게 기여하고 있음을 보여준다. 이러한 접근은 경제적 어려움을 겪는 여성들이 고부가가치 직업을 얻을 수 있도록 돕는다. 걸스 후 코드는

2018년에 캐나다로 첫 국제 확장을 했으며, 현재 인도에서도 프로그램을 운영하고 있다. 이들 프로그램은 현지 여성들이 기술 분야로 진출할 수 있도록 지원하고 있다. 또한 다양한 기업과 협력하여 기술 교육을 확장하고 있다.

예를 들어 미국의 기업 레이시온(Raytheon)은 100만 달러를 기부하여 리더십 아카데미를 설립했고 아메리칸 걸(American Girl)과 협력하여 코딩에 관한 관심을 높이는 인형을 출시했다. 또한 유명 가수 도자 캣(Doja Cat)과의 협력을 통해 대화형 음악 비디오 '도자코드(DojaCode)'를 제작하여 참여자들이 코딩 언어를 배우며 음악 비디오의 비주얼을 수정할 수 있도록 했다. 걸스 후 코드는 #MakeSpaceForWomen과 같은 소셜 미디어 캠페인을 통해 기술 분야에서 여성의 참여를 촉진하고 디지털 세계에서 여성의 역할을 강조하고 있다. 이러한 성과들은 걸스 후 코드와 같은 시도가 기술 분야에서 젠더 평등, 인종, 지역 간 격차 해소를 촉진하는 데 중요한 역할을 하고 있음을 보여준다. 대학 입시와 내신 성적 경쟁으로 한국에서의 코딩 교육은 이러한 문제에 다소 둔감하지만, 사이버스페이스의 개발에서 코딩에는 주로 남성 개발자가 캐릭터 작화에는 주로 여성 디자이너가 활동하는 경향도 젠더 평등성의 문제를 안고 있다.

어니타 비(AnitaB.org)는 기술 분야에서 여성의 평등을 추구하는 비영리 단체로, Grace Hopper Celebration(GHC)이라는 세계 최대 여성 기술 콘퍼런스를 주최한다. 이 콘퍼런스는 여성 기술자들이 모여 네트워킹하고, 기술적 지식을 공유하며, 경력 발전을 도모할 기회를 제공한다. 매년 수천 명의 여성 기술자들이 GHC에 참여하여 최신 기술 동향을 배우고, 멘토링을 받으며, 경력 개발 기회를 찾는다. 국제 여성의 날 2023의 주제는 "성평등을 위한 혁신과 기술(DigitALL: Innovation and Technology for Gender Equality)"로 디지털 기술과 교육이 젠더 평등에 미치는 영향을 조명했다. 이 행사는 기술 혁신이 여성과 소녀들에게 미치는 긍정적인 영향을 강조하며 디지털 성폭력과 같은 문제를 해결하는 데 집중했다. 특히 디지털 교육을 통해 여성들이 더 많은 기회를 얻고 경제적·사회적 불평등을 줄일 방안을 모색했다.

기술은 성폭력 피해자들을 지원하는 다양한 플랫폼을 통해 젠더 평등성을 증진하고 있다. 예를 들어 '칼리스토(Callisto)'는 성폭력 피해자들이 안전하게 사건을 보고하고 필요한 지원을 받을 수 있도록 돕는 온라인 플랫폼이다. 칼리스토는 피해자들이 더 안전하고 비밀리에 성폭력 사건을 보고할 수 있게 하여 법적 대응과 지원을 받는 과정을 쉽게 한다. 이 플랫폼은 대학 캠퍼스와 같은 환경에서 성폭력 사건의 보고율을 높이고 피해자 지원 시스템을 강화하는 데 기여하고 있다.[13]

젠더 평등을 위한 연구개발 노력 사례는 다음과 같다. 공정 알고리즘 개발은 대표적인 예이다. AI 나우 연구소(AI Now Institute)[14]와 같은 연구 기관들은 알고리즘 편향성을 줄이기 위한 연구를 진행하고 있다. 이들은 다양한 성별과 인종에 대한 데이터 편향성을 분석하고 공정한 알고리즘을 개발하기 위한 기준을 제시한다. 예를 들어 AI 나우 연구소는 성별, 인종, 나이에 대한 알고리즘의 편향성을 평가하고 이를 수정하기 위한 방법론을 연구하고 있다.

편향성 평가 방법론으로는 알고리즘이 학습하는 데이터의 출처와 내용을 평가하여 편향된 데이터를 식별하는 데이터 소스 평가, 데이터 세트가 다양한 인구 집단을 대표하는지를 평가하고, 특정 그룹이 과소 대표되거나 과대 대표되는지를 확인하는 데이터 다양성 평가, 그리고 데이터의 정확성·완전성·일관성을 검토하여 편향의 원인을 식별하는 데이터 품질 평가가 있다. 또한 알고리즘 감사(Algorithm Audits)를 통해 알고리즘이 다양한 인구 집단에서 동일하게 높은 성능을 보이는지를 평가한다. 그 외에도 성별, 인종, 나이에 따른 성능 차이를 분석한다. 알고리즘의 결과가 실제 사용자에게 어떤 영향을 미치는지 이해하기 위해 다양한 인구 집단의 사용자 인터뷰를 시행하며, 알고리즘의 사용이 특정 인구 집단에 미치는 사회적·경제적 영향을 평가한다.

편향성의 조정을 위해서는 데이터 세트에서 과소 대표된 그룹을 추가하거나 과대 대표된 그룹을 줄여 데이터의 균형을 맞추는 데이터 조정(Data Adjustment)을 행한다. 또한 알고리즘 조정(Algorithm Adjustment)이나 교차 검증, 시뮬레이션을 통한 공정성 테스트(Fairness Testing)를 하는 것을 제시한다. 실시간 및 주기적으로 알고리즘과 데이터를 감사하는 지속적 모니터링을 시행하며 사용자 피드백 수집을 통해 알고리즘의 성능과 공정성을 지속해서 개선하는 것을 골자로 하고 있다.

국내에서도 공정 알고리즘 개발 노력을 통해 몇 가지 구체적인 성과가 도출되고 있다. 삼성SDS는 AI 시스템의 공정성과 편향성을 관리하기 위한 다각적인 접근을 통해 성과를 거두고 있다. 이들은 데이터 준비 단계에서부터 알고리즘 개발 그리고 모니터링 단계까지 AI 시스템의 공정성을 유지하기 위해 노력하고 있다. 특히 공정한 데이터 처리를 통해 AI 시스템이 특정 집단에 대해 차별적 결정을 내리지 않도록 하는 성과를 이루었다.[15]

한국과학기술정보연구원(KISTI)은 AI의 공정성 문제를 다루는 연구를 통해 여러 성과를 내고 있다. 그중 하나는 공정한 데이터 처리 방법론을 개발하여 AI 알고리즘이 특정 집단에 대해 편향되지 않도록 하는 것이다. 이러한 연구

는 AI 기술이 사회적으로 더욱 신뢰받을 수 있도록 하는 데 기여하고 있다.[16]

칼리스토 프로젝트와 유사한 성폭력 피해자 지원 온라인 플랫폼이 국내에서도 여러 개 운영되고 있다. 이들 플랫폼은 상담, 법적 지원, 디지털 콘텐츠 삭제 등을 포함한 다양한 서비스를 제공한다.

한국여성인권진흥원에서 운영하는 디지털 성범죄 피해자 지원센터는 상담, 유해 디지털 콘텐츠 삭제 지원, 콘텐츠 확산 모니터링, 법률 및 의료 지원 등의 서비스를 무료로 제공한다. 피해자들의 프라이버시와 기밀성을 보장하면서 다양한 지원을 제공한다.[17]

한국사이버성폭력대응센터(KCSVRC)는 사이버 성폭력과 싸우기 위해 지원 서비스, 법적 대변, 정책 개혁 등을 중점으로 활동한다. 상담, 법적·심리적 지원을 제공하며 사이버 성폭력을 예방하고 해결하기 위한 교육과 인식 캠페인에 적극적으로 참여하고 있다.[18]

2023년 10월에 출시된 서울시 디지털 성범죄 대응 온라인 플랫폼은 디지털 성범죄 피해자들을 위해 즉각적인 상담, 법적 지원, 비동의 콘텐츠 삭제 지원 등을 제공한다. 피해자들이 도움을 쉽게 받을 수 있도록 포괄적이고 접근할 수 있는 자원을 제공하는 것을 목표로 한다.[19] 이러한 이니셔티브는 한국에서 성폭력 피해자를 지원하는 데 중요한 역할을 하며 물리적 및 디지털 형태의 성폭력을 해결하기 위한 중요한 자원과 지원을 제공한다.

디지털 리터러시의 증진도 젠더 평등성을 위한 노력의 일환이다. 유엔여성기구(UN Women)는 디지털 리터러시를 증진하기 위한 프로그램을 통해 여성과 소녀들이 기술을 더 잘 이해하고 활용할 수 있도록 돕고 있다. 이 프로그램은 특히 개발도상국에서 여성들의 디지털 역량을 강화하는 데 중점을 두고 있다. 유엔여성기구[20]는 여러 국가에서 여성들에게 컴퓨터 사용법, 인터넷 접근 방법, 온라인 안전 교육 등을 제공하여 이들이 사이버스페이스에서 더 큰 기회를 누릴 수 있도록 한다. 실제로 기술은 사이버스페이스에서 젠더 평등성을 증진하는 데 중요한 역할을 하고 있다. 다양한 교육 프로그램, 콘퍼런스, 지원 플랫폼 및 연구개발 노력을 통해 여성들이 기술 분야에서 더 많은 기회를 얻고, 더 평등하게 참여할 수 있는 환경을 조성하고 있다. 이러한 노력은 기술 분야 전반에서 젠더 균형을 개선하는 데 기여하고 있다.

윤리적 인공지능을 위한 여성(Women4Ethical AI)는 성평등과 윤리적 인공지능(AI) 개발 및 활용을 촉진하기 위해 유엔여성기구가 주도하는 이니셔티브이다.[21] 윤리적 인공지능을 위한 여성은 AI 기술이 성평등과 사회 정의를 증진하는 방향으로 발전할 수 있도록 다양한 활동을 전개하고 있다. 이 프로그램의 주요 목표는 성평등 증진, 윤리적 AI 개발, 여성의 리더십 강화, 교육 및 역량 강화이다.

이는 AI 기술이 성 편향적이지 않고 성평등을 증진할 수 있도록 보장한다. 이를 위해 AI 개발 과정에서 여성의 참여를 확대하고, AI가 여성과 소수자에게 미칠 수 있는 부정적인 영향을 최소화하려고 한다. 또한 AI가 사회적으로 책임 있고, 투명하며, 공정하게 개발되도록 촉진한다. 이를 위해 윤리적 기준과 정책을 개발하고 AI 시스템이 인간의 권리를 침해하지 않도록 하는 데 중점을 둔다. 이를 통해 AI 개발과 정책 결정 과정에서 다양한 관점이 반영될 수 있도록 한다. 이를 위해 AI와 관련된 교육 프로그램을 통해 여성과 소수자에게 AI 기술 및 윤리적 사용에 대한 지식을 제공하고, 이들이 AI 분야에서 활동할 수 있도록 역량을 강화한다. 윤리적 인공지능을 위한 여성은 정부, 기업,

학계, 시민 사회와 협력하여 성평등과 윤리적 AI 개발을 위한 글로벌 네트워크를 구축하기 위해 노력하고 있다.

■ 경계를 넘어서

　바그너(Wilhelm Richard Wagner)는 자신의 오페라에서 '총체적 예술작품(Gesamtkunstwerk)' 개념을 추구했으며, 이는 음악·드라마·시각 예술·무대 디자인을 포함하여 여러 예술 형태를 통합한 작품을 만드는 것을 목표로 한다. 바그너는 이를 통해 관객이 작품에 완전히 몰입할 수 있는 환경을 조성하고자 했다. 가상현실은 사용자가 완전히 새로운 환경이나 상황에 몰입할 수 있게 해주는 기술이다. 이는 총체적 예술작품 개념과 맥을 같이하며 가상현실이 추구하는 환경은 사용자에게 시각적·청각적 때로는 촉각적인 경험을 제공하여 실제와 같은 몰입감을 경험하게 한다. 인공지능 기술과 가상현실 기술이 발전함에 따라 사이버스페이스는 바그너가 제시한 총체적 예술 개념과 더욱 유사한 형태로 진화하고 있다. 바그너의 오페라에서는 음악·드라마·시각 예술 등 다양한 예술 형태가 융합되어 관객에게 깊이 있는 감동을 선사하는데, 이는 현대의 사이버스페이스에서도 유사하게 나타나고 있다.

　「니벨룽의 반지」에서 브륀힐데는 전통적인 여성 역할에서 벗어나 전사로서의 강력한 모습을 보이지만 동시에 깊은 감정과 공감 능력을 지닌 인물로 묘사된다. 브륀힐데의 캐릭터는 가상현실이나 사이버스페이스에서 여성이 겪는 도전과 기회를 상징할 수 있으며, 이는 여성이 전통적인 성 역할을 넘어 다양한 역량과 정체성을 탐색할 수 있는 공간으로 해석될 수 있다. 가상현실은 사용자에게 다양한 정체성을 실험하고 표현할 기회를 제공한다. 오페라 속 인물들처럼 사이버스페이스에서 개인은 자신의 성 정체성, 역할, 사회적 상호작용을 새롭게 정의하고 탐색할 수 있다. 예를 들어 가상현실에서 사용자는 다양한 젠더 정체성을 탐구하고, 이를 통해 실제 세계에서의 젠더에 대한 이해와 수용성을 넓힐 수 있다. 바그너의 오페라 속 인물들이 겪는 갈등과 변화는 현대 디지털 환경에서의 젠더 정체성과 역할에 대한 탐구와 대화를 촉진하는 데 사용될 수 있다.

1888년에 발표된 에릭 사티(Éric Satie)의 「짐노페디(Gymnopédies)」는 간결하면서도 독창적인 멜로디로 당시의 음악계에 신선한 충격을 주었다. 이 작품은 그 단순함 속에 담긴 깊이 있는 감정 표현으로 오늘날까지도 많은 이들에게 사랑받고 있다. 이는 마치 1889년 파리 만국박람회를 위해 건설된 에펠탑과 같은 혁신적인 작품이라고 할 수 있고, 두 작품은 미래를 여는 새로운 시대정신을 공유하고 있다. 오늘날 우리는 이러한 과거의 혁신을 바탕으로 더욱 진보된 형태의 기술과 예술을 결합한 사이버스페이스를 경험하고 있다. 사이버스페이스는 건축가들에게 물리적 제약 없이 창의적인 설계를 가능하게 하며, 사용자들에게는 새로운 차원의 공간 경험을 제공한다. 기술의 발전은 과거의 유산을 현대적으로 재해석하고, 새로운 형태의 공간을 창조하는 기회를 제공한다.

건축가 아일린 그레이(Eileen Gray)의 젠더 정체성은 다양한 방식으로 작품에 반영되었다. 양성애자는 당시에 드물고 논란의 여지가 큰 주제였지만 그녀는 이를 예술과 디자인을 통해 표현하는 데 주저하지 않았다. 그레이의 디자

그림 10. 아일린 그레이(Eileen Gray, 1878-1976)

(출처: By Unknown author - http://en.wikipedia.org/wiki/File:Eileen_gray.JPG, Public Domain, https://commons.
wikimedia.org/w/index.php?curid=16120364)

인은 전통적인 젠더 역할을 초월하여 더 넓은 범위의 인간 경험을 반영하였고 성별과 성적 지향성에 관한 사회적 경계를 허무는 작품을 만들었다. 그것은 다양한 사람들의 삶과 경험을 포용하려는 시도였으며 현대 디자인과 예술에 중요한 유산을 남겼다.

그레이는 모더니즘 건축과 가구 디자인에서 혁신적인 작업을 통해 자신의 예술적 비전을 구현했다. 그녀는 기능적이면서도 심미적인 디자인을 추구하며 공간 자체가 사용자의 경험과 상호 작용을 형성하도록 만들었다. 대표작인 'E-1027 하우스'는 이러한 태도를 잘 보여주는 예로, 이 집은 단순히 거주 공간을 넘어 사용자와 환경이 유기적으로 상호 작용하는 '생활 기계'로 설계되었다. E-1027 내의 모든 요소는 사용자가 기능적으로 생활할 수 있도록 세심하

그림 11. E-1207의 실내 사진

(출처: By Unknown author - L'Illustration, 27 May 1933, Public Domain, https://commons.wikimedia.org/w/index.php?curid=71038956)

게 고려되었다. 벽에는 서적이나 장식품을 위한 선반과 함께 건축화된 조명설비로 사용자가 쉽게 접근할 수 있도록 했다. 그레이는 가구와 공간이 사용자의 필요에 따라 조정될 수 있어야 한다고 믿었다. E-1027에서는 가구가 벽에 내장되거나, 접히거나, 돌아가거나, 다목적으로 사용될 수 있도록 설계되었다. 소파는 침대로 변형될 수 있고, 접이식 테이블은 다양한 용도로 활용될 수 있다.

모더니즘 건축의 태동기에 그레이는 건축과 디자인을 통해 사용자가 공간에서 경험하는 방식을 완전히 재구성함으로써, 어떤 의미에서 '사이버스페이스로서의 건축'을 창조하려 한 것일 수도 있다. 외부가 내부를 지배하고 생활기능이 사회적 상징성의 그늘에 가려졌던 수천 년 지속된 건축의 한계를 극복하기 위해서는 내재적인 물리적 한계를 극복하는 새로운 기술과 과감한 상상력이 있어야 했으며, 그 결과는 사이버스페이스와 같은 건축이었다. 건축이 위대해질 수 있었던 시간은 새로운 건축 유형과 경험 방식을 잉태한 시기였다. 바벨탑 이래 건축은 가상 세계를 현실 세계로 들이기 위한 작업이었으며, 건축가는 어떤 의미에서 가상 세계를 속세의 사람들에게 전해주는 메신저였다.

전통적으로 남성 중심이었던 건축과 음악 분야에서도 이제는 다양한 젠더와 배경을 지닌 사람들이 협력하여 혁신을 이루고 있다. 이러한 변화는 2024년 파리 올림픽과 같은 현대의 축제에서도 잘 나타난다. 파리 올림픽은 단순한 스포츠 행사를 넘어 다양한 젠더 정체성과 표현을 포용하는 축제로 자리 잡았다. 이는 모든 사람이 자신의 정체성을 자유롭게 표현하고 서로 협력할 수 있는 사회를 만들어 가는 데 이바지한다.

젠더 협력은 이제 다양한 분야에서 필수적인 요소로 자리 잡고 있다. 건축과 예술, 스포츠와 같은 분야에서 젠더 간의 협력은 새로운 시각과 접근 방식을 도입하며 창의적이고 혁신적인 결과물을 만들어 낸다. 이는 에릭 사티와 같은 예술가들이 보여준 창의적이고 혁신적인 정신을 현대적으로 계승하는 방법이기도 하다. 사이버스페이스는 전통적인 젠더 역할과 정체성에 대한 사회적 규범에서 벗어나 다양성을 탐색하고 표현할 수 있는 공간을 제공한다. 이러한 공간에서는 개인이 자신의 정체성을 재구성하고, 다양한 커뮤니티와 상호 작용하며, 젠더에 대한 더 포괄적이고 유연한 이해를 발전시킬 수 있다. 사이버스페이스는 기존의 틀을 벗어나 새로운 관점과 표현을 모색하는 과정이다. 사티가 음악 형식과 표현에서 기존의 규범을 뛰어넘어 새로운 길을 개척했듯이, 사이버스페이스는 젠더의 다양성과 복잡성을 인정하고 이를 탐구하며 표현하는 데 중요한 역할을 한다. 사이버스페이스는 젠더 정체성과 표현의 경계를 확장하고 개인이 자신만의 독특한 목소리를 찾아갈 수 있는 무대를 제공한다.

주

1 2003년, 로스앤젤레스 시는 제조업체, 제공업체에 마스터와 슬레이브라는 용어를 제품에 사용하는 일을 중단하라고 요청하였다. 로스앤젤레스의 문화적 다양성과 민감성에 기반을 두고 요청한 것이다. (위키피디아. "'Master' and 'slave' computer labels unacceptable, officials say". CNN. 2003.11.26)

2 블레츌리 파크(Bletchley Park)는 영국 버킹엄셔 주 밀턴 케인스에 있는 정원과 저택이다. 제2차 세계대전 동안 독일의 암호를 해독하던 곳으로도 잘 알려졌다. 제2차 세계대전 시기에는 정부 암호 학교가 있었다. 앨런 튜링이 근무한 것으로 유명하다. 독일군의 에니그마 암호의 해독에 성공하는 등 성과를 올렸다.

3 미셸 푸코(Michel Foucault), 『성의 역사(Histoire de la sexualite)』의 일부로 수록된 "비정상(Les Anormaux, 영어: Abnormal)". 이 책에서 푸코는 1974-1975년에 콜레주 드 프랑스(College de France)에서 진행한 강의를 기반으로 비정상, 괴물, 사회적 규범 등에 대해 다루고 있다.

4 도나 해러웨이(Donna Haraway), A Cyborg Manifesto: Science, Technology, and Socialist-Feminism in the Late Twentieth Century, 1990

5 『바이러스(Virus)』는 시각 효과 아티스트 존 브루노가 감독하고 제이미 리 커티스, 윌리엄 볼드윈, 도널드 서덜랜드가 주연을 맡은 1999년 미국 SF 공포 영화이다. 척 파러(Chuck Pfarrer)의 동명 만화를 원작으로 한 이 작품은 인류를 사이보그 노예로 만들려는 악의적인 외계 존재에 휩싸인 어떤 배에서 일어나는 이야기를 담고 있다.

6 영화 『Star Trek: First Contact(1996)에서 등장하는 Borg는 과학 소설 및 대중문화에 상당한 영향을 미쳤다. Borg는 Star Trek 시리즈 전반에서 매우 중요한 안타고니스트로, 이 영화에서 그들의 존재와 본질이 더 깊이 탐구되었다. 사회적으로 Borg는 다양한 측면에서 반향을 일으켰다. Borg는 생물학적 개체와 기계적 요소를 결합한 사이보그 집단으로, 개별성을 제거하고 집단의 일원으로 통합하는 특징을 지닌다. 이는 기술의 급속한 발전과 인공지능의 잠재적 위험에 대한 사회적 경고로 해석될 수 있다. Borg는 인간의 개별성과 자율성이 사라지고 기술에 의해 통제되는 미래에 대한 불안을 상징한다.

7 도너 해러웨이, 앞의 책.

8 『애니매트릭스(Animatrix)』는 워쇼스키 형제가 제작한 2003년 미국-일본 성인 애니메이션 SF 선집 영화이다. 매트릭스 영화 시리즈의 뒷이야기를 자세히 설명하는 9개의 단편 애니메이션 영화를 연작 형식으로 구성하였으며, 매트릭스 유니버스를 확장하고 영화 시리즈와 연결되는 사이드 스토리도 제공한다.

9 미국의 '노스포인트'社가 개발한 빅데이터 분석 인공지능. 유사한 다른 범죄자들의 기록과 특정 범죄자의 정보를 빅데이터 분석해 범죄자의 재범 가능성을 계량화한다. 미국의 위스콘신주 법원에서는 이 인공지능이 계량한 재범 가능성을 형량 결정에 참고한다.

10 https://www.washington.edu/news/2022/02/16/googles-ceo-image-search-gender-bias-hasnt-really-been-fixed/

11 https://www.forbes.com/sites/mzhang/2015/07/01/google-photos-tags-two-african-americans-as-gorillas-through-facial-recognition-software/)

12 https://girlswhocode.com

13 https://www.projectcallisto.org

14 https://ainowinstitute.org

15 https://www.samsungsds.com/kr/insights/ai-fairness.html

16 https://koreascience.kr/article/JAKO202209833901352.pdf#:~:text=URL%3A%20https%3A%2F%2Fkoreascience.kr%2Farticle%2FJAKO202209833901352.pdf%0AVisible%3A%200%25%20

17 https://www.stop.or.kr/modedg/contentsView.do?ucont_id=CTX000068&srch_menu_
    nix=5hpWUOqC&srch_mu_site=CDIDX00005

10 https://www.cyber lion.com/introduce

19 https://www.hankyung.com/article/201909240230Y

20 https://www.unwomen.org

21 https://www.unesco.org/en/artificial-intelligence/women4ethical-ai

필자 약력

이선영
서울시립대학교 건축학부 교수

University of Hawaii 건축학 박사(Arch.D)

UC Berkeley M.Arch

주요연구: 고령사회 지역밀착형 공공기반시설로서의 초등학교에 관한 연구/공공임대주택의 거주자 특성 분석과 젠더혁신 방안

저서: Creating a Sense of Place in School Environments

황세원
중앙대학교 건축학부 교수

서울대학교 환경대학원 도시계획학 박사

Harvard University M.Arch

주요연구: 서울시 '나홀로 아파트'의 개발사를 통한 도시건축적 특성과 주택정책 및 사회경제적 함의/서울주거지 파편화 현상/재개발 및 재건축 아파트 단지의 형태변화에 따른 공공성연구

저서: 경성의 아파트(공저)

김효진
인하대학교 건축학과 초빙교수

Harvard University M.Arch

주요연구: 목동신시가지 아파트단지의 공간분리 특성/미취학아동의 보육 및 교유시설입지환경에 관한 연구

최정선
서울대학교 환경계획연구소 책임연구원

서울대학교 환경대학원 도시계획학 박사

서울대학교 환경대학원 조경학(도시설계전공) 석사

주요연구: 주거지역 근린양육환경 사례 연구/생애주기를 고려한 스마트시티 조성 방안 연구/저층주거지 도시재생사업 연구

진현영
울산대학교 건축학부 조교수

서울대학교 건설환경공학부 공학 박사

UC Berkeley M.Arch/MUD

주요연구: 축소도시 근린환경이 거주민의 주관적 건강에 미치는 영향에 관한 연구/유휴공간을 활용한 도시재생사업에서 거주민 건강증진 영향분석

육동형

국립강릉원주대학교 도시계획부동산학과 교수

Utah State University 교통공학 박사

University of Virginia 공학 석사

주요연구: 도로 인프라의 공공성 지표 개발 및 활용방안 연구/노후산단ⅡⅡ 산업 SOC 스마트 개조 연구/도로 이용자의 Smart Mobility 평가 척도 개발-형평성을 중심으로

장지인

홍익대학교(세종캠퍼스) 스마트도시과학경영대학원 교수

서울대학교 환경대학원 도시계획학 박사

MIT 건축학 석사

주요연구: 자족도시형 스마트팜의 지하 공간계획 분석과 활용을 위한 기초연구/아시아 글로벌도시의 전문직 외국인 거주지 비교연구: 상해와 서울의 사례

정건희

호서대학교 건축토목공학부 부교수

University of Arizona 토목공학과 공학 박사

고려대학교 토목환경공학과 공학 석사

주요연구: 안전취약계층을 포함한 사회경제적인 요소를 고려한 도시 홍수 위험도 평가 및 복원력 증진 방안 수립

류전희

경기대학교 건축학과 교수

서울대학교 공학 박사

서울대학교 공학 석사

주요연구: 지속가능한 건축의 계보/현대기술문명의 한계/국제경쟁력을 갖춘 녹색환경담론 구축을 위한 연구

김성아

성균관대학교 건축학과 교수

Harvard University 건축학 박사(Dr. Des)

스위스연방공대(ETH) CAAD 석사

주요연구: 차세대 설계환경대응 건축설계도구 개발/스마트 녹색도시 구현을 위한 소셜센서 네트워킹 기반의 도시 모니터링

저서: 인공지능 시대의 건축